电源工程师研发笔记

开关电源可靠性设计与测试
——安全·热管理·电磁兼容

周志敏 纪爱华 编著

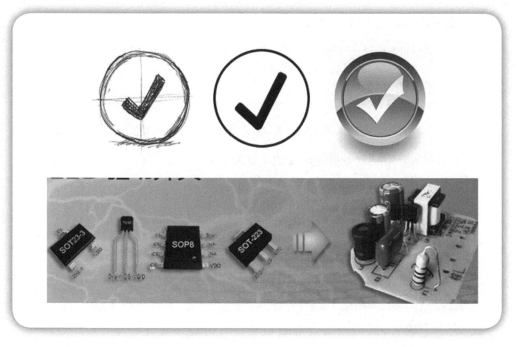

机械工业出版社
CHINA MACHINE PRESS

本书结合国内外开关电源的应用和发展现状，以开关电源可靠性设计为主线进行编写，突出实用性，全面系统地阐述了开关电源可靠性的最新设计技术。全书共分为 6 章，在简要介绍开关电源可靠性的定义、指标及设计原则的基础上，系统地讲述了开关电源安全设计、开关电源热设计、开关电源电路的电磁兼容性及设计、开关电源 PCB 电磁兼容设计、开关电源可靠性测试等内容。本书题材新颖实用，内容丰富，深入浅出，具有很高的实用价值。

本书可供电信、信息、航天、军事及家电等领域从事开关电源可靠性设计的工程技术人员阅读，也可供高等院校、职业技术学院相关专业的师生阅读参考。

图书在版编目（CIP）数据

开关电源可靠性设计与测试：安全·热管理·电磁兼容 / 周志敏，纪爱华编著. — 北京：机械工业出版社，2020.7（2024.8 重印）
（电源工程师研发笔记）
ISBN 978-7-111-65498-8

Ⅰ.①开… Ⅱ.①周… ②纪… Ⅲ.①开关电源—可靠性—设计 Ⅳ.①TN86

中国版本图书馆 CIP 数据核字（2020）第 071054 号

机械工业出版社（北京市百万庄大街 22 号 邮政编码 100037）
策划编辑：江婧婧 责任编辑：江婧婧 韩 静
责任校对：梁 静 封面设计：鞠 杨
责任印制：郜 敏
北京富资园科技发展有限公司印刷
2024 年 8 月第 1 版第 3 次印刷
169mm×239mm·14.5 印张·298 千字
标准书号：ISBN 978-7-111-65498-8
定价：79.00 元

电话服务　　　　　　　　　网络服务
客服电话：010-88361066　　机 工 官 网：www.cmpbook.com
　　　　　010-88379833　　机 工 官 博：weibo.com/cmp1952
　　　　　010-68326294　　金 书 网：www.golden-book.com
封底无防伪标均为盗版　　　机工教育服务网：www.cmpedu.com

前言

PREFACE

随着电子技术的快速发展，电子设备的应用领域越来越广泛，电子设备的种类也越来越多。而电子设备都离不开可靠的电源，电源性能的优劣直接关系到整个电子设备的安全性和可靠性。电子设备的小型化和低成本化使电源以轻、薄、小和高效率为主要发展方向，对电源的要求更加灵活多样。开关频率的持续提高使开关电源的性能进一步优化，集成度更高，功耗更低，电路更加简单，工作更加可靠。

目前，我国通信、信息、家电、国防等领域的电子设备普遍采用开关电源，以开关电源的开发、研制和生产为主的产业已成为发展前景十分诱人的朝阳产业。在全球倡导节能环保、提高能效的背景下，开关电源的设计正面临前所未有的挑战。为此，本书结合国内外开关电源技术的发展动向，系统地讲述了开关电源可靠性设计中应掌握的设计方法、设计原则等内容。本书在写作上将开关电源安全设计、开关电源热设计、开关电源电路的电磁兼容性及设计、开关电源PCB电磁兼容设计、开关电源可靠性测试融为一体，力求做到通俗易懂和结合实际，使得从事开关电源可靠性设计的工程技术人员从中获益。作为从事开关电源可靠性设计的工程技术人员的必备参考书，读者可以以本书为"桥梁"，系统、全面地了解和掌握开关电源的设计和应用技术。

本书在写作过程中，在资料的收集和技术信息交流上得到了国内外专家学者、同行及开关电源制造商的大力支持，在此表示衷心的感谢。

由于作者水平有限，书中难免有错误和疏漏之处，敬请读者批评指正。

作　者
2019 年 12 月

目　录

第1章

概　　述

1.1 开关电源可靠性

1.1.1 可靠性的定义及指标

1. 可靠性定义与可靠性

（1）可靠性定义

国际上通用的可靠性定义为：在规定环境条件下和规定的时间内，完成规定功能的能力。此定义适用于一个系统，也适用于一台设备或一个单元。可靠性是指产品在规定条件下和规定时间内完成规定功能的能力；反之，产品或其一部分不能或将不能完成规定的功能而使产品出现故障。概括地说，产品故障少就是可靠性高。

由于产品故障的出现具有随机性，在用数学方式来描述可靠性时，常用"概率"来表示。如系统在开始（$t=0$）时有 n_0 个元器件在工作，而在时间为 t 时仍有 n 个元器件在正常工作，则可靠性为

$$R(t) = n/n_0 \qquad 0 \leqslant R(t) \leqslant 1 \tag{1-1}$$

例如：对 N 个产品进行试验，每经过 Δt 的时间间隔检查一次，每次出故障的产品数为 n_i，则在 t 时间内的可靠性 $R(t)$ 可近似为

$$R(t) = \lim_{\substack{\Delta \to 0 \\ N \to \infty}} \left[(N - \sum_{i=1}^{T/\Delta t} n_i)/N \right] \tag{1-2}$$

$$R(t) = (N - \sum_{i=1}^{T/\Delta t} n_i)/N \tag{1-3}$$

可靠性 $R(t)$ 的数值范围为：$0 \leqslant R(t) \leqslant 1$，可靠性 $R(t)$ 的值越接近于 1，则表示可靠性越高。若系统由 N 个单元组成（串联方式），各单元的可靠性 $R(t)$ 分别为 $R_1(t)$，$R_2(t)$，$\cdots$，$R_N(t)$，则整个系统的可靠性 $R_\Sigma(t) = R_1(t) \times R_2(t) \times \cdots \times R_N(t)$。可见，系统越复杂，可靠性越差。

（2）可靠性 $R(t)$ 与故障概率 $F(t)$

在计算可靠性 $R(t)$ 时，开始试验时的产品数越大，测试时间间隔越小，则可靠性的准确性越高。在评定产品可靠性 $R(t)$ 时，也常用故障概率 $F(t)$ 或损坏概率表述。故障概率 $F(t)$ 是可靠性对应事件的概率。可靠性 $R(t)$ 和故障概率 $F(t)$ 对评定元器件、开关电源、变压器、充电器或复杂系统的可靠性十分简便而直观，故障概率 $F(t)$ 越小，可靠性 $R(t)$ 就越高。

可从可靠性 $R(t)$ 的定义中导出故障概率 $F(t)$，即

$$F(t) = 1 - R(t)，或 R(t) = 1 - F(t) \tag{1-4}$$

可以看出，对于可靠性 $R(t)$ 和故障概率 $F(t)$ 来讲，其值均为时间量 t 的函数。极端地讲，$t = 0$ 时，任何系统的可靠性 $R(t) = 1$［故障概率 $F(t) = 0$］。在 $t = \infty$ 时，任何系统的可靠性 $R(t) = 0$［故障概率 $F(t) = 1$］。可靠性 $R(t)$ 和故障概率 $F(t)$ 只有在指定的时间范围以内才有具体的意义，在实际使用中常用年可靠性 P 来表示。

年可靠性 P 的定义为：系统在规定的环境条件下，在 1 年的时间内，完成规定功能的概率。例如 $P = 0.9$，就说明系统在一年内有 90% 的可能不出现故障（有 10% 的可能会出现故障）。如果在一个地点有 10 台同类设备，则平均 1 年会有 1 台设备可能需要进行维修。

2. 衡量可靠性的指标

可靠性是产品的一项十分重要的质量指标，将可靠性数量化有利于对各种产品的可靠性提出明确而统一的指标，可靠性的数量化可根据需要采用不同的指标。

（1）失效率 λ

所谓失效率是指工作到某一时刻尚未失效的产品，在该时刻后，单位时间内发生失效的概率，一般记为失效率 λ，失效率 λ 是时间 t 的函数，记为 $\lambda(t)$，称为失效率函数，也称为故障率函数或风险函数。在极值理论中，失效率 λ 称为"强度函数"；在经济学中，称失效率 λ 的倒数为"密尔（Mill）率"；在人寿保险事故中，称失效率 λ 为"死亡率强度"。

按上述定义，失效率 λ 是在时刻 t 尚未失效的产品在 $t + \Delta t$ 的单位时间内发生失效的条件概率。失效率反映 t 时刻失效的速率，也称为瞬时失效率。失效率 λ 定义为该种产品在单位时间内的故障数，即

$$\lambda = \mathrm{d}n/\mathrm{d}t \tag{1-5}$$

如失效率 $\lambda(t)$ 为常数，则

$$\mathrm{d}n/\mathrm{d}t = -C_n \tag{1-6}$$

$$n = n_0 \mathrm{e}^{-\lambda t} \tag{1-7}$$

$$R(t) = \mathrm{e}^{-\lambda t} \quad (0 \leqslant t \leqslant 工作寿命) \tag{1-8}$$

故障样品相对于每一个依然正常工作样品的失效率 λ 为

$$\lambda = (1/N_S) \cdot \mathrm{d}n/\mathrm{d}t \tag{1-9}$$

式中，N_s 为总试验品 N，经过 Δt 时间以后，依然正常工作的样品数。

在工程上采用近似式，如果在一定时间间隔（$t_1 - t_2$）内，试验开始时正常工作的样品数为 n_s，而经过（$t_1 - t_2$）后出现的故障样品数为 n，则这一批样品中对于每一个正常样品的失效率 λ 为

$$\lambda = n/[n_s(t_1 - t_2)] \tag{1-10}$$

失效率 λ 的数值越小，则表示可靠性越高。失效率 λ 可以作为系统和整机的可靠性特征量，经常作为元器件和触点等的可靠性特征量，其量纲为 $1/h$。国际上常用 $1/10^9 h$，称为非特（Fit），作为失效率 λ 的量纲。

例如，美国 GE 公司 97F8000 系列用于开关电源的金属化薄膜电容器的工作寿命为：100 只电容器在工作 60000h 以后，95 只电容器正常，5 只电容器此期间有可能出现故障。将 $n_s = 100$，$n = 5$，（$t_1 - t_2$）= 60000h 代入式（1-10），则有

$$\lambda = 0.83 \times 10^{-6}/h = 830Fit$$

例如，正在运行中的 100 只开关电源，一年之内出了 2 次故障，则每个开关电源的故障率为 0.02 次/年。当产品的寿命服从指数分布时，其故障率的倒数就称为平均无故障时间（Mean Time Between Failure，MTBF），即

$$MTBF = 1/\lambda \tag{1-11}$$

产品在任意时刻 t 的失效率 λ（故障率、故障强度）定义为：产品工作到 t 时刻后，在单位时间内失效的概率。也可以说，失效率 λ 等于产品在 t 时刻后的一个单位时间内的失效数与在时刻 t 尚在工作的产品数的比值。

失效率 λ 是表示电子产品、元器件可靠性的指标，失效率 λ 越低表示可靠性越高。失效率 λ 的单位是时间的百分数，如 %/h，%/kh，表示受试验产品在 1h（或 1000h）内失效数的百分比。国外常用非特（Fit）作为失效率 λ 的单位，即 100 万个元器件工作 1000h 后出现 1 个失效元器件，称为 1 非特（Fit）。

（2）平均寿命与平均无故障时间

1）产品平均寿命。产品平均寿命是指产品的平均正常工作时间，对不可修复系统和可修复系统的产品平均寿命具有不同的含义。

① 对于可修复系统，系统的平均寿命是指两次相邻失效（故障）之间的工作时间，而不是指整个系统的报废时间。即系统的平均寿命是指系统失效前的平均工作时间（平均无故障时间），通常称为平均失效前时间，即为系统发生故障前的平均时间，也称为系统平均失效间隔，记为 MTBF（Mean Time Between Failure）。

② 对于不可修复系统，系统的平均寿命指系统发生失效前的平均工作（或存储）时间或工作次数，也称为系统在失效前的平均时间，记为 MTTF（Mean Time To Failure）。

2）MTBF。MTBF 是衡量产品（尤其是电器产品）可靠性的指标，单位为"小时"。MTBF 反映了产品的时间质量，是体现产品在规定时间内保持功能的一种能力。具体来说，是指相邻两次故障之间的平均工作时间，也称为平均故障间隔，

它仅适用于可维修产品。

MTBF 是开关电源的一个重要指标，用来衡量开关电源的可靠性，开关电源的 MTBF 一般不能低于 200000h。MTTF 和 MTBF 的意义是类似的，其数学表达形式也是一致的。对于一批（N 台）开关电源而言：

$$\text{MTBF} = \sum_{i=1}^{N} t_i/N[\,\text{h}\,] \qquad (1\text{-}12)$$

式中，t_i 为第 i 个电子产品的无故障工作时间（h）；N 为电子产品的数量。

在工程上，如一台开关电源在试验时，总的试验时间为 t，而出现了 n 次故障。出现故障进行修复，然后再进行试验（维修的时间不包括在总试验时间 t 内），则

$$\text{MTBF} = t/n[\,\text{h}\,] \qquad (1\text{-}13)$$

MTBF 数值越大，则表示该开关电源可靠性越高。在此，必须明确不论是失效率 λ，还是平均无故障工作时间 MTBF，均为衡量开关电源或元器件可靠性"概率"的指标。

3）MTBF 计算方法。MTBF 计算方法有元器件应力分析法和元器件数量法。

① 元器件应力分析法。通过使用元器件受到的应力计算出各个元器件的故障率，再计算出总和。由于所有元器件均需要计算出故障率，因此解析方法需要花费时间。

② 元器件数量法。预先确定各个种类元器件的故障率，统计各个种类元器件的个数，计算出故障率，可以计算出 MTBF。

平均无故障工作时间 MTBF、可靠性 $R(t)$、故障概率 $F(t)$ 之间的数学关系依据 λ，经数学运算以后，可得出以下的相互数学关系（运算过程从略）：

$$\text{MTBF} = 1/\lambda \ \text{或} \ \lambda = 1/\text{MTBF} \qquad (1\text{-}14)$$

即 λ 和 MTBF 互为倒数关系，则

$$R(t) = e^{-\lambda t} \ \text{或} \ R(t) = e^{-t/\text{MTBF}} = 1/e^{t/\text{MTBF}} \qquad (1\text{-}15)$$

即 $R(t)$ 和 λ 之间为指数关系，λ、MTBF、$R(t)$ 三个指标可以通过上述换算，从一个量算出另两个量的对应数值。在不同的场合，以上三个指标都可能在衡量电子产品可靠性时交替使用。

（3）平均修复时间 MTTR

可修复产品的平均修复时间是从产品出现故障到修复完成（故障排除）这段时间，记为平均修复时间 MTTR（Mean Time To Repair），MTTR 越短表示易恢复性越好。MTTR 的定义为：系统维修过程中，每次修复时间的平均值，即

$$\text{MTTR} = \sum_{i=1}^{N} t_i/M[\,\text{h}\,] \qquad (1\text{-}16)$$

式中，Δt_i 为第 i 次的修复时间（h）；M 为修复次数。

任何设备无论如何可靠，永远存在着维修的问题，所以 MTTR 总是越小越好。因而，实现方便快捷的维修或不停机维修有着重大的价值。

（4）有效度（可用度）A

有效性也称为可用性，是指可维修产品在规定的条件下使用时具有或维持其功能的能力，其量化参数为有效度（可用度）A，表示可维修产品在规定的条件下使用时，在某时刻具有或维持其功能的概率。有效度（可用度）A 的定义为：在电子产品使用过程中（尤其在不间断连续使用条件下），可以正常使用的时间和总时间的比例（通常以百分比来表示），可用平均无故障时间（MTBF）和平均修复时间（MTTR）来计算：

$$A = \text{MTBF}/(\text{MTBF} + \text{MTTR}) \tag{1-17}$$

可靠性与可用性的区别在于：可靠性与寿命有关，但是和传统的机械设备寿命概念不同的是，可靠性并不是笼统地要求长寿命，而是强调在规定的时间内能否充分发挥其功能，即产品的可用性（可靠性指标之一）；可靠性通常低于可用性，因为可靠性要求系统在 $0 \sim t$ 的时间段内必须正常运行，而对于可用性，要求相对较低，系统可以发生故障，然后在 $0 \sim t$ 的时间段内修复，只要系统在修复后能正常运行，仍然可以计入可用性。因此，可用性大于或等于可靠性。对于不可维修系统，可用度等于可靠性。

有效度（可用度）A 值越接近于 100%，表示产品有效工作的程度越高。实际上，设备 MTBF 受到系统复杂程度、成本等多方面因素的限制，不易达到很高的数值。尽量缩短 MTTR 也同样可以达到增加有效度（可用度）A 的目的。对于高失效率单元，采用快速由备份单元代替失效单元的冗余式设计，可以在 MTBF 不很高的情况下，使 MTTR 接近于 0，这样，也可以使有效度（可用度）A 接近于 100%。

（5）失效密度

产品的失效密度（故障频率）是指单位时间内失效产品数与受试验产品的起始数（总数）之比，在试验过程中发生故障的产品不予调换。失效密度的单位是 $1/\text{h}$，即每小时内失效的产品数占试验产品总数的比值。

评价不同产品的可靠性时，可在表征可靠性的指标中选用一种或两种指标，究竟采用何种指标取决于使用方便程度。对于一般开关电源、电子设备或系统，可采用可靠性（故障概率）；对于复杂的电子设备或系统，可采用平均寿命，因为这类产品不可能用较多的数量进行试验；对于元器件，可用通过大量试验统计得出的失效率来表征可靠性；对于一次性使用的或发生故障不再修理的设备，可采用失效密度来表征其可靠性。

开关电源的可靠性可用平均无故障工作时间（MTBF）进行定量评价，目前国内外电子行业都已经把平均无故障工作时间作为评价和衡量产品质量的主要标准之一。民用电子整机的平均无故障工作时间，通常是指从产品出厂到第一次发生故障的平均工作时间；工业电子整机产品的平均无故障工作时间，通常是指两次故障之间的平均工作时间。

要提高开关电源的可靠性和平均无故障工作时间，首先应确定影响平均无故障工作时间的最基本因素，而后根据其形成原因进行分析解决。开关电源的故障大多是由元器件损坏引起的，电子元器件的平均无故障工作时间就是其寿命周期，电子元器件一旦发生故障就标志着开关电源的寿命结束。开关电源使用的元器件数量越多，故障率就越高，可靠性也随之降低，平均无故障工作时间就越短。因此，在开关电源设计时，应尽量使用集成化的元器件，减少整机中元器件的数量，简化电路结构。同时应尽可能选用失效率低的元器件，选用符合国家质量标准的元器件。在研制开关电源阶段，应尽可能避免使用自制或非标准元器件。

　　除元器件外，焊接点失效也是引起开关电源故障的另一个重要因素。因为在印制电路板生产以及装配、焊接的过程中都难免会出现失误，因此，若产品焊点的数目多，焊接技术或焊剂的质量差，则开关电源的平均无故障工作时间必然会变短。

3. 失效率曲线

　　如果以失效率（单位时间内发生失效的比率）来描述产品失效的发展过程，那么，在不进行预防性维修的情况下，设备、组件的失效率 λ 与其工作（使用）时间 t 之间具有如图 1-1 所示的典型失效率曲线。因为这种曲线的形状与浴盆相似，故称为"浴盆曲线"，失效率曲线反映产品总体各寿命期失效率的情况。

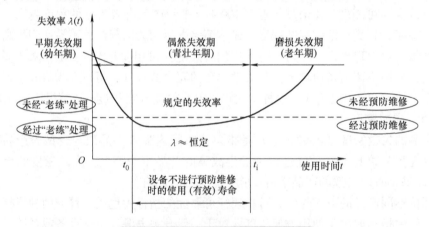

图1-1　典型失效率曲线——浴盆曲线

　　1）早期失效期。早期失效期的失效率曲线为递减型，在产品投入使用的早期，失效率较高而下降很快。主要是由于设计、制造、贮存、运输等形成的缺陷，装机的差错或不完善的连接点或元器件出厂时漏检的不合格产品混入，以及在安装、调试过程中人为因素所造成的。随着使用时间的延长，失效率则很快下降。

　　当这些所谓先天不良的因素被排除后，产品运行也逐渐恢复正常，失效率也趋于稳定，到 t_0 时失效率曲线已开始变平。t_0 以前称为早期失效期，针对早期失效期的失效原因，应该尽量设法避免，争取失效率低且 t_0 短。

　　如果在产品出厂之前，进行旨在剔除这类缺陷的"老化"过程，使早期失效问题暴露在生产厂老化期间，即进行可靠性实验，那么在产品以后使用时，从一开始便可使失效率大体保持恒定值，给用户提供的是已进入稳定期的可靠产品。

对产品的老化时间，各国有不同的要求，日本的民用产品一般不小于8h。而应用在美国宇宙飞船上的元器件，需要在装上飞船之前老化50h，装上飞船以后，又老化250h，共300h，以淘汰有隐患的元器件，保证工作的可靠性。在实际工作中，对可靠性要求较高的设备，老化时间确定在20～50h较为合适。

2）偶然失效期。偶然失效期的失效率曲线为恒定型，即t_0～t_i间的失效率近似为常数，产品进入正常使用期。可根据失效率λ来预算设备的其他可靠性指标，通常在较好的使用环境中，如果一旦出现故障，该故障能得到及时和正确的维修，则电子产品的稳定期应不短于6～8年。

在理想的情况下，产品在发生磨损或老化以前，应是无"失效"的，但是由于环境的偶然变化、操作时的人为偶然差错或由于管理不善造成的"潜在缺陷"，仍有产品偶然失效。产品的偶然失效率是随机分布的、很低的和基本上是恒定的，故又将偶然失效期称为随机失效期。偶然失效期是产品的最佳工作时期，偶然失效率的倒数即为无失效的平均时间。

失效主要由非预期的过载、误操作、意外的天灾以及一些尚不清楚的偶然因素所造成，由于失效原因多属偶然，故称为偶然失效期。偶然失效期是有效工作期，这段时间称为产品有效寿命。为降低偶然失效期的失效率而增长有效寿命，应注意提高产品的质量，精心使用维护。

3）磨损失效期。磨损失效期的失效率曲线为递增型，产品在使用寿命的末期，由于元器件的材料老化变质，或产品的氧化腐蚀、机械磨损、疲劳等原因，失效率λ将逐步增加，进入不可靠的使用期。磨损期出现的具体时间，受各种因素影响，很不一致。设计合理、元器件质量选择较严、环境条件不太恶劣的产品磨损期出现的时间会晚。

经过偶然失效期后，产品中的组件已到了寿命终止期，于是失效率开始急剧增加，这标志产品已进入"老年期"，这时的失效叫作磨损失效，又称为耗损失效。如果在进入磨损失效期之前，进行必要的预防维修，它的失效率仍可保持在偶然失效率附近，从而延长产品的偶然失效期。

在t_i以后失效率上升较快，这是由于产品已经老化、疲劳、磨损、蠕变、腐蚀等所谓有耗损的原因引起的，针对耗损失效的原因，应该注意检查、监控，预测耗损开始的时间，提前维修，使失效率仍不上升，当然，修复若需花很大费用而延长寿命不多，则不如报废更为经济。

保证开关电源的可靠性是一个复杂的涉及广泛知识领域的系统工程，只有给予充分的重视并认真采取各种技术措施，才会有满意的成果。其基本点如下：

1）高可靠性的复杂电源系统一定要采用并联系统的可靠性模型，系统内保有足够冗余度的备份单元，可以进行自动或手动切换。如果功能上允许冷备份单元切换，较热备份单元切换更能保证长期工作的可靠性。

2）任何电源系统都不可能100%可靠，在设计中应尽量采用便于离机维修的模块式结构，并预先保留必要数量（通常为5%）的备件，以便尽量缩短平均维修时间MTTR，使有效度 A 接近于100%。

3）加强通风冷却、改善使用环境是成倍提高可靠性的最简便和最经济的方法。

4）简化电路、减少元器件的数量、减轻元器件的负荷率、选用高可靠的元器件是保证开关电源高可靠性的基础。

5）重视开关电源老化工作，减少系统早期失效率。

1.1.2　影响开关电源可靠性的因素

涉及开关电源可靠性的因素很多，目前，人们认识上的主要误区是把可靠性完全（或基本上）归结于元器件的可靠性和制造装配工艺，忽略了开关电源设计对于可靠性的决定性作用。在民用开关电源产品领域，可靠性问题80%源于设计方面。针对开关电源设计，环境温度和负荷率对其可靠性影响很大。对于开关电源的设计者而言，需明确建立"可靠性"这个重要概念，把可靠性作为重要的技术指标，高度重视可靠性设计工作，并采取足够的提高可靠性的措施，才能使设计的开关电源达到稳定、优质的目标。

1. 环境温度对开关电源的影响

大多数开关电源的可靠性都受温度影响，人们通常使用设计规则来比较开关电源的故障率。根据其中一个设计规则，显示元器件在65℃以上的环境下工作时，温度每上升10℃，故障率便增加一倍。这个常用的规则是基于以下的假定：用作比较的产品是用类似的设计和制造原理制作的，而元器件是在相近的条件下工作（例如，在指定的外围环境下，芯片的温度也相同）。实际上，不同的设计条件会对开关电源的整体性能及可靠性造成影响。

根据另一个设计规则，如果开关电源中的开关管是在其额定最高结温（T_{jmax}）的70%～80%下工作，将享有很高的可靠性。对半导体来说，T_{jmax} 通常为 +150℃ 或 +175℃。根据这些数字，半导体元器件的结温应该分别维持在低于 +120℃ 和 +135℃ 的水平。按照这个设计规则保持半导体元器件的结温处于较低水平，将可大大提高整个开关电源的可靠性。

按照 MIL-HDBK-217 来计算 MTBF，是通过对每一个元器件在其工作温度下的失效率的求和来得到的。基于每一个元器件在工作时所承受的应力等级，可推算出该元器件在百万小时工作期间内的失效率 λ_n，可计算出工作环境温度为25℃时的 MTBF，也可计算出其他不同工作环境温度下的 MTBF。

图1-2为某台开关电源的 MTBF 计算值与环境温度的关系曲线，开关电源在50℃下可工作5.1年，而在75℃下只能工作1.86年（一年为8766个小时）。当然

图 1-2 中的曲线并不一定适用于其他开关电源，但曲线给出的结论却具有普遍意义。

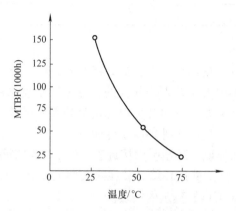

图 1-2　MTBF 计算值与环境温度的关系曲线

（1）环境温度对半导体元器件可靠性的影响

开关电源中的硅晶体管应按 $P_D/P_R = 0.5$（P_D 为使用功率；P_R 为额定功率）使用负荷设计，环境温度对半导体元器件可靠性的影响见表 1-1。

表 1-1　环境温度对半导体元器件可靠性的影响

环境温度 T_a/℃	20	50	80
失效率 λ/$(1/10^9 h)$	500	2500	15000

由表 1-1 可知，当环境温度 T_a 从 20℃增加到 80℃时，失效率增加到了 30 倍。

（2）环境温度对电容器可靠性的影响

开关电源中的电容器应按 $U_D/U_R = 0.65$（U_D 为使用电压；U_R 为额定电压）使用负荷设计，环境温度对电容器可靠性的影响见表 1-2。

表 1-2　环境温度对电容器可靠性的影响

环境温度 T_a/℃	20	50	80
失效率 λ/$(1/10^9 h)$	5	25	70

由表 1-2 可知，当环境温度 T_a 从 20℃增加到 80℃时，失效率增加到了 14 倍。

（3）环境温度对碳膜电阻可靠性的影响

开关电源中的碳膜电阻应按 $P_D/P_R = 0.5$ 设计，环境温度对碳膜电阻可靠性的影响见表 1-3。

由表 1-3 可知，当环境温度 T_a 从 20℃增加到 80℃时，失效率增加到了 4 倍。

表1-3　环境温度对碳膜电阻可靠性的影响

环境温度 T_a/℃	20	50	80
失效率 λ/($1/10^9$h)	1	2	4

（4）改善环境条件

开关电源的可靠性和使用环境有着极为密切的关系，开关电源的失效率在不同的使用环境中，其基本失效率差别是很大的，在设计中应采用环境系数进行修正。美国于20世纪70年代公布了不同开关电源的环境系数数值，原有9种环境条件，现只列出较常用和有代表性的4种环境条件如下：

1）GB：良好地面环境。环境引力接近于"0"，工程操作和维护良好。

2）GF：地面固定式的使用环境。装在永久性机架上，有足够的通风冷却，有技术人员维修，通常在不热的建筑内安装。

3）NS：舰船舱内环境。水面舰船条件，类似于GF，但要受偶然发生的剧烈的冲击振动。

4）GM：地面移动式和便携式的环境。劣于地面固定式的条件，主要受冲击振动，通风冷却可能受限制，只能进行简易维修。

上述环境条件下的环境系数 π_E 见表1-4。

表1-4　环境系数 π_E

元器件类型		GB	GF	NS	GM	
集成电路		0.2	1.0	4.0	4.0	
电位器		1.0	2.0	5.0	7.0	
功率型薄膜电阻		1.0	5.0	7.5	12.0	
电容器	纸和塑料膜	1.0	2.0	4.0	4.0	说明：$\lambda_p = \lambda_b \cdot \pi_E$
	陶瓷	1.0	2.0	4.0	4.0	式中，λ_p 为实际使用中的失
	铝电介	1.0	2.0	12.0	12.0	效率；λ_b 为基本失效率；π_E
变压器		1.0	2.0	5.0	3.0	为环境系数
继电器	军用	1.0	2.0	9	10	
	下等质量	2.0	4.0	24	30	
开关		0.3	1.0	1.2	5.0	
接插件	军用	1.0	4.0	4.0	8.0	
	下等质量	10	16	12	16	

从表1-4中可以看出：使用环境对元器件的失效率影响极大，GM和GB相比其失效率要高出 $4 \sim 10$ 倍。环境条件的改善往往受使用场合的限制，在设计和生产中比较容易做到的就是重视并尽量加强通风冷却。

可见，加强通风冷却十分有益于电子产品可靠性的提高。国内有些部门要求电子产品有很高的可靠性，又明令不许使用风扇进行强迫通风冷却。结果不仅电子产品成本提高，可靠性也难以真正得到保证，导致人为地造成了许多问题。其实，现在优质的风扇可以保证 50000～60000h 的使用寿命（相当于连续运行 6 年以上）。更换风扇比其他部件的维修也省力省时得多。只要在系统设计条件中，规定风扇即使不工作，设备依然可以长期正常运行。那么，加强通风冷却，绝对有利于电子产品可靠性。

2. 负荷率对开关电源可靠性的影响

负荷率对开关电源的可靠性有重大影响，故可靠性设计很重要的一个方面是负荷率设计。根据元器件的特性及实践经验，开关电源中元器件的负荷率采用降额设计，可提高开关电源的可靠性。开关电源中的元器件在实际工作中的负荷率和失效率之间存在着直接关系，因而，元器件的类型、数值确定以后，应从可靠性的角度来选择元器件必须满足的额定值，如半导体元器件的额定功率、额定电压、额定电流，电容器的额定电压，电阻的额定功率等。

（1）负荷率对硅半导体元器件可靠性的影响

开关电源中的半导体元器件的电压降额系数应在 0.6 以下，电流降额系数应在 0.5 以下，半导体元器件除负荷率降额设计外还有容差设计，在设计开关电源时，应适当放宽半导体元器件的参数允许变化范围，包括制造容差、温度漂移、时间漂移、辐射导致的漂移等。以保证半导体元器件的参数在一定范围内变化时，开关电源仍能正常工作。环境温度 $T_a = 50℃$，P_D/P_R 对硅半导体元器件失效率的影响见表 1-5。

表 1-5　P_D/P_R 对硅半导体元器件失效率的影响

P_D/P_R	0	0.2	0.3	0.4	0.5	0.6	0.7	0.8
$\lambda/(1/10^9\mathrm{h})$	30	50	150	700	2500	7000	20000	70000

由表 1-5 可知，当 $P_D/P_R = 0.8$ 时，失效率是 0.2 时的 1000 倍以上。

（2）负荷率对电容器可靠性的影响

开关电源中的电容器的负荷率（工作电压和额定电压之比）最好在 0.5 左右，一般不要超过 0.8，并且尽量使用无极性电容器。而且，在高频应用的情况下，电压的降额幅度应进一步加大，对电解电容器更应如此。应特别注意的是电容器有低压失效问题，对于普通铝电解电容器和无极性电容器的电压降额不低于 0.3，钽电容器的电压降额应在 0.3 以下。但电压的降额不能太多，否则电容器的失效率将上升。英国曾发表电容器失效率 λ 正比于工作电压的 5 次方的资料，称为"五次方定律"，即

$$\lambda \propto U^5 \tag{1-18}$$

当 $U = U_R/2$ 时，有

$$\lambda = \lambda_R/2^5 = \lambda_R/32 \tag{1-19}$$

当 $U = 0.8U_R = U_R/1.25$ 时，有

$$\lambda = \lambda_R/(1.25)^5 = \lambda_R/3.05 \qquad (1\text{-}20)$$

式中，λ_R 为额定失效率。

当电容器工作电压降低到额定值的 50% 时，失效率可以减小 32 倍之多。

（3）负荷率对碳膜电阻可靠性的影响

开关电源中的电阻、电位器的负荷率要小于 0.5，此为电阻设计的上限值。大量试验证明，当电阻降额系数低于 0.1 时，将得不到预期的效果，失效率有所增加，电阻降额系数以 0.1 为可靠性降额设计的下限值。环境温度 $T_a = 50℃$，P_D/P_R 对碳膜电阻失效率的影响见表 1-6。

表 1-6　P_D/P_R 对碳膜电阻失效率的影响

P_D/P_R	0	0.2	0.4	0.6	0.8	1.0
$\lambda/$ $(1/10^9 h)$	0.25	0.5	1.2	2.5	4.0	7.0

由表 1-6 可知，当 $P_D/P_R = 0.8$ 时，失效率是 0.2 时的 8 倍。

以上数据表明，为了保证可靠性，必须减小元器件的负荷率。例如：美国"民兵"洲际导弹的电子系统规定元器件的负荷率为 0.2。实际使用中的经验数据如下：

1）半导体元器件负荷率应在 0.3 左右。

2）电容器负荷率（工作电压和额定电压之比）最好在 0.5 左右，一般不要超过 0.8。

3）电阻（或称电阻器）、电位器负荷率 ≤ 0.5。

总之，对各种元器件的负荷率只要有可能，一般应保持在 0.3 左右。最好不要超过 0.5。这样的负荷率，对造成开关电源不可靠的概率是非常小的。

1.2　开关电源可靠性设计

1.2.1　开关电源可靠性设计原则及方法

1. 可靠性设计的原则

1）在确定开关电源整体方案时，除了考虑技术性、经济性、体积、重量、耗电等外，可靠性是首先要考虑的重要因素，可靠性设计指标应包含定量的可靠性要求。在满足体积、重量及耗电等参数条件下，必须确立以可靠性、技术先进性及经济性为准则的最佳构成整体方案。在确定开关电源技术指标的同时，应根据需要和实现可能确定可靠性指标与维修性指标。

2）可靠性设计与所选用元器件的功能设计相结合，在满足元器件性能指标的基础上，尽量提高元器件的可靠性水平。提出开关电源对元器件限用要求及选用准

则，拟订元器件优选手册（或清单）。在满足技术性要求的情况下，尽量简化方案及电路设计和结构设计。

3）尽量减少元器件品种规格，增加元器件的复用率，使元器件品种规格与数量比减少到最小程度，尽一切可能减少元器件使用数目。选用高质量等级的元器件，原则上不选用电解电容器。尽量选用硅半导体元器件，少用或不用锗半导体元器件。在同等体积下尽量采用高额度的元器件，在设计电路和选用元器件时，应尽量降低环境影响的灵敏性，以保证在最坏环境下的可靠性。

4）应针对元器件的性能水平、可靠性水平、制造成本、研制周期等相应制约因素进行综合平衡设计，尽量实施集成化设计。在设计中，尽量采用固体组件，使分立元器件减少到最小程度。其优选序列为：大规模集成电路→中等规模集成电路→小规模集成电路→分立元器件。

5）在设计初始阶段就要考虑小型化和超小型化设计，但以不妨碍开关电源的可靠性与维修性为原则。在可靠性设计中尽可能采用国内外成熟的新技术、新结构、新工艺和新原理。

6）对开关电源进行合理的热设计，控制环境温度，不致温度过高导致元器件失效率增加。选择最简单、最有效的冷却方法，以消除全部发热量的80%。根据经济性及重量、体积、耗电约束要求，最大限度地利用传导、辐射、对流等基本冷却方式，避免外加冷却设施。冷却方法优选顺序为：自然冷却→强制风冷→液体冷却→蒸发冷却。

7）在确定方案前，应对开关电源将投入使用的环境进行详细的现场调查，并对其进行分析，确定影响开关电源可靠性最重要的环境及应力，以作为采取防护设计和环境隔离设计的依据。

8）根据经济性及重量、体积、耗电约束要求，确定开关电源中元器件的降额程度，使其降额比尽量减小，不要因选择了过于保守的元器件，导致开关电源的体积和重量过于庞大。

9）在设计的初始阶段，应预先研究哪些元器件可能产生电磁干扰和易受电磁干扰，以便采取措施，确定要使用哪些抗电磁干扰的方法。开关电源内测试电路应作为电磁兼容性设计的一部分来考虑；如果事后才加上去就可能破坏原先的电磁兼容性。

10）开关电源必须进行电磁兼容性设计，解决开关电源与外界环境的兼容，减少来自外界的电磁干扰及对外界电气、电子设备的干扰。对开关电源内部各级电路间进行电磁兼容设计，优化开关电源内部、各分板及各级之间元器件的布局、布线，消除因布局、布线产生的辐射干扰和传导干扰。

2. 开关电源可靠性设计方法

高性能开关电源的设计是一个系统工程，不但要重视开关电源本身的参数设计，还要重视开关电源的可靠性设计（电磁兼容设计、热设计、安全性设计、三防设计等方面）。因为在可靠性设计的任何方面哪怕是最微小的疏忽，都可能导致整个开关电源的性能下降，所以应充分认识到开关电源可靠性设计的重要性。认真对待开关电源可靠性的设计工作，并采取足够的措施提高开关电源的可靠性，才能使开关电源达到稳定、可靠的目标。

（1）电路拓扑的选择

开关电源一般采用单端正激式、单端反激式、双管正激式、双单端正激式、双正激式、推挽式、半桥、全桥等八种拓扑电路，单端正激式、单端反激式、双单端正激式、推挽式拓扑电路中的开关管要承压两倍以上的输入电压，如果按 60% 降额使用，则使开关管不易选型。在推挽式和全桥拓扑电路中可能出现单向偏磁饱和，使开关管损坏，而半桥电路因为具有自动抗不平衡能力，所以就不会出现这个问题。

双管正激式、双单端正激式和半桥拓扑电路中的开关管承压仅为输入电源电压，60% 降额时选用 600V 的开关管比较容易，而且不会出现单向偏磁饱和的问题，这三种拓扑电路在高压输入电路中得到广泛的应用。

（2）控制策略的选择

在中小功率开关电源中，电流型 PWM 控制是大量采用的方法，它较电压控制型有如下优点：

1）采用逐周期电流控制方法，比电压型控制更快，不会因过电流而使开关管损坏，大大减少过载与短路保护。

2）优良的电网电压调整率；快速的瞬态响应。

3）环路稳定，易补偿；纹波比电压控制型小得多。

生产实践表明，采用电流型控制的 50W 开关电源的输出纹波在 25mV 左右，远优于电压控制型。

硬开关技术因开关损耗的限制，开关频率一般在 350kHz 以下；软开关技术是应用谐振原理，实现开关损耗为零，从而可将开关频率提高到兆赫级水平。这种应用软开关技术的开关变换器综合了 PWM 变换器和谐振变换器两者的优点，接近理想的特性，如低开关损耗、恒频控制、合适的储能元器件尺寸、较宽的控制范围及负载范围，但是此项技术主要应用于大功率开关电源，中小功率开关电源中仍以PWM 技术为主。

（3）简化电路

减少元器件的数量，尽量集成化，选用高可靠性的元器件，是提高开关电源可靠性的最基本思路。开关电源可靠性是由其选用元器件的可靠性决定的：

$$R = R_1 \cdot R_2 \cdot R_3 \cdot \cdots \cdot R_N (0 \leqslant R \leqslant 1) \tag{1-21}$$

开关电源的失效率是由其选用元器件的失效率决定的：

$$\lambda = n_1 \cdot \lambda_1 + n_2 \cdot \lambda_2 + n_3 \cdot \lambda_3 + \cdots + n_N \cdot \lambda_N (\lambda \geqslant 0) \tag{1-22}$$

显然，元器件数量越多越不可靠，假如每个元器件 $R_i = 0.999$，共有 5000 个元器件，则 $R = 0.999^{5000} = 0.01$，显然极不可靠。若元器件数量减到1800个，则 $R = 0.999^{1800} = 0.19$。说明如能做到元器件减少64%，可靠性将增加到19倍，因而应尽量采用集成化的元器件，可极大地提高开关电源的可靠性。

在设计中还应注意到选用高可靠性的元器件类型和品质档次的重要意义，例如功能相似的电容器，云母介质的失效率就要比玻璃或陶瓷介质的低30倍左右。同类的元器件，不同品质档次，如军品和民品、上等质量和下等质量，在同样的功能和条件下，失效率也会差3～10倍。可以说，在保证相同功能和使用环境的条件下，采用简化的电路，减少元器件的数量，选用优质元器件，可大幅提高所设计的开关电源的可靠性。

例如：一台 1000V·A 高品质的开关电源，使用于 GM 环境条件（移动、车载、通风不理想、不便维修），也能保证 MTBF≥20 万 h。主要原因就是电路简单，元器件数量少。整台电源只包括：

1）特种变压器1只，基本失效率为 $\lambda_1 = 300 \times 10^{-9}/h$

2）金属化薄膜电容器2只，基本失效率为 $\lambda_0 = 830 \times 10^{-9}/h$

电容器负荷率为0.8，所以 $\lambda_2 = (830/3.05) \times 10^{-9}/h$

3）焊接点20个，基本失效率为 $\lambda_3 = 5.7 \times 10^{-9}/h$

因而：$\lambda_\Sigma = \lambda_1 + 2\lambda_2 + 20\lambda_3 = (300 + 544 + 114) \times 10^{-9}/h = 958 \times 10^{-9}/h$

使用于 GM 环境条件，平均 $\pi_E = 4$，$\lambda_{\Sigma P} = \lambda_\Sigma \cdot \pi_E = 3832 \times 10^{-9}/h$。

平均无故障工作时间：$\text{MTBF} = 1/\lambda_{\Sigma P} = (1/3832) \times 10^9/h = 26 \times 10^4 h = 26$ 万 h≥20 万 h。

年可靠性： $P = 1/e^{\lambda_{\Sigma P} \cdot 8760} = 0.967 = 96.7\%$

故障率： $F = 1 - P = 3.3\%$

长期生产实践的统计数字也证明，该开关电源的 MTBF≥20 万 h。当然，使用在其他环境条件，可靠性会更高。

（4）元器件的选用

因为元器件直接决定了开关电源的可靠性，所以元器件的选用非常重要。元器件的失效主要集中在以下方面：

1）制造质量问题。质量问题造成的失效与工作应力无关，元器件质量不合格可以通过严格的检验加以剔除，在工程应用时应选用定点生产厂家的成熟元器件，不允许使用没有经过认证的元器件。

2）元器件可靠性问题。元器件可靠性问题即基本失效率问题，这是一种随机性质的失效，与质量问题的区别是元器件的失效率取决于工作应力水平。在一定的应力水平下，元器件的失效率会大大下降。为剔除不符合使用要求的元器件，包括电参数不合格、密封性能不合格、外观不合格、稳定性差、早期失效等，应进行筛选试验，这是一种非破坏性试验。通过筛选可使元器件失效率降低1～2个数量级。

当然筛选试验代价（时间与费用）很大，但综合维修、后勤保障、联试等还是合算的，研制周期也不会延长。开关电源中的主要元器件筛选试验一般要求如下：

① 电阻在室温下按技术条件进行 100% 测试，剔除不合格品。

② 普通电容器在室温下按技术条件进行 100% 测试，剔除不合格品。

③ 接插件按技术条件抽样检测各种参数。

半导体元器件按以下程序进行筛选：目检→初测→高温贮存→高低温冲击→电功率老化→高温测试→低温测试→常温测试。筛选结束后应计算剔除率：

$$Q = n/N \times 100\% \tag{1-23}$$

式中，N 为受试样品总数；n 为被剔除的样品数。

如果 Q 超过标准规定的上限值，则本批元器件全部不准使用，并按有关规定处理。在符合标准规定时，则将筛选合格的元器件打漆点标注，然后入专用库房以供使用。

3）设计问题。首先是恰当地选用合适的元器件：

① 尽量选用硅半导体元器件，少用或不用锗半导体元器件。多采用集成电路，减少分立元器件的数目。

② 输出整流管尽量采用具有软恢复特性的二极管，开关管选用 MOSFET 能简化驱动电路，减少损耗。

③ 应选择金属封装、陶瓷封装、玻璃封装的元器件，禁止选用塑料封装的元器件。

④ 吸收电容器与开关管和输出整流管的距离应靠近，因流过高频电流，故易升温，所以要求这些电容器具有高频低损耗和耐高温的特性。

⑤ 集成电路必须是一类品或者是符合 MIL – M – 38510、MIL – S – 19500 标准 B – 1 以上质量等级的军品。

⑥ 设计时尽量少用继电器，确有必要时应选用接触良好的密封继电器。原则上不选用电位器，必须保留的应进行固封处理。

⑦ 电路设计应把需要调整的元器件（如半可变电容器、电位器、可变电感器及电阻器等）减少到最小程度。在选用元器件时，不仅要考虑满足电气性能要求，还应经过可靠性检验，选择能满足可靠性要求的元器件。尽量采用满足国家标准和专业标准的元器件，尽量不用不符合标准的元器件，如果必须采用，应确定与生产厂共同进行质量控制，并对其进行环境实验。

⑧ 元器件在经过长期应用和环境条件的变化后会引起特性参数发生变化，在选用元器件时应考虑其变化的极限。在选用元器件时，除按加到元器件上的电应力性质及大小选用外，还应注意按作用在极限环境条件下元器件仍能正常工作选用。

⑨ 在高压工作条件下的元器件除了选择时应注意技术参数及降额外，还应设有过电压保护装置并采取防浪涌电流措施，在脉冲工作下的元器件应有较大的电流裕量和良好的频率特性。经常使用在潮湿环境条件下的开关电源，在选用元器件时

要特别注意其密封性和耐潮性。在选择元器件时应考虑电磁兼容性要求，应选择噪声系数小和对电磁干扰影响迟钝的元器件。

（5）保护电路

为使开关电源能在各种恶劣环境下可靠地工作，避免由于部件故障而引起的不安全状态，或使得一系列其他元器件也发生故障甚至引起整个开关电源发生故障。应在开关电源设计时加入多种保护电路，如防浪涌冲击、过/欠电压、过载、短路、过热等保护电路。

1.2.2 元器件降额使用

1. 降额使用

降额使用可以提高开关电源的可靠性，降额使用规则是依据最差工况（Worst Case）来制定的。工作于最差工况的元器件，是实际寿命达不到额定寿命的重要因素。

最差工况就是元器件工作时承受着最大应力的工作状况，这种情况一般由外部环境的参数，如温度、电压、开关次数、负载等条件中的一种或多种组合而成。这些应力的边界条件一般在元器件的规格书中都是给出来的。

一个良好的开关电源设计，是应根据在最差工况时元器件的设计风险来评估所设计开关电源的可靠性，在风险评估的同时可以确定失败的原因、潜在的风险、失败的概率、后果的严重性等。

要制定降额使用规范，就要进行最差工况下的失败风险评估。要进行风险评估，就要建立加速实验模型，所建模型的准确性将严重影响风险评估的结果。

电子元器件的基本失效率取决于工作应力（包括电、温度、振动、冲击、频率、速度、碰撞等），除个别低应力失效的元器件外，其他均具有工作应力越高、失效率越高的特性。为了使元器件的失效率降低，所以在电路设计时要进行降额设计。降额的程度除了可靠性外还需考虑体积、重量、成本等因素，不同的元器件降额标准亦不同，实践表明，大部分电子元器件的基本失效率取决于电应力和温度，因而降额也主要是控制这两种应力。

2. 半导体元器件

在开关电源设计中，所选用的半导体元器件应采用玻璃、金属、金属绝缘膜、陶瓷封装或用这些材料复合封装，尽量不用塑料封装的半导体元器件。在满足电路性能要求的条件下，尽量选用硅材料的半导体元器件而不选用锗材料的半导体元器件。因为硅半导体结温（150～175℃）较锗半导体结温（75～90℃）高，所以在高温高压条件下工作时应选用硅材料的半导体元器件而不选用锗材料的半导体元器件。

（1）集成电路

因为集成电路的复杂性和保密性，一般只能根据半导体结温来推断集成电路的可靠性，即对集成电路结温和输出负载进行降额应用。通常规定如下：

1）最大工作电压，不超过额定电压的80%。

2）最大输出电流，不超过额定电流的 75%。

3）结温，最大 85℃，或不超过额定最高结温的 80%。

（2）二极管

晶体二极管除结温外，对其正向电流及峰值反向电压也予以降额应用。二极管种类繁多，特性不一，通用要求如下：

1）长期反向电压 < (70% ~ 90%) × V_{RRM}（最大可重复反向电压），最大峰值反向电压 < 90% × V_{RRM}。

2）正向平均电流 < (70% ~ 90%) × 额定值，正向峰值电流 < (75% ~ 85%) × I_{FRM}（正向可重复峰值电流）。

3）对于工作结温，不同的二极管要求略有区别：信号二极管 < 85 ~ 150℃；玻璃钝化二极管 < 85 ~ 150℃；整流二极管和快恢复、超快恢复二极管 (< 1000V) < 85 ~ 125℃；整流二极管和快恢复、超快恢复二极管 (≥1000V) < 85 ~ 115℃；肖特基二极管 < 85 ~ 115℃；稳压二极管 (< 0.5W) < 85 ~ 125℃；稳压二极管 (≥0.5W) < 85 ~ 100℃。

4）T_{case}（外壳温度）≤ 0.8 × T_{jmax} − 2 × θ_{jc} × P，2 × θ_{jc} × P < 15℃，θ_{jc} 是从结到壳的热阻，P 是功率损耗，这是一个可供参考的经验值。

这里很多指标给的是个范围，因为不同的可靠性要求和成本之间有矛盾，所以给出一个相对比较注重可靠性的和一个相对比较注重成本的两个值供参考。下面同理。

（3）功率 MOSFET

功率 MOS FET 降额应用要求如下：

1）U_{GS} < 85% × U_{GSmax}（最大栅极驱动电压）。

2）I_{D_peak} < 80% × I_{D_M}（最大漏极脉冲电流）。

3）U_{DS} < (80% ~ 90%) × 额定电压。

4）dU/dt < (50% ~ 90%) × 额定值。

5）结温 < 80% × T_{jmax}，其中 T_{jmax} 为最大工作结温。

6）T_{case}（外壳温度）≤ 0.8 × T_{jmax} − 2 × θ_{jc} × P，2 × θ_{jc} × P < 15℃，θ_{jc} 是从结到壳的热阻，P 是功率损耗，这是一个可供参考的经验值。

（4）晶体管

晶体管除结温外，对其集电极电流及任何电压予以降额应用，所有的电压指标都要限制在 85% 额定值以下：

1）功率损耗不超过 70% ~ 90% 额定值。

2）I_C 必须在 RBSOA（反偏安全工作区）与 FBSOA（正偏安全工作区）范围内降额 30%（就是额定的 70%）。

3）结温不超过 85 ~ 125℃。

4）T_{case}（外壳温度）≤ 0.75 × T_{jmax} − 2 × θ_{jc} × P，2 × θ_{jc} × P < 15℃，θ_{jc} 是从结

到壳的热阻，P是功率损耗，这是一个可供参考的经验值。

3. 电容器（或称电容）

损耗引起的元器件失效取决于工作时间的长短，与工作应力无关。铝电解电容长期在高频下工作会使电解液逐渐损失，同时容量亦同步下降，当电解液损失40%时，容量下降20%；电解液损失90%时，容量下降40%，此时电容器芯子已基本干涸，不能再使用。电容器除外加电压进行降额应用外，在应用中要注意频率范围及温度极限，要尽量选用有足够温度要求和温度系数小的电容器。

（1）电解电容

铝电解电容是开关电源中一个非常重要的元器件，而很多开关电源的故障率偏高，都是因为对铝电解电容的使用不当造成的。由于铝电解电容的重要性，对其研究的也比较多，因而制定出来的规则也比较多。在潮湿和盐雾环境下，铝电解电容会发生外壳腐蚀、容量漂移、漏电流增大等情况，所以在舰船和潮湿环境应用的开关电源，最好不要用铝电解电容。由于受空间粒子轰击时，电解质会分解，所以铝电解电容也不适用于航天电子设备的开关电源中。

钽电解电容温度和频率特性较好，耐高低温，储存时间长，性能稳定可靠，但钽电解电容较重、容积比低、不耐反压、高压且（>125V）品种较少、价格较高。在选用电解电容时，应注意以下规则：

1）$U_{dc} + U_{ripple} < 90\% \times$ 额定电压。

2）在进行电解电容布局时，其下面（PCB正面）尽量不要有地线之外的其他走线。

3）纹波电流。在开关电源中，纹波电流的频谱是非常丰富的，所以必须把纹波电流折算一下：

$$I_{ripple-all-frequencies} = \sqrt{(\frac{I_{ripple-frequency.1}}{M_{f.1}})^2 + \cdots + (\frac{I_{ripple-frequency.n}}{M_{f.n}})^2} \quad (1-24)$$

式中，$I_{ripple-frequency.1}$为频率1处的纹波电流；$I_{ripple-frequency.n}$为频率n处的纹波电流；$M_{f.1}$为频率1处的频率因子；$M_{f.n}$为频率n处的频率因子（电容器供应商应该可以提供的），纹波电流必须保证在供应商提供的额定值的70%~90%之内。

4）电解电容的初始容量要保证20%的裕量，以应对寿命快到时的容量衰减。

5）电解电容的寿命温度加速因子为2/10℃，也就是说，温度每升高10℃，寿命减半。

6）电解电容的壳温T_{case}受限于设计寿命。

7）电解电容的自温升<5℃，所谓自温升，是指电容实际工作时，完全因为自身发热导致的温升。

（2）瓷片电容

在选用瓷片电容时，应注意以下规则：

1）工作电压<（60%~90%）×额定电压。

2）表面温度 < 105℃。

3）自温升 < 15℃或由规格书定义，以低的为准。

（3）薄膜电容

在选用薄膜电容时，应注意以下规则：

1）在开关电源中不要选用聚苯乙烯电容，因为聚苯乙烯电容耐热比较差。

2）表面温度 < 85℃，超过85℃耐压按照图 1-3 降额使用，此处的电压指的是直流电压叠加交流峰值电压。

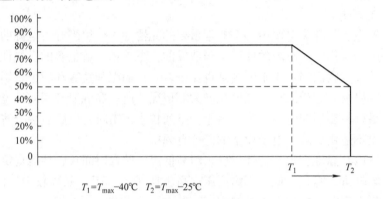

$T_1=T_{\max}-40℃\quad T_2=T_{\max}-25℃$

图 1-3　降额使用曲线

3）聚酯电容自温升 < 8℃或由规格书定义，以低的为准。

4）聚丙烯电容自温升 < 5℃或由规格书定义，以低的为准。

5）薄膜电容的使用寿命取决于电压值和电压脉冲的上升速率，允许的脉冲数量和电压值以及脉冲斜率的关系如下式（1-25）所示：

$$N_{\text{pulse}} = \left[\frac{U_{\text{r,max}} \times \left(\frac{\mathrm{d}U}{\mathrm{d}t} \right)_{\max}}{U_{\text{applied}} \times \left(\frac{\mathrm{d}U}{\mathrm{d}t} \right)_{\text{applied}}} \right]^{6.5} \times 10^5 \tag{1-25}$$

式中，N_{pulse} 为脉冲总数；$U_{\text{r,max}}$ 为最大额定直流电压；U_{applied} 为实际使用峰峰值电压；$(\mathrm{d}U/\mathrm{d}t)_{\max}$ 为最大额定脉冲斜率；$(\mathrm{d}U/\mathrm{d}t)_{\text{applied}}$ 为实际使用脉冲斜率。

（4）选用电容器应注意的事项

在开关电源设计中，选用电容器应注意以下事项：

1）在选用电容器时，应防止电容器电流过载。由于开关动作和瞬间浪涌持续长且幅度大，将使电容器容量非永久性偏移，密封也可能受到破坏，一般金属板薄膜电容器耐受大电流冲击能力不如金属箔薄膜电容器。

2）在选用电容器时，应防止电容器电压过载。由于开关动作或负荷突然中止，将在电容器上产生过高电压瞬变而引起内部电晕，导致绝缘电阻下降。

3）在选用电容器时，应注意电容器的频率效应。流过电容器的电流与频率成正比，当将低频电容器用于高频电路时，高频电流会使电容器过热而击穿。

4）在选用电容器时，应注意高温对电容器的影响，高温会使电容器过热，使介质强度下降而击穿或容量偏移。涤纶电容器使用温度最好不要超过100℃，不适用于高频电路中。

5）在选用电容器时，应注意潮湿对电容器的影响。潮湿会使电容器外部腐蚀或长霉，降低了介质强度、介质常数，以及减小了绝缘电阻的阻值，产生大于规定值的漏电流，从而降低了击穿电压和产生较高的内温。

6）被称为"交流电容器"的电容器，是相对50Hz的工业电网频率而言的，用于较高频率是不适当的，除非降额应用。

7）如果电路需要电容器在很宽的频带工作时，可以用两种不同频带的电容器以解决电容器频率限制问题。在一般情况下，固态钽电容器可靠性较好，但应注意在电压高于$60 \sim 70V$以上时，固态钽电容器的可靠性明显下降，一般在63V以下使用液态钽电容器较好。但应注意液态钽电容器在低气压情况下不能使用，因其密封性较差，在低气压下工作容易发生漏液现象，引起性能蜕变，导致失效。

8）云母电容器温度系数较某些陶瓷电容器好，但其密封性不好，易受潮失效，经常工作在潮湿环境下的开关电源不宜采用。

9）单引出线的电解电容器，因另一极是不能焊接的铝外壳，不易保证良好接地，对电磁屏蔽不利，应慎用。

10）使用瓷管电容器和线绕式半可调电容器时，应把连接外层金属的一端作接地端（或接交流低电平），以利电磁屏蔽。

11）使用可变电容器及半可变电容器时，应把动片作接地端，以利电磁屏蔽。除了分裂片调谐电容器以外，空气介质可变电容器应选用动片接地型的，相对片间间隙不应小于0.2mm，间隙小于0.2mm时应加防护罩，其片间承受电压及转动寿命应符合产品技术要求。半可变电容器调整完成时，应位于其变化范围之间。

12）除非另有规定外，不应该使用非金属外壳的纸塑固定电容器。只是在封装或密封的组件中，才可以使用非金属塑料包装的电容器。铝电解固定电容器，应限制用于开关电源滤波电路中。

13）不应采用压缩型可变电容器及纸介电容器，为了限制干扰电平，应选用漏电流小的电容器。纸介电容器易老化，热稳定性差，工作温度低，易吸潮，一般不采用。如采用需采取防潮措施或选用密封纸介电容器（如CZ31）或小型耐热纸介电容器（如CZRX）等，但仅用在直流及低压电路中。

14）金属化纸介电容器一般用在脉冲电路中，它具有"自愈"能力，但其降额系数不应选得太小，否则"自愈"能力减弱。

15）在电流滤波电路中，所采用的铝电解电容器应考虑脉冲电流大的特点，选用多组电容器并联或特大容量的电容器。对于铝电解电容器，一般库存两年以上的不能选用；若选用，需要做低压赋能处理。

16）铝电解电容器长期使用于高温 40℃ 和盐雾条件下，会发生外壳腐蚀、容量漂移和漏电流增大，应用于舰载、海岸设备的开关电源时要慎用。当受空间粒子轰击时，电解质会分解，应用于空间、宇航设备的开关电源时最好不用。应用于低温工作设备的开关电源最好不选用铝电解电容器，应选用钽电解电容器。

17）在交流工作状态下使用钽电解电容器最好是选用双极性的（即无极性的），但使用电压和工作频率不宜过高，振动和冲击不宜过大。

4. 电阻、电位器

电阻、电位器的负荷率要小于 0.5，此为电阻设计的上限值。大量试验证明，当电阻的降额系数低于 0.1 时，将得不到预期的效果，失效率有所增加，电阻的降额系数以 0.1 为可靠性降额设计的下限值。电阻的功率降额系数为 0.1～0.5，电阻除功率进行降额应用外，在实际应用中还要低于极限电压及极限应用温度。

电阻可以分为三大类：固定线性电阻（碳膜、金属膜、金属氧化膜、金属釉、碳质等电阻和绕线电阻）、固定非线性电阻（NTC、PTC）、可变电阻。电阻的可靠性主要取决于电阻的温度，而温度则是环境温度和自身功率损耗产生热量后叠加的效果。

功率和电压都对电阻的选择与使用产生了限制，其影响曲线如图 1-4 所示。从图 1-4 中可知，对于阻值低于临界阻值的电阻，使用是受功率限制的；而对于高于临界阻值的电阻，使用是受耐压限制的。对于单个脉冲的功率限制，取决于脉冲的形状。同时脉冲的峰值电压必须不能超过额定限制。电阻的降额使用规则如下：

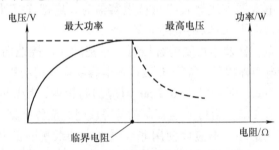

图 1-4　功率和电压对电阻选择的影响曲线

1）在有瞬间高压脉冲的电路中使用金属釉电阻。

2）在有大的冲击电流的场合使用绕线电阻。

3）电阻的连续功率 < 50% × 额定功率。

4）不要选用 > 1MΩ 的碳膜电阻，因其长期稳定性差，应选用大阻值且长期稳定性好的金属釉电阻。

5）在热冲击试验后，电阻的阻值必须在 ±5% 的额定范围内。

6）可熔断电阻不要靠 PCB 太近，以免 PCB 过热。

7）尽量不要将矩形的贴片电阻用在 ESD 保护电路，因为矩形的尖角容易放电。

8）在电压、电流采样时，如果用贴片电阻，尽量使用尺寸在 1206（贴片电阻外形尺寸标号）以上的。

9）对于碳膜、金属膜、金属氧化膜电阻的耐压降额使用如下：

① 电阻 $R > 100\mathrm{k}\Omega$ 时，$U_{\mathrm{RMS}} < 50\% \times$ 额定最大连续工作电压。

② 电阻 $R \leqslant 100\mathrm{k}\Omega$ 时，$U_{\mathrm{RMS}} < 90\% \times$ 额定最大连续工作电压或 $90\% \times (P \times R)^{0.5}$，以低的为准。

③ 对于碳质电阻、金属釉电阻和绕线电阻：$U_{\mathrm{RMS}} < 90\% \times$ 额定最大连续工作电压或 $90\% \times (P \times R)^{0.5}$，以低的为准。

10）电路中有冲击电流时的瞬时功率，可以按照以下的经验公式计算：

$$P = I^2 \times R \times t/4 \tag{1-26}$$

式中，t 是电流跌落到最大值 38% 时的时间。

在开关电源设计中，选用电阻、电位器应注意的事项如下：

1）电阻除了按阻值及额定功率来选用外，高阻值电阻还应考虑工作电压是否超过额定值，而低阻值电阻则主要考虑其耗散功率。

2）金属膜电阻断续负荷比连续负荷苛刻，直流负荷比交流负荷苛刻，引起电阻失效的主要原因是温度和电流密度。在各类电阻中，线绕电阻噪声最小，合成电阻噪声最大。

3）选用金属膜电阻时，如果希望噪声低些，可以选用噪声电动势为 A 级的，它比 B 级的噪声系数小 12dB。实心电阻可靠性好，除了对电性能有较高要求的地方外，均可使用。

4）金属膜电阻（RJ）和金属化膜电阻（RY）的化学稳定性好，它们的温度系数、非线性、噪声电动势都比碳膜电阻优良，额定工作温度可达 125℃，短时负荷及脉冲负荷性较好。

5）金属氧化膜电阻的阻值范围偏低，可用以补充金属膜电阻的低阻部分。这两种电阻可用于稳定性和电性能要求较高的地方。这两种电阻特别适用于高额应用，但应注意在 400MHz 及其以上频率工作时，阻值将会下降。在要求高精度及电性能有特殊要求的地方，可以选用精密线绕电阻（RX）和金属膜电阻。

6）精密线绕电阻为密封封装，可以防止潮气进入和氧化，其温度系数可达 $(1 \sim 15) \times 10^{-6}$，经过老练处理后，性能很稳定。

7）碳金属膜电阻性能稳定，温度系数可达 $(0.5 \sim 10) \times 10^{-6}$，精度可达 1×10^{-6}，经过老练处理后，性能很稳定。

5. 磁性元器件

线圈、扼流圈除工作电流进行降额应用外，对其电压也要进行降额。变压器除工作电流、电压进行降额应用外，对其温升按绝缘等级作出规定，电感和变压器的电流降额系数应在 0.6 以下。

所有的变压器、电感器和线圈均应经过浸渍处理，以达到防潮的目的，必要时变压器、扼流圈应该灌封。变压器和电感器在内部工作温度等于或高于 65℃ 的开关电源中使用时，禁止采用封闭或液体填料方式。

变压器绝缘等级为 A 级时，温升不得超过 50℃；绝缘等级为 B 级时，温升不得超过 60℃。为了防止通过变压器引入干扰信号，应采用全波整流变压器而不采用桥式整流变压器。为了消除变压器的交流声，应特别注意变压器铁心的构造和制作。

当电路对电感器的 Q 值稳定性有较高要求时，应尽量控制电感器的环境温度恒定。对扼流圈和线圈的电流应加以控制，使其不得超过允许值。

变压器、电感器和线圈中选用漆包线的使用寿命加速因子约为 2.5/10℃，漆包线的温度降额规定如下：

① CLASSB：95~110℃（注：额定温度是 130℃）。

② CLASSF：110~125℃（注：额定温度是 155℃）。

③ CLASSH：125~150℃（注：额定温度是 180℃）。

磁心的降额规定如下：

① 在任何条件下 $B_{max} < 80\% \times B_{sat}$（$B_{sat}$ 是磁心的饱和磁感应强度）。

② $T_{core} < 70\% \times T_{curie} - 10℃$（$T_{curie}$ 是磁心居里点温度）。

6. 其他

（1）PCB

PCB 的材料和最高可用表面温度如下：

FR2：75℃；FR3：90℃；FR4：125℃；CEM1：125℃；CEM3：125℃，此外，应遵循以下规则：

1）可以使用过孔帮助散热，每个过孔流过的电流不超过 2A。

2）布线之间的间距与电压的关系参考 UL935。

3）FR1 的导热率是 FR4 的两倍，但 FR1 不适合做双面板。

（2）熔丝

熔丝的降额使用是对电路保护可靠性和熔丝使用寿命之间的妥协，降额使用熔丝并不能直接带来产品可靠性的提升。环境温度和电流是影响熔丝寿命的主要因素，在 25℃ 下，熔丝的电流应降额 25% 使用。在环境温度升高时，慢熔断的熔丝要按照 0.5%/℃ 来增加降额，而快熔断的熔丝则按照 0.1%/℃ 来增加降额。

（3）光电耦合器

在开关电源设计中，选用光电耦合器的最大工作电压 < （70%~90%）× 额定电压；最大工作电流 < （25%~90%）× 额定电流；电流传输比，按照产品寿命时间，保留 20% 裕量；结温 < 85~100℃。

（4）金属氧化物压敏电阻 MOV

在 $T_{case} \leqslant 85℃$ 时的任何条件下，金属氧化物压敏电阻的具体选型推荐如下：

1）AC 120V/127V，选用 150Vrms。

2）AC 220V，选用 275Vrms（此项尚存争议）。

3）AC 277V，选用 320Vrms。

4）AC 347V，选用 420Vrms。

第2章
开关电源安全设计

2.1 开关电源安全距离及安全器件选择

2.1.1 安全距离与绝缘分类

1. 安全距离

所谓安全距离就是为保护人在使用电子产品的时候，带电部分（危险电压）不能被人轻易接触到，也不能因其危险威胁人身安全。安全距离是在产品设计中最重要的部分之一，检查安全距离应从设计阶段开始。结构检查人员会首先检查 PCB 上的安全距离（最好拿空的 PCB 用透明薄尺或游标卡尺来测量），之后检查危险电压带电部分与其他部分（如外壳、安全电压部分等）的距离等。总之，一切关乎与安全的部分都要测量，重点是在电源部分。安全距离包括电气间隙（空间距离）、爬电距离（沿面距离）和绝缘穿透距离。电子产品的绝缘应符合电气间隙、爬电距离、绝缘穿透距离的要求。

（1）电气间隙

电气间隙是指两个导电零部件之间或导电零部件与设备界面之间测得的最短空间距离，此距离的测量并不限制采用何种途径。例如某产品使用绝缘材料当外壳，此外壳的开孔或缝隙处都应当成导体考虑，若有层铝箔铺于其上，依然须和内部的危险部件保持一定的距离，因为这些地方都是易于被使用者触及的地方。对于 AC/DC 开关电源（没 PFC 电路及额定电压 110～240V）的电气间隙（mm）要求如下：

L 线－N 线（熔丝管前）：2.0mm。

输入地（整流桥前）：2.0mm。

输入地（整流桥后）：2.2mm。

输入－输出（变压器）：4.6mm。

输入－输出（除变压器外）：4.5mm。

输入－输出（磁心）：2.0mm。

对于 AC/DC 开关电源（有 PFC 电路及额定电压 110 ~ 240V）的电气间隙（mm）要求如下：

L 线 – N 线（熔丝管前）：2.0mm。

输入地（整流桥前）：2.0mm。

输入地（整流桥后）：2.2mm。

输入 – 输出（变压器）：5.2mm。

输入 – 输出（除变压器外）：4.5mm。

输入 – 输出（磁心）：2.2mm。

（2）爬电距离

爬电距离是指沿绝缘表面测得的两个导电零部件之间或导电零部件与设备防护界面之间的最短距离。一般而言，如果不是污染等级为 1，爬电距离通常要大于电气间隙。对于 AC/DC 开关电源（没 PFC 电路及额定电压 110 ~ 240V）的爬电距离（mm）要求如下：

L 线 – N 线（熔丝管前）：2.5mm。

输入地（整流桥前）：2.5mm。

输入地（整流桥后）：3.2mm。

输入 – 输出（变压器）：6.4mm。

输入 – 输出（除变压器外）：5.5mm。

输入 – 输出（磁心）：2.5mm。

对于 AC/DC 开关电源（有 PFC 电路及额定电压 110 ~ 240V）的爬电距离（mm）要求如下：

L 线 – N 线（熔丝管前）：2.5mm。

输入地（整流桥前）：2.5mm。

输入地（整流桥后）：3.2mm。

输入 – 输出（变压器）：7.5mm。

输入 – 输出（除变压器外）：6.4mm。

输入 – 输出（磁心）：3.2mm。

开关电源电压范围与最小爬电距离的关系见表 2-1。

表 2-1　开关电源电压范围与最小爬电距离的关系

电压范围/V	推荐最小爬电距离/mm	电压范围/V	推荐最小爬电距离/mm
<30	0.33	100 ~ 200	1.5
30 ~ 50	0.8	200 ~ 300	2.0
50 ~ 100	1.0	300 ~ 400	2.5

如果 PCB 空间有限，爬电距离不够，可通过在 PCB 上开槽（1mm 以上）来增大爬电距离，但会减弱 PCB 的机械强度。如果要开更小的槽（如 0.6mm、0.8mm），一般需要特殊说明，因其加工精度高，成本也会增加。

（3）绝缘穿透距离

绝缘穿透距离指绝缘的厚度，绝缘穿透距离应根据工作电压（工作电压指特殊绝缘件上或者当设备在额定电压下正常工作时可能承受的最高电压）和绝缘应用场合符合下列规定：

1）对工作电压不超过 50V（71V 交流峰值或直流值）时，无厚度要求。

2）附加绝缘最小厚度应为 0.4mm。

3）当加强绝缘不承受在正常温度下可能会导致该绝缘材料变形或性能降低的任何机械应力时，则该加强绝缘的最小厚度应为 0.4mm。

如果所提供的绝缘是用在设备保护外壳内，而且在操作人员维护时不会受到磕碰或擦伤，并且属于如下任一种情况，则上述要求不适用于不论其厚度如何的薄层绝缘材料。

① 对加强绝缘，至少使用两层材料，其中的每一层材料都能通过对加强绝缘的抗电强度试验。

② 由三层绝缘材料构成的加强绝缘，其中任意两层材料的组合都能通过加强绝缘的抗电强度试验。

2. 绝缘分类

1）功能绝缘。功能绝缘的目的是维持产品能够正常工作，并不具备任何安全上的功能。此类绝缘通常使用于同一线路中的两导体之间，即没有安全隔离要求的部分。例如，PCB 上的绿油、电解电容的塑胶外壳都是功能绝缘。

2）基本绝缘。基本绝缘的目的是为防电击提供一个基本的保护，以避免触电的危险，不过此类绝缘只能保证正常状态下的安全，却无法保障有瞬变电压出现时的安全，换言之，当瞬变电压发生时，基本绝缘便会有崩溃的可能。

3）补充绝缘。补充绝缘是在基本绝缘以外，再附加的绝缘，其目的是当基本绝缘失效时，提供另一层的绝缘功能。一般来说，对补充绝缘的要求和基本绝缘是一样的，因此两者之间的角色是可以互换的。例如一条电缆有两层绝缘，可以说内层是基本绝缘，外层是补充绝缘，而反过来说也是可以的。补充绝缘必定是于基本绝缘存在的情形下才成立的。

4）双重绝缘。双重绝缘是指包含基本绝缘和补充绝缘两者的绝缘，只要使用的场所正确，这种绝缘可以提供足够的安全保护，不会有触电的危险。

5）加强绝缘。加强绝缘提供的绝缘程度等同于双重绝缘，但和双重绝缘的不同之处在于，其不易被划分为基本绝缘和补充绝缘两部分，它可能是个一体成形的隔离物，或是由许多隔离物构成的绝缘。

2.1.2 开关电源安全器件选择

1. 熔丝管

现代的熔断技术可以提供各式各样的熔丝管，能适用于非常接近的不同参数。

在选用时应考虑使用电压、浪涌电流、持续电流和一个器件所允许通过的能量（用熔化热能值 F_t 的额定值表示）等参数。对于开关电源用的熔丝管，其电流额定值应考虑电容性输入滤波器功率因数的影响，其值为 0.6 ~ 0.7。

为了得到最佳的保护，开关电源输入处使用的熔丝管应取最小的额定值，此最小的额定值应该在最低电源输入电压时，能可靠承受浪涌电流和开关电源的最大工作电流。但应注意的是，熔丝管制造厂商数据表中给出的熔丝管额定电流值是具有有限的使用寿命的，为了延长熔丝管的使用寿命，应使正常的供电电流低于最大熔丝管额定值，这个差额越大，越能延长熔丝管的寿命。

(1) 熔丝管的工作原理

熔丝管的电路符号大多用 FU 表示，熔丝管是用铅锡合金或者铅锑合金材料制成的，具有熔点低、电阻率高及熔断速度快等特点。正常情况下熔丝管在开关电源中起到连接输入电路的作用。一旦发生过载或短路故障，使通过熔丝管的电流超过熔断电流，熔丝就被熔断，将输入电路切断，从而起到过电流保护作用。

当熔丝管上有电流流过时，因电能转换成热量会使熔丝管熔体的温度升高，在通过正常工作电流时熔丝管所产生的热量可通过热对流、热传导等方式散发到周围空气中，使发热量与散热量达到平衡。若发热量大于散热量，多余的热量就逐渐积累在熔丝管的熔体上，使其温度进一步升高。当温度超过熔点时，熔体就会熔化而切断开关电源电路中的电流。熔丝管的熔体是否会熔断还取决于发热速率和散热速率，分为三种情况：

1) 发热速率小于散热速率，熔丝管的熔体不会熔断。

2) 发热速率等于散热速率，熔丝管的熔体在相当长的时间内也不会熔断。

3) 发热速率大于散热速率，只要温度超过熔点，熔丝管的熔体就会熔断。

熔丝管一般由三部分组成：

1) 熔体，它是熔丝管的核心，熔断时起到切断电流的作用。

2) 两个电极，它是熔体与电路的连接部分，其导电性要好，安装时的接触电阻要小。

3) 管卡和支架，应具有良好的机械强度、耐热性和阻燃性，使用中不应产生断裂、变形、燃烧及短路故障。

(2) 熔丝管的产品分类

1) 按额定电压分为：高压熔丝管（250V 以上）、低压熔丝管（32 ~ 250V）、安全电压熔丝管（32V 以下）。

2) 按熔断电流分为：1A、2A、3A、5A、10A、15A、25A、30A 等。

3) 按保护形式分为：过电流保护熔丝管、过热保护熔丝管（温度熔丝管）、温度开关（热保护器）、一次性电流熔丝管、自恢复熔丝管。

4) 按外形尺寸分为：微型、小型、中型及大型熔丝管，直径为 2mm、3mm、4mm、5mm、6mm 等规格的熔丝管。

5）按形状分为：平头管状熔丝管、尖头管状熔丝管、螺旋式熔丝管、插片式熔丝管、贴片式熔丝管、平板式熔丝管等。

6）按封装形式分为：玻璃封装、陶瓷封装、贴片封装等。

7）按用途分为：仪器仪表及家用电器使用的熔丝管、汽车熔丝管、机床熔丝管、电力熔丝管。

8）按熔断速率分类：特慢速熔丝管（TT）、慢速熔丝管（T）、中速熔丝管（M）、快速熔丝管（F）、超快速熔丝管（FF）。

9）按熔断特性分为：快速熔断型、延时熔断型。快速熔断型熔丝管在过载和短路时断开地非常迅速。UL 标准规定：快速熔断型熔丝管在承受 200% ~ 250% 的额定电流时，应该在最多 5s 之内断开。IEC 对于快速熔断型熔丝管的规定有两种：

① 快速熔丝管（F）：当 10 倍额定电流时在 0.001 ~ 0.01s 内断开。

② 超快速熔丝管（FF）：当 10 倍额定电流时小于 0.001s 断开。

延时熔断型熔丝管采用特殊工艺制成的熔体，具有吸收能量的作用，适当调整能量吸收比，可使它既能抗浪涌电流，又能对过载进行有效的保护。

延时熔断型熔丝管可以允许暂时的、无害的浪涌电流通过而不断开，但是当持续过载或短路时，它就会断开。UL 标准规定：慢断熔丝管在承受 200% ~ 250% 的额定电流时，应该在最多 2min 之内断开。IEC 对于延时熔断型熔丝管的规定也有两种：

① 慢速熔丝管（T）：当 10 倍额定电流时在 0.01 ~ 0.1s 内断开。

② 特慢速熔丝管（TT）：当 10 倍额定电流时在 0.1 ~ 1s 内断开。

延时熔断型熔丝管能在出现非故障性脉冲电流时正常工作，并对长时间的过载提供保护。有的开关电源在开机瞬间产生的脉冲电流可达正常工作电流的几倍，尽管持续时间很短，但这种脉冲电流很大，仍能使普通熔丝管熔断，导致开关电源无法正常开机。若选择更大容量的熔丝管，则电路过载时将得不到保护。

10）按所采用的安全标准分为：IEC 标准、中国标准、欧洲标准、UL 美国标准等。

（3）熔丝管的主要参数

1）额定电压。熔丝管在安全工作状态下所允许的最高工作电压，额定电压分 32V、125V、250V、600V 等规格。需要指出的是，熔丝管是否被熔断只取决于流过它的电流大小，而与工作电压无关。熔丝管的额定电压只是为安全使用熔丝管而规定的，仅当工作电压不超过额定电压时熔丝管才能安全可靠地工作，熔断时不会出现飞弧或被击穿现象。

在选择熔丝管时，熔丝管的电压额定值必须大于或者等于断开电路的最大电压。由于熔丝管的阻值非常低，只有当熔丝管熔体要熔断时，熔丝管的电压额定值才变得重要。当熔丝元件熔化后，熔丝管必须能迅速断开，熄灭电弧，并且阻止开路电压通过断开的熔丝元件再次触发电弧。

2）额定电流。额定电流是指熔丝管正常工作时的最大电流，电流额定值表明了熔丝管在一定测试条件下的电流承载能力。每只熔丝管都会注明电流额定值，这个值可以是数字、字母或颜色标记，可以通过产品数据表找到每种标记的意义。

3）熔断电流。熔丝管在额定电压下能可靠熔断的电流值，熔断电流等于额定电流乘以熔断系数，熔断系数一般为 1.1 ~ 1.5。在开关电源中，即使流过熔丝管的电流大于它的额定电流但并未超过熔断电流，熔丝管也不会熔断。

4）压降。熔丝管在通过额定电流时产生的压降，它反映了熔丝管内阻的大小。熔丝管的压降应足够小，以降低功率耗损。

5）电阻。熔丝管是用正温度系数的材料制成的，其冷态电阻小于热态电阻。

6）环境温度。环境温度是直接接触在熔丝管周围的空气温度，不是指室温。熔丝管的电特性是在 25℃ 环境温度时标定的，无论高于或低于这个温度都会影响熔丝管的断开时间和电流承载特性。环境温度越高，熔丝管的工作温度越高，其承载电流的能力越差，寿命越短。因此，熔丝管在低温下工作可延长寿命。

7）温升。当熔丝管流过 1.1 倍额定电流时，熔丝管的温升值等于实测温度与环境温度的差值。

8）熔断时间。熔丝管熔断过程所需的时间。

9）分断能力。分断能力是指在额定电压下，熔丝管能够安全断开电路，并且不发生破损时的最大电流值。熔丝管的分断能力必须等于或大于电路中可能发生的最大故障电流。

10）熔断积分值。熔丝管的熔断积分值是熔丝管内熔体熔断所需的能量，也称为熔断值 I^2t。熔体的结构、材料和横截面积决定了这个值。熔丝管根据额定电流值不同，使用了不同的材料和元件配置，因此确定每只熔丝管的 I^2t 非常必要。通常在直流电路中，采用 10 倍的额定电流作为故障电流，使熔丝管在极短的时间内断开，通过高速示波仪和积分程序可测得非常精确的 I^2t。

11）浪涌和脉冲电流特性。要求熔丝管能够在浪涌电流通过时不发生误断开动作或损伤熔断，熔丝管能够承受浪涌电流是电路设计中非常重要的环节。脉冲电流可以产生热能，虽然不一定使熔丝管熔断断开，但可能使熔丝元件受到损伤，影响熔丝管的寿命，所以要考虑熔丝管的熔断积分值 I^2t。熔丝管的 I^2t 值要大于或等于脉冲电流乘以一个脉冲系数 F_p。脉冲系数 F_p 值的大小，可以参见熔丝管产品规格书。

12）国际标准。北美标准 UL/CSA、欧洲标准和 IEC 标准对于熔丝管的时间、电流特性的定义是不完全相同的，因此不同标准的熔丝管是不可以互换的，在亚洲主要的标准有日本的 METI 和我国的 CCC 等。

（4）熔丝管的使用注意事项

熔丝管的选择是在使用寿命与全面保护两者之间的折中，在实际应用中应按以下要求选择熔丝管：

1）熔丝管的额定电压应大于被保护回路的输入电压，例如，开关电源的输入电压为交流 220V，应选择额定电压为 250V 的熔丝管。

2）熔丝管的额定电流应大于开关电源实际工作电流，例如，开关电源工作电流为 0.75A，可选择额定电流至少为 1A 的熔丝管。熔丝管的额定电流可按下式（2-1）计算：

$$F_1 = 2\left(\frac{P_0}{\eta \times U_{\text{inmin}} \times 0.6}\right) ; \ F_1 = 2\left(\frac{P_0}{\eta \times U_{\text{inmin}} \times 0.98}\right) \qquad (2-1)$$

式中，P_0 为输出功率；η 为效率（设计的评估值）；U_{inmin} 为最小的输入电压；2 为经验系数，在实际应用中，熔丝管的取值范围是理论值的 1.5～3 倍；0.6 为不带功率因数校正的功率因数估值；0.98 为带功率因数校正的功率因数估值。

3）环境温度越高，熔丝管的工作寿命越短，延时熔断型熔丝管不允许长时间工作在 150℃ 以上，快速熔断型熔丝管不能长期工作在 175～225℃ 以上，可根据厂家提供的温度影响曲线来选择额定电流。

4）快速熔断型熔丝管适用于工作电流比较恒定、浪涌电流较小的电路；延时熔断型熔丝管适用于电路中只存在正常的浪涌电流，且没有对浪涌电流敏感的元器件。

5）熔丝管与管夹的接触电阻越小越好，一般应小于 0.003Ω。

6）熔丝管老化后额定电流值会降低，容易造成误保护，当过载电流较小时就切断电路。

2. 热敏电阻

（1）NTC 热敏电阻特性

NTC 是 Negative Temperature Coefficient 的缩写，NTC 热敏电阻是一种对温度比较敏感的电阻，它是以锰、铜、硅、钴、铁、镍、锌等金属氧化物为主要材料，采用陶瓷工艺制造而成的，其电阻率和材料常数随材料成分比例、烧结气氛、烧结温度和结构状态不同而变化。现在还出现了以碳化硅、硒化锡、氮化钽等为代表的非氧化物系 NTC 热敏电阻。因此，在实现小型化的同时，还具有电阻值低、温度特性波动小、对各种温度变化响应快的特点，可进行高灵敏度、高精度的检测。

NTC 热敏电阻的基础材料一般都是金属氧化物的混合物，NTC 热敏电阻的稳定性、电阻特性、电阻温度特性都可以通过改变电阻材料的化学成分和改变处理过程中的参数来进行控制。这样，就有各种不同特性的 NTC 热敏电阻可供选择。再经过适当的后处理，如适当的封装技术，还可以进一步改善 NTC 热敏电阻的稳定性和电气特性。

NTC 热敏电阻的阻值随着温度的升高可以有较大的减少，当温度从 25℃ 上升到 100℃ 时，典型的电阻变化量可以达到 16%。NTC 热敏电阻的温度 – 电阻特性是非线性的，这种特性可以由 Steinhart – Hart 议程来定义。热敏控制和温度补偿等应用都是依赖于 NTC 热敏电阻的温度 – 电阻特性。

NTC 热敏电阻在电流较小时的功耗是很小的，在温度不变时，NTC 热敏电阻

和一般固定电阻的特性相同，它的电压和电流有线性关系。当电流增大时，NTC
热敏电阻不能消耗掉所产生的功率，结果是电阻的端电压不随电流线性增加，而是
相对减小。这种现象也称为"自热"，这种特性的最典型的应用是热流量检测和电
平检测等。

当 NTC 热敏电阻的功率作跳跃式变化时，在达到稳定的电流前总有一个时间
延迟。在这个时间延迟期间，NTC 热敏电阻的电流将逐渐上升，经过一定的时间 T
后达到稳定，这种特性的最典型应用是限制电流的突然增长。

NTC 热敏电阻的电阻–温度特性符合负指数规律，NTC 热敏电阻的温度特性
可用下式（2-2）近似表示：

$$R_{\mathrm{T}} = Ae^{\frac{B}{T}} \tag{2-2}$$

式中，R_{T} 为温度 T 时零功率电阻值；A 为与热敏电阻材料物理特性及几何尺寸有关
的系数；B 为热敏指数；T 为温度（K）。

（2）NTC 热敏电阻特点

NTC 热敏电阻是一种氧化物的复合烧结体，其电阻值随温度的升高而减小。
其特点是：

1）精度高。NTC 热敏电阻的 B 常数和电阻值的偏差都很小，一般 B 常数的偏
差在 0.5% 以下，这相当于温度范围为 $100T$ 时，温度偏差在 0.5% 以下，相当于对
测温的影响在 ±0.25 以下。

2）可靠性高。NTC 热敏电阻在 100℃ 和 60℃、95% RH 条件下试验 2000h，其
电阻变化率几乎为零，没有老化现象。

3）小型化，响应快。直径在 0.5mm 以下的珠状及松叶状 NTC 热敏电阻，在
水中的热时间常数仅为 0.1~0.2s。

4）成本低，价格便宜，制造简单，使用寿命长。

5）电阻温度系数大，约为金属热电阻的 10 倍。

6）电阻率高，热惯性小，适用于动态测量。但互换性差，非线性严重。

7）结构简单、体积小，可测点温，易于维护和进行远距离控制。

（3）NTC 热敏电阻选用

NTC 热敏电阻的选用原则：

1）NTC 热敏电阻的最大工作电流 > 实际电源回路的工作电流。

2）功率型 NTC 热敏电阻的标称电阻值 R 为

$$R \geqslant 1.414 \times U/I_{\mathrm{m}} \tag{2-3}$$

式中，U 为线路电压；I_{m} 为浪涌电流。对于转换电源、逆变电源、开关电源、UPS
电源，$I_{\mathrm{m}} = 100$ 倍工作电流。对于灯丝、加热器等回路，$I_{\mathrm{m}} = 30$ 倍工作电流。

3）B 值越大，残余电阻越小，工作时温升越小。

一般来说，时间常数与耗散系数的乘积越大，则表示 NTC 热敏电阻的热容量
越大，抑制浪涌电流的能力越强。功率型 NTC 热敏电阻的选型三要素是：

1）最大额定电压和滤波电容值。滤波电容的大小决定了应该选用多大尺寸的 NTC 热敏电阻，对于某个尺寸的 NTC 热敏电阻来说，允许接入的滤波电容的大小是有严格要求的，这个值也与最大额定电压有关。在开关电源应用中，开机浪涌是因为电容充电产生的，因此通常用给定电压值下的允许接入的电容的电容值的大小来评估 NTC 热敏电阻承受浪涌电流的能力。

对于某一个具体的 NTC 热敏电阻来说，所能承受的最大能量已经确定了，根据一阶电路中电阻的能量消耗公式：$E = 1/2 \times C \times U^2$ 可以看出，其允许接入的电容值与额定电压的二次方成反比。简单来说，就是输入电压越高，允许接入的最大电容值就越小，反之亦然。

NTC 热敏电阻产品的规范一般定义了在 AC 220V 下允许接入的最大电容值，假设某应用条件最大额定电压是 AC 420V，滤波电容值为 $200\mu F$，根据上述能量公式可以折算出在 AC 220V 下的等效电容值应为 $200 \times 420^2/220^2 \approx 729\mu F$，这样在选型时就必须选择 AC 220V 下允许接入电容值大于 $729\mu F$ 型号的 NTC 热敏电阻。

2）产品允许的最大启动电流值和长期加载在 NTC 热敏电阻上的工作电流。开关电源允许的最大启动电流值决定了 NTC 热敏电阻的阻值，假设开关电源额定输入为 AC 220V，内阻为 1Ω，允许的最大启动电流为 60A，那么选取的 NTC 热敏电阻在初始状态下的最小阻值为：$R_{\min} = (220 \times 1.414/60) - 1 \approx 4.2\Omega$。

至此，满足条件的 NTC 热敏电阻一般会有一个或多个，其选用原则是：在正常工作时，长期加载在 NTC 热敏电阻上的电流应不大于规格书规定的电流。根据这个原则，可以从阻值大于 4.2Ω 的多个电阻中挑选出一个适合的阻值。当然这指的是在常温情况下，如果工作的环境温度不是常温，就需要进行 NTC 热敏电阻的降额设计。

3）NTC 热敏电阻的工作环境。由于 NTC 热敏电阻受环境温度影响较大，一般在产品规格书中只给出常温下（25℃）的阻值，若产品应用条件不是在常温下，或因产品本身设计或结构的原因，导致 NTC 热敏电阻周围环境温度不是常温时，在选择时必须先计算出 NTC 热敏电阻在初始状态下的阻值。

当环境温度过高或过低时，必须根据厂家提供的降功耗曲线进行降额设计。降功耗曲线一般有两种形式，如图 2-1 所示。事实上，不少生产厂家都对自己产品的环境温度类别进行了定义，在实际应用中，应尽量使 NTC 热敏电阻工作的环境温度不超出厂家规定的上/下限温度。同时，应注意不要使其工作在潮湿的环境中，因为过于潮湿的环境会加速 NTC 热敏电阻的老化。

在开关电源设计中，若使用 NTC 热敏电阻抑制浪涌电流，其抑制浪涌电流的能力与普通电阻相当，而在电阻上的功耗则可降低几十到上百倍。对于需要频繁开关的应用场合，电路中必须增加继电器旁路电路，以保证 NTC 热敏电阻能完全冷却并恢复到初始状态下的电阻。

在产品选型上，要根据最大额定电压和滤波电容值选定产品系列，根据产品允

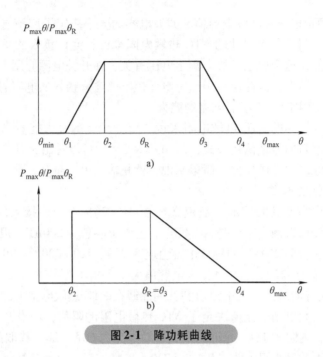

图 2-1　降功耗曲线

许的最大启动电流值和长时间加载在 NTC 热敏电阻上的工作电流来选择 NTC 热敏电阻的阻值,同时要考虑工作环境的温度,适当进行降额设计。

在开关电源设计中,通常是采用 NTC 热敏电阻和继电器并联抑制开关电源上电时的浪涌电流,在开关电源上电瞬间 NTC 热敏电阻温度低、阻值大、抑制浪涌电流,之后 NTC 热敏电阻温度上升,阻值下降,一直降到很低,不消耗功率。但如果短时间反复开关机,NTC 热敏电阻来不及冷却,则阻值一直很低,不能抑制电流,起不到保护的作用,所以需要并联一个继电器,开机之后继电器吸合,将 NTC 热敏电阻短路,让 NTC 热敏电阻有时间冷却下来,下次启动马上就能发挥作用。

3. 压敏电阻

（1）压敏电阻的作用

压敏电阻是一种具有瞬态电压抑制功能的元件,压敏电阻可以对 IC 及其电路进行保护,防止因静电放电、浪涌及其他瞬态电流（如雷击等）而造成对 IC 及其电路的损坏。使用时,只需将压敏电阻并接于被保护的 IC 或电路输入端,当电压瞬间高于某一数值时,压敏电阻的阻值迅速下降,导通电流大,从而保护 IC 及其电路;当电压低于压敏电阻工作电压值时,压敏电阻呈高阻状态,近乎开路,因而不会影响 IC 或电路的正常工作。

当压敏电阻两端加上电压时,在某一电压值（压敏电压值）以下几乎没有电流通过,一旦浪涌电压超过压敏电压值时,电流会急剧地增大,压敏电阻的伏安特性如图 2-2a 所示。利用压敏电阻的非线性特性，当过电压出现在压敏电阻的两极间，压敏电阻可以将电压钳位到一个相对固定的电压值，从而实现对后级电路的保护，压敏电阻钳位作用如图 2-2b 所示。

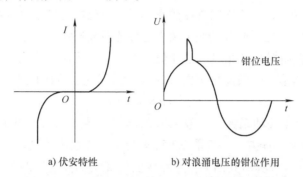

a) 伏安特性　　　　　　　　b) 对浪涌电压的钳位作用

图 2-2　压敏电阻伏安特性及对浪涌电压的钳位作用

　　压敏电阻的主要作用是过电压保护、防雷、抑制浪涌电流、吸收尖峰脉冲、限幅、高压灭弧、消噪、保护半导体元器件等。由于压敏电阻性能价格比较高，是目前广泛应用的瞬变干扰吸收器件。描述压敏电阻性能的主要参数是压敏电阻的标称电压和通流容量，即浪涌电流吸收能力。

　　压敏电阻标称电压是指在恒流条件下（外径为 7mm 以下的压敏电阻取 0.1mA；7mm 以上的取 1mA）出现在压敏电阻两端的电压降。由于压敏电阻有较大的动态电阻，在规定的标准冲击电流下（通常是 8/20μs 的标准冲击电流），出现在压敏电阻两端的电压（又称最大限制电压）大约是压敏电阻标称电压的 1.8 ~ 2 倍（此值也称残压比）。这就要求在选择压敏电阻时要充分考虑它的这一动态特性，对确有可能遇到较大冲击电流的场合，应选择使用外形尺寸较大的器件（压敏电阻的电流吸收能力正比于器件的通流面积，耐受电压正比于器件厚度，而吸收能量正比于器件体积）。

　　（2）压敏电阻的选用

　　在选用压敏电阻前，应首先掌握压敏电阻相关的技术参数：

　　1）标称电压。标称电压（即压敏电压）是指在规定的温度和直流电流下，压敏电阻两端的电压值。

　　2）漏电流。漏电流是指在 25℃ 条件下，当在压敏电阻两端施加最大连续直流电压时，压敏电阻中流过的电流值。

　　3）等级电压。等级电压是指压敏电阻中通过 8/20μs 等级电流脉冲时，在其两端呈现的电压峰值。

　　4）通流量。通流量是指给压敏电阻施加规定标准的脉冲电流（8/20μs）波形时的峰值电流。

　　5）浪涌环境参数。浪涌环境参数包括最大浪涌电流 I_{pm}（或最大浪涌电压 U_{pm}

和浪涌源阻抗 Z_0）、浪涌脉冲宽度 T_t、相邻两次浪涌的最小时间间隔 T_m，以及在压敏电阻的预定工作寿命期内的浪涌脉冲的总次数 N 等。

标称电压的选取：在压敏电阻应用中，压敏电阻通常与被保护器件或电路并联使用，在正常情况下，压敏电阻两端的直流或交流电压应低于标称电压，即使在电源波动情况最坏时，也不应高于额定值中选择的最大连续工作电压，该最大连续工作电压值所对应的标称电压值即为选用值。对于过电压保护应用，压敏电压值应大于实际电路的电压值，一般应按下式（2-4）计算压敏电阻的标称电压：

$$U_{mA} = a \times u/b \times c \qquad\qquad (2\text{-}4)$$

式中，a 为电路电压波动系数，一般取 1.2；u 为电路直流工作电压（交流时为有效值）；b 为压敏电压误差，一般取 0.85；c 为元件的老化系数，一般取 0.9。

采用式（2-4）计算得到的 U_{mA} 实际数值是直流工作电压的 1.5 倍，在交流状态下还要考虑峰值，因此计算结果应扩大 1.414 倍。另外，选用时还必须注意以下事项：

1）必须保证在电压波动最大时，连续工作电压也不会超过最大允许值，否则将缩短压敏电阻的使用寿命。

2）在电源相线与大地间使用压敏电阻时，有时会由于接地不良而使电源相线与大地之间的电压升高，所以通常选用比相与相间使用场合更高标称电压的压敏电阻。

通流量的选取：通常产品给出的通流量是按产品标准给定的波形、冲击次数和间隙时间进行脉冲试验时产品所能承受的最大电流值。而产品所能承受的冲击次数是关于波形、幅值和间隙时间的函数，当电流波形幅值降低 50% 时冲击次数可增加一倍，所以在实际应用中，压敏电阻所吸收的浪涌电流应小于产品的最大通流量。

2.1.3　安规电容选择

安规电容应用于开关电源滤波器中，分别对共模（Y 电容）、差模（X 电容）干扰起滤波作用，要求应用于这样场合的电容器失效后，不会导致电击，不危及人身安全。在 IEC 60384：0 - 14 中将安规电容分为 X 电容及 Y 电容。

1. X 电容

（1）X 电容分类

X 电容是一种应用于电容器失效后也不会导致电冲击危险场合的电容器，X 电容在电路中用于 L - L（L = Line）之间或 L - N（N = Neutral）之间。X 电容按照叠加到电源本体上的脉冲峰值电压（使用中可能承受的）的大小分为三个小类，分别为 X1、X2、X3 电容，X 电容分类见表2-2。

表 2-2　X 电容分类

分类	允许的峰值脉冲电压	过电压等级 IEC664	应用	耐久性试验前施加的峰值脉冲电压 U_{P2}
X1	$2.5\text{kV} < U_P \leqslant 4\text{kV}$	Ⅲ	高脉冲应用	$C_R \leqslant 1.0\mu\text{F}$ 时，4kV；$C_R > 1.0\mu\text{F}$ 时，$4\text{kV}/\sqrt{C_R}$
X2	$U_P \leqslant 2.5\text{kV}$	Ⅱ	一般用途	$C_R \leqslant 1.0\mu\text{F}$ 时，2.5kV；$C_R > 1.0\mu\text{F}$ 时，$2.5\text{kV}/\sqrt{C_R}$
X3	$U_P \leqslant 1.2\text{kV}$	—	一般用途	—

在表 2-2 中，X1 电容具有较高脉冲电压的承受能力，但是要注意的是 X1 电容最大的承受能力只有 4kV，并不是所有的场合都可以使用 X1 电容。如果电路输入侧的脉冲电压很高，则需要使用浪涌吸收器来降低线路中的脉冲电压大小。

X 电容必须取得安全检测机构的认证，X 电容一般都标有安全认证标志和耐压 AC 250V 或 AC 275V 字样，但从表 2-2 中可以看到，其真正的直流耐压高达至少 2500V（X2）以上，在实际应用中不能随意使用标称耐压 AC 250V 或 DC 400V 之类的普通电容来代替。

（2）X 电容应用

1）在 AC - DC 开关电源的交流 - 整流之间的电容器要选用 X 电容。

2）永久连接式设备，一般应使用 X1 电容。

3）可插式设备，一般应使用 X2 电容。

4）对于存在高输入脉冲的电路，要先判断脉冲电压是否超过 X 电容的承受能力，然后选择合适的电容。

根据实际需要，允许 X 电容的容值比 Y 电容的容值大，X 电容的容值选取是 μF 级，因此必须在 X 电容的两端并联一个安全电阻，防止在拔掉电源线时，由于该电容的放电过程太慢而导致电源线插头长时间带电。安全标准规定，当正在工作中的设备电源线被拔掉时，在 2s 内，电源线插头两端带电的电压（或对地电位）必须小于原来额定工作电压的 30%。

X 电容多选用耐纹波电流比较大的聚酯薄膜类电容，这种类型的电容体积较大，但其允许瞬间充放电的电流也很大，而其内阻相应较小。普通电容纹波电流的指标都很低，动态内阻较高。若用普通电容代替 X 电容，除了电容耐压无法满足标准之外，纹波电流指标也难以符合要求。因此，当 X 电容失效后，不会导致电击，不危及人身安全。

X 电容主要用来抑制差模干扰，X 电容没有具体的计算公式，前期选择都是依据经验值，后期在实际测试中，根据测试结果做适当的调整。若电路采用两级电磁干扰，则前级选择 0.47μF 电容，后级采用 0.1μF 电容。若为单级电磁干扰，则选择 0.47μF 电容。

2. Y 电容

（1）Y 电容分类

Y 电容是一种应用于电容器失效也不会导致电击危险场合的电容器，一般使用于 L-PE、N-PE 之间。Y 电容按照对电击的防护等级、绝缘等级分为 Y1、Y2、Y3 和 Y4 电容，Y 电容分类见表 2-3。

表 2-3　Y 电容分类

分类	绝缘类型	额定电压 U（AC）	耐久性试验前施加的峰值脉冲电压（DC）
Y1	双重绝缘或加强绝缘	$U \geqslant 250V$	8.0kV
Y2	基本绝缘或附加绝缘	$150V \leqslant U \leqslant 250V$	5.0kV
Y3	基本绝缘或附加绝缘	$150V \leqslant U \leqslant 250V$	—
Y4	基本绝缘或附加绝缘	$U < 150V$	2.5kV

Y 电容外观多为橙色或蓝色，一般都标有安全认证标志（如 UL、CSA 等标识）和耐压 AC 250V 或 AC 275V 字样，Y 电容真正的直流耐压高达 5000V（Y2）以上。Y 电容的重要参数是绝缘等级，因 Y 电容的连接位置比较关键，故要求 Y 电容必须符合相关安全标准，以防引起电子设备漏电或机壳带电危及人身安全。同 X 电容一样，Y 电容也不能随意使用标称耐压 AC 250V 或者 DC 400V 之类的普通电容来代用。

（2）Y 电容应用

Y 电容和 X 电容一样用于这样的场合，即电容器失效后，不会导致电击，不危及人身安全。Y 电容通常只用于抗干扰电路中的滤波环节。由于在开关电源中选用了 Y 电容，使得开关电源有一项漏电流指标，即要求工作在亚热带的采用开关电源的设备对地漏电电流不能超过 0.7mA，工作在温带的设备要求对地漏电电流不能超过 0.35mA。因此，开关电源中 Y 电容的总容量不能超过 4700pF（472）。

Y 电容必须取得安全检测机构的认证，Y 电容除必须符合相应的电压耐压要求，同时电容量受到限制外，还要求其在电气和机械性能方面有足够的安全裕量，避免在极端恶劣环境条件下出现击穿短路现象。对 Y 电容的严格要求，对保护人身安全具有重要意义。

Y 电容本体绝缘的区域如图 2-3 所示，在 PCB 布局设计时，要注意 Y 电容引脚和其他带电体之间的绝缘，如果距离不够大，应加套管、点胶、加瓷柱等来限制电容的移动。

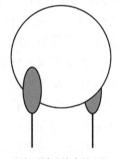

白色区域才认为是有效的绝缘，引脚绝缘不算

Y 电容必须满足使用的电压要求，对于超过标称电压的 Y 电容，可以通过串联使用来均压，但是必须使用完全一致的电容串联。Y 电容必须满足温度要求，对于 Y 电容，UL 认证时的温度最高只能为 85℃，这是

图 2-3　Y 电容绝缘有效区域

由于 UL 标准最高只能进行 85℃的测试，但是欧洲认证的温度往往较高，目前 UL 同意采用欧洲认证的 Y 电容温度作为最高使用温度。

考虑电路输入端可能的脉冲电压的大小，不同的电容承受脉冲电压的大小不同，电容的耐压不能小于电路中的脉冲电压的峰值。若考虑过电压等级 Ⅲ，一般来说脉冲电压峰值为 4000V，所以输入端只能选择 Y1、Y2 电容。

在实际的使用场合，由于电容绝缘类型的不同，需要选择足够的绝缘，对于加强绝缘的跨接，可以使用一只 Y1 电容，或 2 只 Y2 电容并联（两只电容必须具有相同的容值，并且单只电容的电压不能小于整个绝缘端的工作电压）。跨接 Y 电容的容值要求满足电容放电的时间常数不超过要求，而且对于跨接可接触绝缘的电容，在可接触端测量的通过电容的漏电流不能超过安全限值。

变压器一、二次绕组间配置的 Y 电容如图 2-4 所示，若电容跨接端的工作电压峰值为 320V，有效值为 220V，可选择：

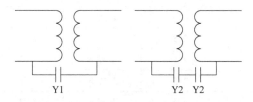

Y1   Y2 Y2

图 2-4　变压器一、二次绕组间配置的 Y 电容

1）使用一只 Y1 电容。

2）使用两只 Y2 电容串联，Y2 电容的电压参数最少为 227V（320/1.414，有效值），其容值根据输出端漏电流的大小，通过试验或分析来确定。

3. 安规电容使用注意事项及选用实例

（1）安规电容使用注意事项

1）选用的 X 电容、Y 电容必须满足使用电压的要求，X 电容、Y 电容必须取得安全检测机构的认证。

2）基于漏电流的限制，Y 电容值不能太大，一般 X 电容是 μF 级，Y 电容是 nF 级。

3）在选用 X 电容、Y 电容时，需要考虑绝缘要求，如基本绝缘、附加绝缘、双重绝缘、加强绝缘等。在不同的绝缘要求中，X 电容、Y 电容的选择也是有所区别的。在选用时应根据电路的工作电压、过电压等级选择合适的安规电容。

4）X 电容多选用耐纹波电流比较大的金属化聚丙烯薄膜电容器（MPX），这种类型的电容体积较大，但其允许瞬间充放电的电流也很大，而其内阻相应较小。X 电容采用塑封、方形结构，内部高压 OPP 材料（金属化聚丙烯材料卷绕加工而成）不但有更好的电气性能，而且与电源的输入端并联可以有效地减小高频脉冲对电源的影响。Y 电容常选用高压瓷片电容。

（2）安规电容选用实例

X 电容、Y 电容选用实例见表 2-4。

表 2-4　X 电容、Y 电容选用实例

电网电压/V	过电压等级	过电压值/kV	跨接绝缘类型	电容类型	所需电容个数
150	II	1.5	B 或 S	Y4	1
	II	1.5	D 或 R	Y2	1
	II	1.5	D 或 R	Y4	2
	III	2.5	F	X2	1
	III	2.5	B 或 S	Y4	1
	III	2.5	D 或 R	Y1	1
	IV	4.0	F	X1	1
	IV	4.0	B 或 S	Y2	1
	IV	4.0	D 或 R	Y1	1
250	II	2.5	F	X2	1
300	II	2.5	B 或 S	Y2	1
	II	2.5	D 或 R	Y1	1
	II	2.5	B 或 S	Y2	2
250	II	4.0	F	X1	1
300	III	4.0	D 或 R	Y1	1
	III	4.0	D 或 R	Y2	2
	IV	6.0	B 或 S	Y1	1
	IV	6.0	D 或 R	Y1	2
500	II	4.0	B 或 S	Y1	1
	II	4.0	D 或 R	Y1	1
	III	6.0	B 或 S	Y1	1
	III	6.0	D 或 R	Y1	2
	IV	8.0	B 或 S	Y1	2
	IV	8.0	D 或 R	Y1	2

2.2　开关电源输入保护电路及滤波器

2.2.1　开关电源输入保护电路

1. 输入浪涌电流限制电路

开关电源的输入电路为电容输入型，其等效电路如图 2-5 所示。在输入开关

ON 时，在对电容施加直流电压的瞬间，电容最初接近短路状态，因此产生的输入浪涌电流如图 2-6 所示。

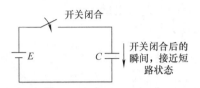

图 2-5　开关电源输入电路的等效电路

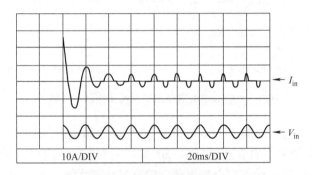

图 2-6　输入浪涌电流波形

大部分开关电源，为了防止输入浪涌电流而设置了浪涌电流抑制电路，如图 2-7 所示。该电路在开机开始的一段时间内通过限流电阻 R 对电容进行充电，由此限制输入浪涌电流，当电容充电到一定程度后，SCR 导通工作，限流电阻 R 被短接。

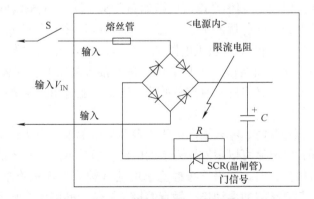

图 2-7　输入浪涌电流抑制电路

在输入浪涌电流抑制电路中，若使用功率热敏电阻时，在通电后再次开机，输入浪涌电流将变大，这是因为功率热敏电阻具有温度上升时电阻值减小的特性，功率热敏电阻温度特性曲线如图 2-8a 所示。断电后，NTC 热敏电阻随着自身的冷却，电阻值会逐渐恢复到标称零功率电阻值，恢复时间需要几十秒到几分钟不等，即 NTC 热敏电阻不适合频繁启停的开关电源。

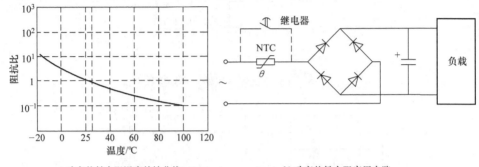

a) 功率热敏电阻温度特性曲线   b) 功率热敏电阻实用电路

图 2-8 功率热敏电阻温度特性曲线及实用电路

在正常工作状态下，是有一定电流通过 NTC 热敏电阻的，这个工作电流足以使 NTC 热敏电阻的表面温度达到 100~200℃。当 NTC 热敏电阻关断时，NTC 热敏电阻必须要从高温低阻状态完全恢复到常温高阻状态才能达到与上一次同等的浪涌抑制效果。这个恢复时间与 NTC 热敏电阻的耗散系数和热容有关，一般以冷却时间常数作为参考。所谓冷却时间常数，指的是在规定的介质中，NTC 热敏电阻自热后冷却到其温升的 63.2% 所需要的时间（单位为 s）。冷却时间常数并不是 NTC 热敏电阻恢复到常态所需要的时间，但冷却时间常数越大，所需要的恢复时间就越长，反之则越短。

实用 NTC 热敏电阻抑制浪涌电流电路如图 2-8b 所示，上电瞬间，NTC 热敏电阻将浪涌电流抑制到一个合适的水平，之后产品得电正常工作，此时继电器线圈从负载电路得电后动作，将 NTC 热敏电阻从工作电路中切去。这样，NTC 热敏电阻仅在产品启动时工作，而当产品正常工作时是不接入电路的。这样既延长了 NTC 热敏电阻的使用寿命，又保证其有充分的冷却时间，能适用于需要频繁开关的应用场合。

多台开关电源并联时，输入浪涌电流为各开关电源浪涌电流的总和，如图 2-9 所示。通过浪涌抑制电路可以限制输入浪涌电流，但是不能限制峰值电流。在选择断路器、开关、熔丝管时，如果不考虑稳态电流（输入电流的有效值）和输入浪涌电流，将会引起断路器的误动作、触点熔接、熔丝管的熔体熔断等情况发生。

一般的开关电源产品都有内置的滤波器，能满足一般应用的要求。但对于要求更高的系统电源，应增加输入滤波网络，可以采用简单 LC 或 π 形网络，但在设计过程中应注意尽量选择较小的电感和较大的电容。

在开关电源的输入端，设置铝电解电容可吸收开关电源输入端的电压尖峰，并

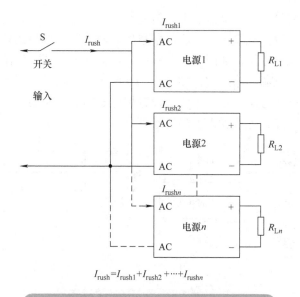

$$I_{rush}=I_{rush1}+I_{rush2}+\cdots+I_{rushn}$$

图 2-9 多台电源时的输入浪涌电流

可为开关电源提供一定的维持电压，一般功率为 25 ~ 50W 的 48V 输入的开关电源，选择几十微法左右的电容较为合适。考虑到纹波因素，尽量选用低 ESR 的电容。

为了防止开关电源输入端的瞬态高压将开关电源损坏，应在开关电源输入端并接瞬态吸收二极管，并与熔丝管配合，确保开关电源在安全的输入电压范围之内。为了降低共模噪声，可以增加 Y 电容。一般选择几纳法高频电容。在图 2-10 中，VD_1 为反接保护二极管，C 为滤波电容（如铝电解电容）、C_Y 为 Y 电容，

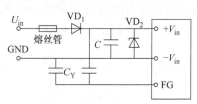

图 2-10 输入端保护电路

VD_2 为瞬态吸收二极管（P6KE 系列），推荐的瞬态吸收二极管见表 2-5。

表 2-5 推荐的瞬态吸收二极管

输入电压标称值/V	输入电压范围/V	推荐瞬态吸收二极管	厂家
24	18 ~ 36	P6KE39A	摩托罗拉
48	36 ~ 72	P6KE75A	摩托罗拉
110	72 ~ 144	P6KE150A	摩托罗拉

2. 过电流保护电路

1）仅有熔丝管的输入保护电路。仅有熔丝管的输入保护电路只有过电流保护作用，熔丝管可使用普通熔断型或者延时型，应按额定电压、额定电流进行选择，与浪涌电流和时间有关的浪涌电流容量（I^2t）也是选择的重点。在选择熔丝管时，

实际的熔断电流要等于额定电流的 1.5 倍左右。

　　在多个开关电源独立输入时，应分别选用熔丝管时，选用的熔丝管应与开关电源内置熔丝管的规格相同，如图 2-11a 所示。在多开关电源并联输入时，熔丝管应安装在各并联开关电源的输入端，如图 2-11b 所示，以防某一开关电源出现输入短路故障，将输入母线短路。在输入线上设置熔丝管时，使用与各个开关电源的熔丝管的额定电流的总和相等或者以上的熔丝管。

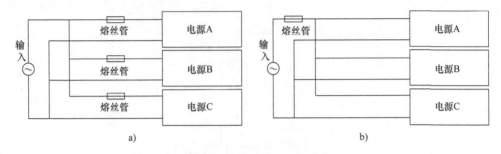

图 2-11　熔丝管配置

　　2）熔丝管 + 压敏电阻保护电路。熔丝管 + 压敏电阻保护电路如图 2-12 所示，在图 2-12 所示电路中增设了压敏电阻 RV，压敏电阻规格有 07471、10471、14471等规格，具有浪涌抑制功能，因此，图 2-12 所示电路有过电压、过电流保护功能，有些还具有防雷击保护功能。

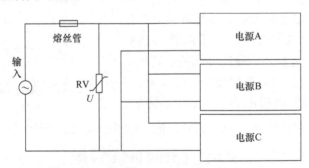

图 2-12　熔丝管 + 压敏电阻保护电路

　　3）熔断电阻器 + 压敏电阻保护电路。熔断电阻器 + 压敏电阻保护电路如图2-13所示，熔断电阻器与熔丝管作用相同，都是起到过电流保护作用，但是与熔丝管不同的是熔断电阻器熔断时不会产生火花以及烟雾，就安全性而言，熔断电阻器的安全性比熔丝管高而压敏电阻具有浪涌电压吸收作用，因此，图 2-13 所示电路具有过电压、过电流保护功能。

　　4）熔丝管 + NTC 热敏电阻保护电路。熔丝管 + NTC 热敏电阻保护电路如图2-14所示，热敏电阻选用的是负温度系数的，其阻值随温度的升高而降低，具有抑

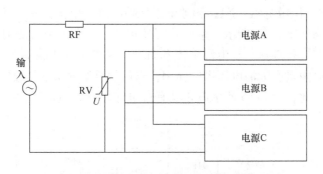

图 2-13　熔断电阻器 + 压敏电阻保护电路

制浪涌电流能力。因此，图 2-14 所示电路具有过电流保护功能和抑制浪涌电流能力。

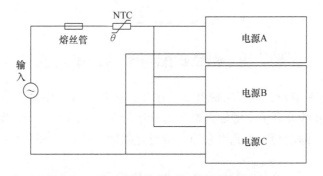

图 2-14　熔丝管 + NTC 热敏电阻保护电路

5）压敏电阻 + NTC 热敏电阻保护电路。压敏电阻 + NTC 热敏电阻保护电路如图 2-15 所示，压敏电阻具有浪涌电压吸收作用，选用的负温度系数热敏电阻具有抑制浪涌电流能力。因此，图 2-15 所示电路具有过电压、抑制浪涌电流功能。

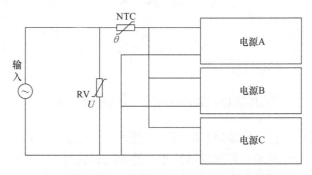

图 2-15　压敏电阻 + NTC 热敏电阻保护电路

6) 熔丝管 + 压敏电阻 + NTC 热敏电阻保护电路。熔丝管 + 压敏电阻 + NTC 热敏电阻保护电路如图 2-16 所示，熔丝管可使用普通熔断型或者延时型，应按额定电压、额定电流进行选择，与浪涌电流和时间有关的浪涌电流容量（I^2t）是选择的重点。压敏电阻具有浪涌电压吸收作用，选用的负温度系数热敏电阻具有抑制浪涌电流能力。因此，图 2-16 所示电路具有过电流保护、过电压保护、抑制浪涌电流功能。

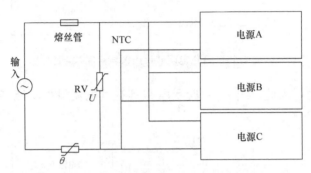

图 2-16　熔丝管 + 压敏电阻 + NTC 热敏电阻保护电路

7) 熔丝管 + 阻断二极管保护电路。在开关电源并联工作时，当某一开关电源出现故障时，在故障开关电源输入端熔丝管熔断所需时间内，其余开关电源的输入电压将出现很大的波动，为此可在输入端设置阻断二极管，如图 2-17 所示。

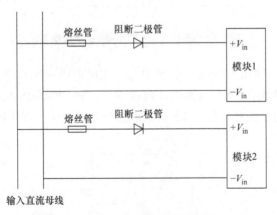

图 2-17　熔丝管 + 阻断二极管保护电路

在某一开关电源出现故障时，阻断二极管可将仍在正常工作的开关电源与输入直流母线隔离。另外阻断二极管还可防止在输入线接错时，开关电源承受的反向电压。通常熔丝管规格可按 1.5 ~ 2 倍的额定输入电流选取，如果开关电源工作在一个比较宽的输入电压范围内，熔丝管应该使用小于 10ms 的快速熔丝管。图 2-17 所示电路具有过电流保护、阻断隔离功能。

8）熔丝管+压敏电阻+阻断二极管保护电路。熔丝管+压敏电阻+阻断二极管保护电路如图 2-18 所示，压敏电阻具有浪涌电压吸收作用，在某一开关电源出现故障时，阻断二极管可将仍在正常工作的开关电源与输入直流母线隔离。另外阻断二极管还可防止在输入线接错时，开关电源承受反向电压。图 2-18 所示电路具有过电流保护、过电压保护、阻断隔离功能。

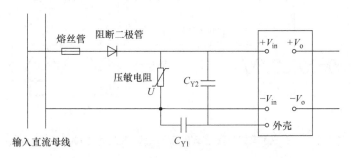

图 2-18　熔丝管+压敏电阻+阻断二极管保护电路

3. 开关电源输入端维持电容

在开关电源出现输入短路故障时，或其他原因导致输入母线电压瞬间跌落时，安装在开关电源输入端的维持电容，可在一定时间内给开关电源提供维持电压，并可吸收开关电源输入端的电压尖峰。为了满足维持时间的要求，一般应选用电解电容。对于 300V 输入、输出功率 200W 的开关电源，最小的维持电容的容量应为 $30 \sim 50 \mu F$，而对于 48V 输入的开关电源，必须使用上千 μF 的维持电容。在选择维持电容时，除考虑脉动电流和电压外，应选择等效串联电阻（ESR）低的电容。维持电容容量的近似计算公式如下：

$$C = I \times T / (U_m - U_g) \tag{2-5}$$

$$I \approx 0.5(P_0/\eta U_m + P_0/\eta U_g) \tag{2-6}$$

式中，C 为维持电容（F）；U_m 为输入接通时母线电压（V）；U_g 为输入关断时输入端的电压（V）；I 为输入平均电流（A）；T 为维持时间（s）；η 为开关电源变换效率；P_0 为输出功率（W）。

4. 开关电源（容性负载）的输出电压上升时间

对于较大容量的容性负载，开关电源的输出电压上升极其缓慢，有时存在无法上升的情况。特别是有监视电路（针对开机到正常输出这段时间）或设定了顺序工作时，容性负载引起的上升时间的延迟可能会引起系统误动作。

开关电源开机时，特别是容性负载或者轻负载时，上升时间与 OCP（过电流保护）特性有很大的关系。例如相同输出功率的开关电源，OCP 为截止型的开关电源的上升时间更长。此外，在极少数的情况下，根据开关电源拓扑结构，存在对于较大的容性负载输出无法上升的情况。正激方式和反激方式开关电源的输出电压的上升时间（容性负载）如图 2-19 所示。

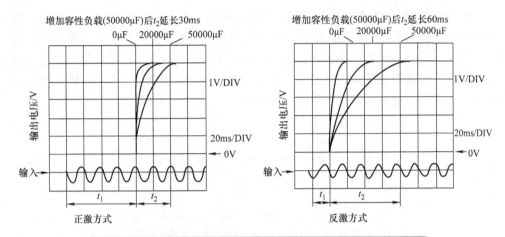

图 2-19　正激方式和反激方式的输出电压的上升时间（容性负载）

　　输入电压为 AC 100V，输出为 5V/10A 的正激方式开关电源的输出电压上升时间（容性负载、限流型）与负载关系见表 2-6。输入电压为 AC 100V，输出为 5V/10A 的反激方式开关电源的输出电压上升时间（容性负载、限流型）与负载关系见表 2-7。

表 2-6　正激方式的输出电压的上升时间（容性负载）与负载关系

负载电容容量/μF	t_1/ms	t_2/ms	t_1/ms + t_2/ms
0	80	10	90
20000	80	20	100
50000	80	40	120

表 2-7　反激方式的输出电压的上升时间（容性负载）与负载关系

负载电容容量/μF	t_1/ms	t_2/ms	t_1/ms + t_2/ms
0	20	20	40
20000	20	40	60
50000	20	80	100

2.2.2　开关电源滤波器

　　开关电源滤波器具有互易性，即把负载接在电源端还是负载端均可。在实际应用中，为达到有效抑制电磁干扰信号的目的，必须根据开关电源滤波器两端将要连接的电磁干扰信号源阻抗和负载阻抗，选择开关电源滤波器的网络结构和参数。当开关电源滤波器两端阻抗都处于失配状态时，即图 2-20 中 $Z_s \neq Z_{in}$、$Z_L \neq Z_{out}$ 时，电磁干扰信号会在其输入和输出端产生反射，增加对电磁干扰信号的衰减。其信号

的衰减 A 与反射 Γ 的关系为

$$A = -10\lg(1 - |\Gamma|^2) \tag{2-7}$$

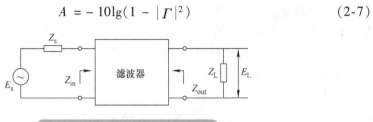

图 2-20　滤波器工作原理

开关电源滤波器设计的目的是在网络结构符合最大失配的原则下，尽可能合理选择元器件参数，使电磁干扰信号衰减最大。在使用开关电源滤波器时，要注意开关电源滤波器在额定电流下的电源频率。在安装开关电源滤波器时，要特别注意开关电源滤波器的输入导线与输出导线的间隔距离，不能把它们捆在一起走线，否则电磁干扰信号很容易从输入线上耦合到输出线上，这将会大大降低开关电源滤波器的抑制效果。

开关电源滤波器基本电路如图 2-21 所示，一个合理有效的开关电源滤波器应该对电源线上差模干扰和共模干扰都有较强的抑制作用。在图 2-21 中，C_{X1} 和 C_{X2} 称为差模电容，L_1 称为共模电感，C_{Y1} 和 C_{Y2} 称为共模电容，差模滤波元件和共模滤波元件分别对差模和共模干扰有较强的衰减作用。

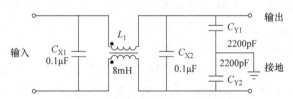

图 2-21　开关电源滤波器基本电路

如果工频电流中含有的共模噪声电流通过共模电感，因共模噪声电流是同方向的，流经共模电感的两个绕组时，产生的磁场同相叠加，使得共模电感对干扰电流呈现出较大的感抗，由此起到了抑制共模干扰的作用。L_1 的电感量与开关电源滤波器的额定电流 I 有关，具体关系参见表 2-8。

表 2-8　电感量范围与额定电流的关系

额定电流 I/A	1	3	6	10	12	15
电感量 L_1/mH	8~23	2~4	0.4~0.8	0.2~0.3	0.1~0.15	0~0.08

开关电源滤波器在实际应用中，共模电感的两个绕组因绕制工艺误差会存在电感差值，不过这种差值正好被作为差模电感。所以，一般电路中不必再设置独立的差模电感。共模电感的差值电感与电容 C_{X1} 及 C_{X2} 构成了一个 π 形滤波器，这种滤

波器对差模干扰有较好的衰减作用。

除了共模电感以外，图 2-21 中的电容 C_{Y1} 及 C_{Y2} 也是用来滤除共模干扰的。共模干扰的衰减在低频时主要由电感器起作用，而在高频时大部分由电容 C_{Y1} 及 C_{Y2} 起作用。电容 C_Y 的选择要根据实际情况来定，由于电容 C_Y 接于电源线和地线之间，承受的电压比较高，所以，需要有高耐压、低漏电流特性。电容 C_Y 漏电流的计算公式如下：

$$I_D = 2\pi f C_Y U_{CY} \tag{2-8}$$

式中，I_D 为漏电流；f 为电网频率；U_{CY} 为电容 C_Y 端电压。

一般装设在可移动设备上的开关电源滤波器，其交流漏电流应 < 1mA。若装设在固定位置且接地的设备上的开关电源滤波器，其交流漏电流应 < 3.5mA。由于考虑到漏电流的安全规范，电容 C_Y 的大小受到了限制，一般为 2.2 ~ 33nF。电容类型一般为瓷片电容，使用中应注意在高频工作时电容器 C_Y 与引线电感的谐振效应。

差模干扰抑制器通常使用低通滤波元件构成，最简单的就是将一只滤波电容接在两根电源线之间构成输入滤波电路（如图 2-21 中电容 C_{X1}），只要电容选择适当，就能对高频干扰起到抑制作用。该电容对高频干扰阻抗甚低，故两根电源线之间的高频干扰可以通过它，它对工频信号的阻抗很高，故对工频信号的传输毫无影响。

电容 C_X 的选择主要考虑耐压值，只要满足功率线路的耐压等级，并能承受可预料的电压冲击即可。为了避免放电电流引起的冲击危害，C_X 电容容量不宜过大，一般在 0.01 ~ 0.1μF 之间，电容 C_X 类型为陶瓷电容或聚酯薄膜电容。

为了抑制开关电源对其电流负载产生共模、差模干扰，开关电源直流输出端往往使用直流电磁干扰滤波器，它的典型电路如图 2-22 所示。它由共模扼流圈 L_1、L_2，扼流圈 L_3 和电容 C_1、C_2 组成。为了防止磁心在较大的磁场强度下饱和而使扼流圈失去作用，扼流圈的磁心必须采用高频特性好且饱和磁场强度大的恒磁导率 μ 磁心。

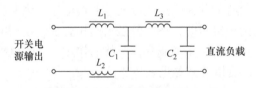

图 2-22   开关电源直流滤波器

1. 耐压与安全

由于开关电源滤波器安装在开关电源的 AC 输入端，所以除了承受开关电源（滤波器的负载）产生的尖峰脉冲干扰电压外，还要承受来自电网的浪涌电压、电流，特别是浪涌电压，其持续时间长（ms 级），能量大（2000V 浪涌电压是经常出现的）。这些干扰电压由开关电源滤波器的 C_X、C_Y 承受，因此，要求使用专为开关电源滤波器设计的 C_X、C_Y。

　　电容 C_X 或 C_Y 被浪涌电压击穿产生的后果是：C_X 被击穿短路，相当于 AC 电网被短路，至少造成设备停止工作；C_Y 击穿短路，相当于将 AC 电网的电压加到设备的外壳，它直接威胁人身安全的同时，波及所有与金属外壳为参考地的电路安全，往往导致某些电路的损坏。在国际上，各主要工业国家的耐压安全规范有所区别，见表 2-9。

表 2-9　耐压安全规范

国家和测试机构	测试标准	高压测试			R - 绝缘	
		kV（1min）	Hz	P、N→E、P→N	$10^6\Omega$	V（1min）
德国	VDE 0565.1 0565.2 0565.3	$4.3U_\mathrm{n}$ 1.5	0 50	P→N P、N→E	1500 2000	100 100
瑞士	SEV 1055.1978	$4.3U_\mathrm{n}$ $2U_\mathrm{n}+1.5$	0 50	P→N P、N→E	6000	100
瑞典	4432901	$4.3U_\mathrm{n}$ $2U_\mathrm{n}+1.5$	0 50	P→N P、N→E	6000	100
英国	BS613 BS2135	$4.3U_\mathrm{n}$ 1.5 2.25	0 50 0	P→N P、N→E	20	100
加拿大	CSA C22.2 No.8 – M1982	$(2U_\mathrm{n}+0.5)$ 1.4/4 ≥1.414 $2U_\mathrm{n}+1$	0 60	P→N P、N→E	6000/N N = number Cond. 11	100
美国	UL1283	1.0 1.414 1.0 1.414	60 0 60 0	P→N P、N→E	2 —	250 —

　　P→N 耐压测试采用直流电压的原因是因为 C_X 容量较大，如采用交流测试，则耐压测试仪要求电流容量大，造成成本高，体积大。采用直流电压测试就不存在这种问题。但要将交流工作电压换成等效的直流工作电压，如最大交流工作电压 250V（AC）换成等效直流工作电压为 $250\times2\sqrt{2}=707\mathrm{V}$（DC）。

　　2. 泄漏电流与安全

　　1）当开关电源的交流输入电压超过 AC 36V，直流输出电压超过 DC 42V 时，需要考虑触电问题。安规规定：任何两个可触及件或任何一个可触及件与电源的一极间漏电不要超过 0.7mA 或直流 2mA。

　　2）开关变压器的一、二次侧之间的耐压要求使用交流 3000V，设定漏电流为

10mA。进行 1min 的测试，其漏电流必须小于 10mA。

3）开关电源的输入端对地（外壳）的耐压使用 AC 1500V，设定漏电流为 10mA。进行 1min 的耐压测试，其漏电流必须小于 10mA。

4）开关电源的输出端对地（外壳）的耐压使用 DC 500V，设定漏电流为 10mA。进行 1min 的耐压测试，其漏电流必须小于 10mA。

5）当开关电源的输出电压高于 4000V 时，要考虑静电问题。假设带电体对地的分布电容为 1000pF，则带电体存储电荷量就可能超过 $4.5\mu C$。安规规定，任何可触及件所带电荷不允许超过 $4.5\mu C$。

6）输入电压为 AC 220V 的开关电源，热冷地之间的爬电距离必须大于 6mm，两输入引线端口的爬电距离必须大于 3mm。安规要求熔丝管两个焊盘间的爬电距离 >3.0mm（min），并考虑安规电容的耐压和容许的漏电流。

7）在亚热带环境中工作设备的漏电流要 <0.7mA，工作在温带环境中设备的漏电流要 <0.35mA，一般的 Y 电容要不大于 4700pF。容量 $>0.1\mu F$ 的 X 电容要加泄放电阻。在正常工作的设备掉电后，其插头间的电压在 1s 内的电压值不大于 42V。

典型开关电源滤波电路的共模电容 C_Y 都有一端接金属机壳，从分压角度看，开关电源滤波器金属外壳都带有 1/2 额定工作电压，如工作电压为 220V（AC），那么外壳带有 110V（AC）电压。因此，从安全角度出发，开关电源滤波器通过 C_Y 到地端的泄漏电流要尽可能小，否则将危及人身安全。

对地电容应为 C_Y 和杂散电容之和，实际上，泄漏电流是两路，所以开关电源滤波器泄漏电流应为一路泄漏电流的两倍。设备中使用的开关电源滤波器越多，泄漏电流也越大。同样，在国际上对泄漏电流的安全规范各主要工业国家也有所区别，见表 2-10。

表 2-10   泄漏电流的安全规范

国家	安规名称	对于一级绝缘的设备，泄漏电流的极限值
美国	UL478、UL1283	5mA/120V/60Hz；0.5～3.5mA/120V/60Hz
加拿大	C22.2No.1	5mA/120V/60Hz
瑞士	SEV1054－1、IEC335－1	0.75mA/250V/50Hz
德国	VDE0804	3.5mA/250V/50Hz

2.3 开关电源吸收电路

2.3.1   吸收回路的作用及类型

1. 吸收回路的作用

高频开关电源在开关管关断时，电压和电流的重叠引起的损耗是开关电源损耗的主要部分，同时，由于电路中存在寄生电感和寄生电容，寄生电容 C_p 一般都与开关元件或二极管并联，而寄生电感 L_p 通常与开关元件或二极管串联。由于这些寄生电容与寄生电感的作用，开关元件在通断工作时，往往会产生较大的电压浪涌与电流浪涌，并且产生振荡。如果尖峰电压过高，就会损坏开关元件。同时，产生的振荡会使输出纹波增大。为了降低关断损耗和尖峰电压，需要在开关元件两端并联吸收电路以改善电路的性能。

吸收是针对电压尖峰而言，电压尖峰的本质是一个对结电容的 du/dt 充放电过程，而 du/dt 是由电感电流的瞬变（di/dt）引起的，所以，降低 di/dt 或 du/dt 的任何措施都可以降低电压尖峰，这就是吸收。

在开关电源拓扑电路的原型上是没有吸收回路的，而在实际应用的开关电源电路中都有吸收回路，由此可以看出，吸收回路是工程上的需要，不是拓扑需要。开关电源中的吸收回路一般都与电感有关，这个电感不是指拓扑中的感性元件，而是指诸如变压器漏感、布线杂散电感。吸收回路的作用如下：

1) 降低尖峰电压、缓冲尖峰电流。防止开关器件损坏（防止开关器件电压、电流击穿），使功率器件远离危险工作区，从而提高可靠性。

2) 降低开关器件损耗，或实现某种程度的软开关。

3) 降低 di/dt 和 du/dt，降低振铃，改善电磁干扰品质。

4) 提高效率。提高效率是相对而言的，若取值不合理不但不能提高效率，还可能降低效率。

2. 吸收回路类型

（1）RC 吸收回路

RC 吸收的本质是阻尼吸收，RC 吸收电路如图 2-23 所示，电阻 R 与电容 C 串联后再与开关管并联连接。若开关断开，蓄积在寄生电感中的能量对开关管的寄生电容充电的同时，也会通过吸收电阻对吸收电容充电。这样，由于吸收电阻的作用，其阻抗将变大，吸收电容也就等效地增加了与开关管并联电容的容量，从而抑制开关管断开时的电压浪涌。而在开关管接通时，吸收电容又通过开关管放电，此时，其放电电流将被吸收电阻所限制。

在图 2-23 中，电阻 R 的主要作用是产生阻尼，吸收电压尖峰的谐振能量，是功率器件。电容 C 的作用并不是电压吸收，而是为 R 提供谐振能量通道，C 的大小决定吸收程度，最终目的是使 R 形成功率吸收。RC 吸收是无方向吸收，因此 RC 吸收既可以用于单向电路的吸收，也可以用于双向或者对称电路的吸收。

1) 双向吸收。一个典型的被吸收电压波形中包括上升沿、上升沿过冲、下降沿这三部分，RC 吸收回路在这三个过程中都会产生吸收功率。通常情况下只希望对上升沿过冲实施吸收，因此，这意味着 RC 吸收效率不高。

2) 不能完全吸收。这并不是说 RC 吸收不能完全吸收掉上升沿过冲，只是说这样做付出的代价大。因此 RC 吸收最好给定一个合适的吸收指标，不要指望能够

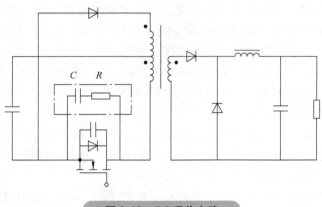

图 2-23 *RC* 吸收电路

把尖峰完全吸收掉。

3）*RC* 吸收是能量的单向转移，就地将吸收的能量转变为热能。尽管如此，这并不能说损耗增加了，在很多情况下，吸收电阻的发热增加了，与电路中另外某个器件的发热减少是相对应的，总效率不一定下降。设计得当的 *RC* 吸收，在降低电压尖峰的同时也有可能提高效率。

对应一个特定的吸收环境和一个特定大小的电容 *C*，有一个最合适大小的电阻 *R*，形成最大的阻尼、获得最低的电压尖峰。吸收电容 *C* 对 *RC* 吸收电路的影响如下：

1）并非吸收越多损耗越大，适当的吸收有一个效率最高点。

2）吸收电容 *C* 的大小与吸收功率（*R* 的损耗）呈正比关系，即吸收功率基本上由吸收电容决定。

吸收电阻 *R* 对 *RC* 吸收电路的影响 如下：

1）吸收电阻的阻值对吸收效果的影响明显。

2）吸收电阻的阻值对吸收功率影响不大，即吸收功率主要由吸收电容决定。

3）当吸收电容确定后，一个适当的吸收电阻才能达到最好的吸收效果。

4）当吸收电容确定后，最好的吸收效果发生在最大吸收功率处。换言之，哪个电阻发热最厉害就最合适。

5）当吸收电容确定后，吸收程度对效率的影响可以忽略。

采用 *RC* 吸收电路也可以对变压器消磁，而不必另设变压器绕组与二极管组成的去磁电路。变压器的励磁能量都会在吸收电阻中消耗掉。*RC* 吸收电路不仅可以消耗变压器漏感中蓄积的能量，而且也能消耗变压器励磁能量，因此，这种方式同时降低了变换器的变换效率。

（2）RCD 吸收电路

RCD 吸收不是阻尼吸收，而是靠非线性开关 VD 直接破坏形成电压尖峰的谐振条件，把电压尖峰控制在任何需要的水平。由电阻 R、电容 C 和二极管 VD 构成 RCD 吸收电路，如图 2-24 所示，其中电阻 R 也可以与二极管 VD 并联连接。若开关管断开，蓄积在寄生电感中的能量将通过开关管的寄生电容充电，开关管电压上升。其电压上升到吸收电容的电压时，吸收二极管导通，从而使开关管电压被吸收二极管所钳位（约为 1V），同时寄生电感中蓄积的能量也对吸收电容充电。开关管接通期间，吸收电容则通过电阻放电。

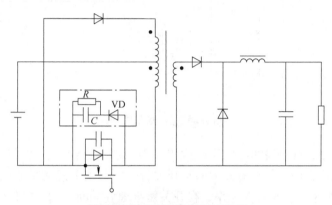

图 2-24　RCD 吸收电路

采用 RCD 吸收电路也可以对变压器消磁，而不必另设变压器绕组与二极管组成的去磁电路。变压器的励磁能量都会在吸收电阻中消耗掉。RCD 吸收电路不仅可以消耗变压器漏感中蓄积的能量，而且也能消耗变压器励磁能量，因此，这种方式同时降低了变换器的变换效率。由于 RCD 吸收电路是通过二极管对开关管电压钳位，效果要比 RC 吸收电路好，同时，它可以采用较大电阻，能量损耗也比 RC 吸收电路小。

C 的大小决定吸收效果（电压尖峰），同时决定了吸收功率（即 R 的热功率）。R 的作用只是把吸收能量以热的形式消耗掉，其电阻的最小值应该满足开关管的电流限制，最大值应该满足 PWM 逆程 RC 放电周期需要，在此范围内取值对吸收效果影响甚微。

RCD 吸收会在被保护的开关管上实现某种程度的软关断，这是因为关断瞬间开关管上的电压，即吸收电容 C 上的电压等于 0，关断动作会在 C 上形成一个充电过程，延缓电压恢复，降低 $\mathrm{d}u/\mathrm{d}t$，实现软关断。

（3）LC 吸收电路

LC 吸收电路是由电容、电感、电阻等元件和电子器件组成的能够产生振荡电流或具有滤波作用的电路，由电感线圈 L 和电容器 C 相连而成的 LC 电路是最简单的一种 LC 电路。

由 L_s、C_s、VD_{s1} 和 VD_{s2} 构成的 LC 吸收电路如图 2-25 所示，若开关管断开，

蓄积在漏磁或励磁等电感中的能量可通过 VD_{s1} 经电容 C_s 放电，使吸收电容 C_s 电压反向，从而使变压器由电容电压消磁。这期间，输入电压与吸收电容的电压加到开关管上的电压极性再次反向。

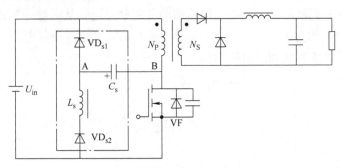

图 2-25　LC 吸收电路

一般情况下，LC 吸收电路不消耗能量。LC 吸收电路不但能够将变压器的漏感能量反馈回电网，而且能够有效地抑制开关管关断时由漏感能量造成的电压尖峰。如果 LC 谐振频率远大于开关频率，在开关管导通和关断期间，钳位电容的极性将不断改变。开关管关断时，其漏极电压开始上升，VD_{s1} 导通，电容将进行充电，减缓了漏极电压上升的速度，电容两端电压为

$$U_C = U_{ref} + I_0 \sqrt{L_{kp}/C} \tag{2-9}$$

式中，I_0 为开关管关断时一次绕组流过的电流；U_{ref} 为输出反射电压；L_{kp} 为变压器一次绕组漏感。

开关管导通后，钳位电容通过 VF、L 和 VD_{s2} 进行放电。L、VD_{s2} 和 C 产生谐振，大约半个振荡周期后，以电压形式储存在电容上的能量转变为电流形式，储存在电感中，电容的电压极性改变，充电到 U_{in}。在下半周期内，L 上端电压继续升高，即电容两端电压大于 U_{in}，VD_{s1} 导通，储存在电感中的剩余能量通过 VD_{s1} 返回电网。

在这种工作状态下，钳位电容 C 的电压与输入电压无关，依赖于负载电流的大小。由于 LC 谐振频率非常高，电容 C 的值不能设计得过大，因此，在重载条件下，钳位电压远大于输出反射电压（通常为 U_{ref} 的 2~4 倍）。

如果 LC 谐振频率小于电路开关频率，开关管导通期间，钳位电容储存的能量通过 LC 振荡，只有一小部分传递到电感。开关管关断后，电感中的能量通过 VD_{s1} 和 VD_{s2} 返回电网。钳位电容的电压极性不会发生改变。电容值如果足够大，在整个开关周期内，电容电压的微小变化将忽略不计。在稳定状态下，达到能量平衡后：

$$U_C = \frac{1}{2}U_{ref} + \frac{1}{2}\sqrt{U_{ref}^2 + \frac{4L_{pk}L}{(L_m + L_{pk})^2}U_{in}^2} \tag{2-10}$$

式中，L_m 为变压器一次绕组电感。

由于变压器漏感远小于一次侧电感，钳位电容电压与输出反射电压紧密相关，因此，选择一个合适的电感，钳位电容的电压将对输入电压的依赖很小，并且钳位电压可维持在比输出反射电压略高的一个值上，基本与输入电压无关。开关管的电压：

$$U_F = U_{in} + \frac{1}{2}U_{ref} + \frac{1}{2}\sqrt{U_{ref}^2 + \frac{4L_{pk}L}{(L_m + L_{pk})^2}U_{in}^2} \qquad (2-11)$$

在宽输入电压情况下，LC 吸收电路的钳位电压非常低，接近于输出反射电压，不随负载电流而变化，且无损耗，但需额外提供一个电感，其值需与变压器一次侧电感匹配，以减小开关管电流应力。在实际电路设计中，为了减缓开关管漏极电压上升速率，LC 谐振频率应小于开关频率，电容应足够大。

2.3.2　开关电源吸收电路设计

1. 开关电源 RC 吸收回路设计

反激式开关电源电路如图 2-26 所示，从图中可以看出，RC 吸收电路在该图中出现过 6 次，从 $R_aC_a \sim R_fC_f$，每个 RC 吸收电路的位置不同，作用也不一样。在设计 RC 吸收电路时，必须了解整个开关电源网络的几个重要参数，比如输入电压、输入电流、尖峰电压、尖峰电流等。

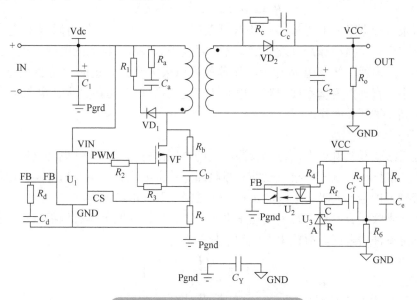

图 2-26　反激式开关电源电路

在图 2-26 所示电路中的开关管 VF 关断时，源极电压开始上升到 $2U_{dc}$，而电容 C_b 限制了源极（S）电压的上升速度，同时减小了上升电压和下降电流的重叠，从而减低了开关管 VF 的损耗。而在下次开关管 VF 关断之前，C_b 必须将已经充满的电放完,放电路径为 C_b、R_b、VF。

设计 RC 吸收回路参数,需要先确定磁场储能的大小,在反激变压器中,磁场储能中的大部分是通过互感向二次侧提供能量,只有漏感部分要通过 RC 回路处理,需要测量励磁电感、互感及漏感值,再求得 RC 回路的初始电流值。

吸收回路的计算方法由于受寄生参数的影响,理论计算公式几乎是没有实际意义的,吸收电路的 RC 参数是靠实验来调整的,实用的方法有实验调整法和公式计算法。

(1) 实验调整法

1) 测量未接吸收电路时振荡信号周期 $1/f_0$。先不加 RC 吸收电路,用容抗比较低的电压探头测出原始的振荡频率,此振荡是由 LC 形成的,L 主要是变压器二次漏感和布线电感、输出电容漏感,C 主要是二极管结电容和变压器二次侧的杂散电容。

2) 测出原始振荡频率后,可以试着在二极管上面加电容,直到振荡频率变为原来的 1/2,则原来振荡的电容 C 值为所加电容的 1/3,将高频电容(陶瓷或薄膜)跨接在变压器一次绕组、整流管或要吸收的器件上。确定电容值使振荡周期是原来周期的三倍。

3) 电阻 R 值按下式计算:

$$R = 2\pi f \times L = 1/(2\pi f \times C) \tag{2-12}$$

有很多种电阻 R 和电容 C 的组合可以产生满意的波形,但电阻 R 和电容 C 的值应该产生最少损耗和最有效的值。如果要改变这些值,越大的电阻和越小的电容产生越小的损耗。把电阻 R 加上,振荡就可以大大衰减。这时再适当调整电容 C 值的大小,直到振荡基本被抑制。电阻 R 值过小则动态功耗过大,电阻 R 值过大则达不到保护开关的作用。

(2) 公式计算法

在反激式开关电源中,开关管漏极上的电压由三部分组成:电源电压、反激感应电压、漏感冲击电压。吸收电路只吸收漏感冲击电压,而不对另外两种电压起作用,否则不仅会增大吸收电阻的负担,还会降低开关电源的效率。

由于吸收电容的另一端是接在正电源上的,所以它的电压有两部分:反激感应电压和漏感冲击电压。漏感中电流的下降斜率为

$$di_C/dt = -\left(\frac{U_C - nU_0}{L_K}\right) \tag{2-13}$$

式中,U_C 为电容 C 两端电压;L_K 为变压器漏感;n 为匝比。

可以得出漏感电流的下降时间 t_s 为

$$t_s = \frac{L_K}{U_C - nU_0} \times i_{pk} \tag{2-14}$$

式中,i_{pk} 为变压器一次峰值电流。

吸收电容 C 的电压 U_C 应在开关电源输入电压最低、满载时确定，一旦确定了 U_C，则可计算出吸收电路消耗的功率为

$$P = U_C \frac{i_{pk} \times t_s}{2} f_s = \frac{1}{2} L_K i_{pk}^2 \frac{U_C}{U_C - U_0} f_s \tag{2-15}$$

式中，f_s 为变换器的开关频率。

确定了吸收电路消耗的功率后，则可按下式计算吸收电阻 R 值：

$$R = \frac{U_C^2}{\frac{1}{2} L_K i_{pk}^2 \dfrac{U_C}{U_C - n U_0} f_s} \tag{2-16}$$

在开关管开关过程中，吸收电容 C 两端电压变化量为 ΔU_C，通常可根据 U_C 取合适的 ΔU_C，由此可进一步确定吸收电容 C 的大小：

$$C = \frac{U_C}{\Delta U_C \times R \times f_s} \tag{2-17}$$

电容两端的电压 U_C 可根据变压器反射电压 $n U_0$ 确定，通常取 2 ~ 2.5 倍即可，取值过小会引起较大损耗。通过计算只是确定电阻 R 与电容 C 值的数量级，其具体参数可根据实际测试波形做调整，以达到最佳效果。

（3）RC 吸收电路设计的难点

RC 吸收电路设计的难点在于：吸收与太多因素有关，比如漏感、绕组结构、分布电感电容、器件等效电感电容、电流、电压、功率等级、di/dt、du/dt、频率、二极管反向恢复特性等。而且其中某些因素是很难获得准确的设计参数的。在工程上一般应该在通过计算或者仿真获得初步参数后，还必须根据实际布线在板调试，才能获得最终设计参数。

2. 开关电源 RCD 吸收回路设计

（1）开关电源 RCD 吸收回路设计（已知高频变压器漏感 L_e）

RCD 吸收电路对过电压的抑制要好于 RC 吸收电路，与 RC 吸收电路相比 U_{ce} 升高的幅度更小。由于吸收电阻可以取大阻值，在一定程度上降低了损耗。在图 2-27 所示的开关电源 RCD 吸收电路中，电阻 R、电容 C、二极管 VD 构成 RCD 吸收电路（也称为关断缓冲电路）。此部分电路主要用于限制开关管关断时高频变压器漏感能量引起的尖峰电压和二次绕组反射电压的叠加，叠加的电压产生在开关管由饱和转向关断的过程中，漏感中的能量通过二极管 VD 向电容 C 充电，电容 C 上的电压可能冲到反电动势与漏感电压的叠加值：$U_{rest} + \Delta U_{pp}$。

1）电容 C 计算。电容 C 的作用则是将高频变压器漏感的能量吸收掉，电容选得越大，电压尖峰越小，也就是 RCD 吸收的漏感能量越大，其容量由下式决定：

$$C = (L_e \times I_{sc}^2) / [(U_{rest} + \Delta U_{pp})^2 - U_{rest}^2] \tag{2-18}$$

式中，L_e 为漏感，单端反激一般为 40 ~ 100μH，低于 40μH 可不考虑，一般取 50μH 计算；U_{rest} 为反电动势，$U_{rest} = 2 \times n \times U_{out}$；$n$ 为变压器电压比，U_{out} 为输出电压；

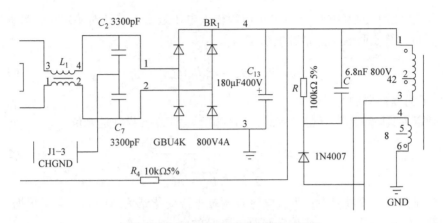

图2-27　开关电源的 RCD 吸收电路

ΔU_{pp} 为漏感电动势的峰值，$\Delta U_{pp} = 8\% \times U_{rest}$；$I_{sc}$ 为短路保护时变压器一次绕组流过的最大电流。

　　若 RCD 吸收电路中的电容值 C 偏大，电容端电压上升很慢，因此导致开关管电压上升较慢，导致开关管关断至变压器二次侧导通的间隔时间过长，变压器能量传递过程较慢，相当一部分一次励磁电感能量消耗在 RCD 电路中的电阻 R 上。

　　当 RCD 吸收电路中的电容值 C 特别大（导致电压无法上升至二次反射电压），电容电压很小，电压峰值小于二次侧的反射电压，因此二次侧不能导通，导致一次侧能量全部消耗在 RCD 电路中的电阻 R 上，因此二次电压下降后达成新的平衡，输出电压降低。

　　2）电阻 R 计算。在变压器下半周期开关管由截止变为导通时，电容 C 上的能量经电阻 R 来释放，直到电容 C 上的电压降到下次开关管关断之前的反电动势 U_{rest}，在放电的过程中，漏感电动势 ΔU_{pp} 是不变的，通过放电常数 RC 和变压器关断时间的关系，可以求得电阻 R 的值，可以按周期 T 的 63% 计算：

$$RC = 0.63 T \times (U_{rest} + \Delta U_{pp})/\Delta U_{pp} \tag{2-19}$$

式中，$T = 1/f$，f 为变压器的工作频率。

$$R = 0.63 (U_{rest} + \Delta U_{pp})/(\Delta U_{pp} \times f \times C) \tag{2-20}$$

其功耗为

$$P = L_e \times I_{sc}^2 \times f/2 \tag{2-21}$$

　　由于二极管 VD 和电容 C 上都有能量消耗，将导致放电时间缩短，所以电阻 R 的实际功耗可按计算值的一半考虑：

$$P(实际) = P(计算值)/2 \tag{2-22}$$

　　① 在 RCD 吸收电路中，电阻 R 应该取值较小才好，电阻 R 越小，电容放电越快，下个周期时就能吸收更多的能量。

　　② 在 RCD 吸收电路中，电容 C 值选大，电阻 R 值选小，吸收能力较强，且振

荡的周期变长，也就是频率降低，电磁干扰较好，但损耗也会较大，故要折中选取。

③ 在 RCD 吸收电路中，电阻 R 值如果选取过小，就会降低开关电源的效率。如果电阻 R 值选取过大，开关管就存在着被击穿的危险。

④ 在 RCD 吸收电路中，若电阻电容乘积 $R \times C$ 值选取偏小，在电压上冲后，电容 C 上储存的能量很小，因此电压很快下降至二次反射电压，电阻 R 将消耗一次侧励磁电感能量，直至开关管开通后，电阻 R 才缓慢释放电容能量，由于 RC 较小，因此可能出现振荡，就像没有加 RCD 电路一样。

⑤ 在 RCD 吸收电路中，电阻电容乘积 $R \times C$ 值合理，但电容 C 值偏小。如果参数选择合理，开关管开通前，电容 C 上的电压接近二次反射电压，此时电容 C 能量泄放完毕，缺点是此时电压尖峰比较高，电容 C 和开关管应力都很大。

⑥ 在 RCD 吸收电路中，电阻电容乘积 $R \times C$ 值合理，电阻 R 值、电容 C 值都合适。由于加大了电容 C 值，可以降低电压峰值，调节电阻 R 后，使开关管开通之前，电容 C 始终在释放能量，与⑤不同，电容 C 始终存有一定的能量。

3）二极管 VD 选用。耐压值要超过叠加值的 10%，电流要大于输入电流平均值的 10%，二极管 VD 选慢速的对电磁干扰好。

（2）开关电源 RCD 吸收回路设计（测量高频变压器漏感 L_e）

在开关电源的电路中，大多数尖峰毛刺等都是由于变压器的漏感或布线等分布电感在突变电流的作用下产生的，在开关管关断过程中，变压器的漏感及导线分布电感中的电流会在开关管上产生电压尖峰，而变压器的漏感虽然可以通过合理的电路设计和绕制方式使之减小，但是不可消除。设计和绕制是否合理，对漏感的影响是很明显的。在匝比较接近的一些设计中，漏感可以设计得很小，但在大多数反激电源中，由于匝比较大，即使采用合理的方法，漏感也只能控制在一次电感的 2% 左右。

在实际工作中，漏感与励磁电感串联。励磁电感能量可通过理想变压器耦合到二次侧，漏感因为不耦合，能量不能传递到二次侧，因此在开关管关断时，漏感将通过寄生电容释放能量，引起电路电压过冲和振荡，影响电路工作性能，还会引起电磁干扰问题，严重时会损坏器件，为了防止上述情况的出现，需要增加 RCD 吸收电路，如图 2-28 所示。

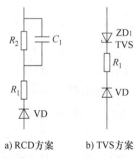

图 2-28　开关电源 RCD 吸收电路

设置 RCD 吸收电路的目的是消耗掉漏感中储存的能量，但一定要注意不能消耗主励磁电感能量，否则会降低电路效率。在 RCD 吸收电路设计中，电阻 R 值、电容 C 值、二极管 VD 的选取及计算方法如下：

1）测量主变压器的一次侧漏感的电感量 L_e。图 2-28 所示的两种吸收电路均是为了吸收漏感能量，以降低开关管的电压应力，既然是吸收漏感的能量，显然要知道变压器的漏感能量有多大。计算吸收电路的参数，首先需要确定漏感中储存的能量，因为漏感中储存的能量是要吸收掉的，单周期内漏感中的能量可以根据下式计算：

$$E = 1/2 \times L_e \times I_{pk}^2 \tag{2-23}$$

式中，L_e 为变压器一次侧漏感电感量；I_{pk} 为变压器一次侧峰值电流（I_{pk} 在设计变压器时已定下，当然也要在低压满载情况下实测，某些 IC 自带限流点则简单些）。

2）确定 U_{cmax} 或 U_{tvs}。一般应给开关管电压应力留有 10% 的裕量，保守情况留有 20% 的裕量，尤其是没有软启动且功率相对较大的开关电源，应取 20% 的裕量有：

$$U_{cmax}(U_{tvs}) = 80\% \times U_{dsmax} - \sqrt{2} \times U_{inmax} \tag{2-24}$$

式中，U_{cmax} 为 RCD 中电容 C 两端的峰值电压；U_{tvs} 为图 2-28b 中的 TVS 的击穿电压。

3）确定 ΔU_c、U_{cavg}、U_{cmin}（TVS 方案无此步骤）。在 RCD 电路中，电容 C_1 两端电压是变化的，开关关断时漏感能量迅速将其充电至 U_{cmax}，然后通过电阻 R_1 慢慢放电到 U_{cmin}（RCD 中电容 C 两端的谷底电压）。这个 ΔU_c（RCD 中电容 C_1 两端的峰值电压和谷底电压的差值，$\Delta U_c = U_{cmax} - U_{cmin}$）一般会设计在 10% ~ 15% U_{cmax}。有了 ΔU_c 即可得到 U_{cavg}（RCD 中电容 C 两端的平均电压，$U_{cavg} = U_{cmin} + \Delta U_c/2$）。

4）确定电阻 R_2 大小。根据已计算出的漏感能量，假设漏感能量全部被转移到电容 C_1（或被 TVS 消耗掉）中，那么在电阻 R_2 上必然消耗掉这些能量。当然，漏感的能量不会全部转移到电容 C_1 中或被 TVS 消耗掉，但是作为一个理论设计指导，此假设是合理的（假设误差由实际测试结果来调整）。所以：

$$U_{cavg}^2/R = E \times f \tag{2-25}$$

式中，f 为开关电源的工作频率。

由式（2-25）即可计算出电阻 R_2 的大小，亦可得出对电阻 R_2 的功率要求，一般要保证电阻 R_2 的功率大于此功率（$E \times f$）的 1.5 ~ 2.5 倍。若为 TVS，则 TVS 的功率也要和电阻的功率要求一样，要大于（1.5 ~ 2.5）$\times E \times f$。

5）确定电容 C_1 的大小。由 4）中的假设可知：

$$E = 1/2 \times C_1 \times (U_{cmax}^2 - U_{cmin}^2) \tag{2-26}$$

6）电阻 R_1 可以改善电磁干扰，同时限制二极管 VD 的反向恢复电流，在小功率开关电源中常用。一般会选取几十 Ω 左右，当然功率越大，I_{pk} 越大，此电阻 R_1 的损耗越大，所以应选取较小值。在大功率开关电源中，要慎用此电阻 R_1，电阻 R_1 取几 Ω 即可，甚至不要此电阻 R_1，电阻 R_1 的功耗要大于 $I_{pk}^2 \times R_1$。

7）二极管 VD 一般选用快恢复或超快恢复二极管，二极管电流、电压按一般

裕量原则 $1.5I_{pk}$、$1.5U_{cmax}$ 选取即可，功耗要求大于 $1/2 \times I_{pk} \times U_f$（DCM 模式），若为 CCM 模式，$1/2 \times I_{pk}$ 替换为一次平均电流即可，应重点考虑二极管的发热量。

在实际应用中，吸收电容 C 的一端是直接接在输入电源正极，因此吸收电容 C 上电压只有两部分：反射电压（输出电压除以变压器匝比）、漏感引起的冲击电压。可以认为在开关管关断时吸收电容 C 上电压很快升高到设计的最高值，然后二极管截止，电容 C 上电压通过电阻 R 放电，电压会越来越低。在开关管关断期间，要保证电容 C 上电压不会低于反射电压。这是因为，如果电阻 R 放电过快，在开关管关断时间内，电容 C 上电压降低到反射电压，那么 RCD 吸收电路中的电容 C 及电阻 R 就等效并联在了变压器的二次侧，消耗的将是期望传递到二次侧的能量，将降低开关电源的效率。这时从吸收电容 C 上可以看到，开关管关断期间，吸收电容 C 上电压出现了平台。

由于漏感的能量在开关管关断时需要由吸收电容 C 来承受，电容 C 如果选择得太小，漏感能量吸收后，电压升高得仍会比较高，起不到吸收的作用。可以根据期望的最高电压来进行设计，比如说知道反射电压为 U_1，期望的过充电压为 U_2，并且希望在开关管开始时，电容 C 上的电压恰好放电到反射电压，这样可以计算吸收电容 C 的数值。这是因为在每个开关周期内，电容 C 电压变化产生的能量差与漏感中的能量基本是一致的，因此有下式：

$$0.5 \times L_e \times I_p^2 = 0.5 \times C \times (U_1 + U_2)^2 - 0.5 \times C \times U_1^2 \tag{2-27}$$

在式（2-27）中，漏感 L_e 是可以测量的，I_p 也是可以计算的，U_1 是已知的，U_2 是期望的，因此就可以计算吸收电容 C 的值。确定吸收电容 C 后，可以根据电容的放电公式计算吸收电阻 R。电容 C 放电公式为

$$U_2 = U_1 \times \exp(-t/\tau) \tag{2-28}$$

式中，t 为截止时间（按照最小占空比计算）。

根据式（2-28）可以计算 τ 值，然后根据公式 $\tau = RC$ 来计算吸收电阻 R。

通过上面的计算方法可以初步得到电阻 R、电容 C 的值，具体吸收电路的参数还要经过实际的调试才能得到最优的效果。电阻 R、电容 C 值的确定需按最大输入电压、最小占空比工作条件选取，否则，随着占空比的减小，关断时间会越来越大，原来恰好放电到反射电压的电容 C 上的电压波形会出现平台，吸收电路将消耗主励磁电感能量。限制开关功率管的最大反向峰值电压与减小 RCD 电路的损耗是相互矛盾的，应取折中的办法。

（3）RCD 吸收回路的电压 $U_{(RCD)}$ 计算

RCD 吸收回路的电压 $U_{(RCD)}$ 可按下式计算：

$$U_{(RCD)} = [U_D - U_{(DC)} - U_{(DS)}] \times 90\% \tag{2-29}$$

式中，$U_{(DC)}$ 为输出的最大直流电压，$U_{(DC)} = 1.4 \times U_{AC}$，单位为 V；$U_D$ 为开关管的源 - 栅极之间的最大耐压值，单位为 V；$U_{(DS)}$ 为开关管的源 - 栅极之间的最大耐压值 U_D 的裕量值，$U_{(DS)} = 10\% \times U_D$，单位为 V。

　　根据式（2-29）计算出的 $U_{(RCD)}$ 电压值是理论值，应通过试验调整，使得实际值和理论值相吻合：

$$U_{(RCD)} < 1.3 U_{OR} \qquad\qquad (2\text{-}30)$$

式中，U_{OR} 为二次电压反射到一次侧的等效电压，$U_{OR} = (U_F + U_O) \times N_p / N_s$，$U_F$ 为二极管的正向最大电压降，单位为 V；U_O 为输出电压值，单位为 V；N_p 为一次侧匝数；N_s 为二次侧匝数。

　　若实际测量值小于 1.3 倍的话，说明选取的开关管的 U_D 值太小，开关管的 U_D < $2U_{(DC)}$。若实际测量值大于 2 倍，说明选取的开关管的 U_D 值太大，$U_{(RCD)}$ < $1.2U_{OR}$。

　　RCD 吸收回路会影响开关电源的效率，$U_{(RCD)}$ 值是与开关管的 U_D 值和 U_{OR} 值相关的。RC 时间常数 τ 是由开关电源的频率确定的，一般选择 10 ~ 20 个周期。

　　选择的电阻 R 值一般为几十 kΩ 到几百 kΩ，选择的电容 C 值一般为几 nF 到几十 nF。将选择的电阻 R、电容 C 接入，通入交流电压，调节调压器，根据先低压后高压、先轻载后重载的原则，在试验过程中观察 $U_{(RCD)}$ 的值，当 $U_{(RCD)}$ 的值小于理论值时，调节调压器，当等于理论值时，停止试验，把电阻 R 值变小，重新调整。当高压、重负载时，$U_{(RCD)}$ 实际测量值等于理论值。电阻 R 的功率应选择计算值的 2 倍。RCD 吸收回路中的电阻 R 值越小，开关电源的效率越低；电阻 R 值越大，开关管有可能被击穿。

第 3 章
开关电源热设计

3.1 开关电源热设计目的及原则

3.1.1 开关电源环境温度及热设计目的

1. 开关电源环境温度定义及测量方法

（1）开关电源环境温度定义

开关电源发热等效图如图 3-1 所示，在开关电源的应用中，应使开关电源产生的热量（损耗）尽可能地散出，以降低开关电源的环境温度，是开关电源使用中防患于未然的最好方法。单体式、基板型开关电源的环境温度定义如下：

1）强制风冷型开关电源。强制风冷型的开关电源的进气温度被定义为强制风冷型开关电源环境温度，如图 3-2a 所示。

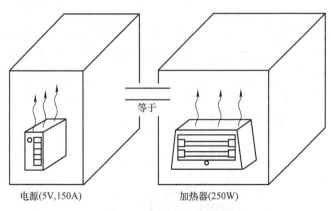

电源(5V,150A)　　　　　　　　　加热器(250W)

图 3-1　开关电源发热等效图

2）自然风冷型开关电源。未受到开关电源发热影响处的温度被定义为自然风冷型开关电源环境温度，如图 3-2b 所示。

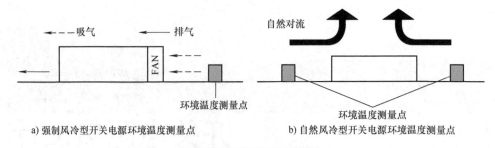

a) 强制风冷型开关电源环境温度测量点　　　　　b) 自然风冷型开关电源环境温度测量点

图 3-2　环境温度测量点

开关电源的寿命与其工作环境温度关系如图 3-3 所示（365 天 24 小时连续工作），图 3-3a 为开关电源采用立式安装方法，图 3-3b 为开关电源采用卧式安装方法。

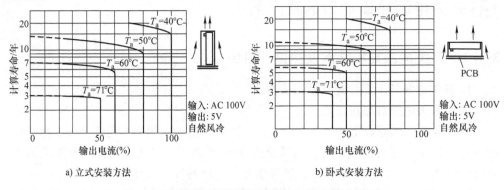

a) 立式安装方法　　　　　　　　　　　　b) 卧式安装方法

图 3-3　电源寿命与工作环境温度关系曲线

（2）开关电源环境温度测量方法

因开关电源的环境温度为其周围的温度，测量时应测量安装开关电源周围的温度。作为测量点，应在横向距离开关电源 5cm 处测量，如图 3-4 所示。若选择在开关电源的上部，会受到开关电源自身发热以及空气对流的影响。另外，距离过近，会受到开关电源辐射的影响，无法正确测量。强制风冷的开关电源（基板在外面露出的产品）应采用其他测量方法。

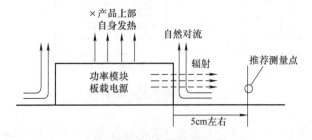

图 3-4　环境温度测量方法

2. 热设计的目的及程序

（1）热设计的目的

热设计被称为"古老的新技术"，意思是说其基础传热工学和流体力学早已确立，而其应用技术热设计会因电子设备的不同而变化。设计的方法和设计人员的作用也须随电子设备的变化而变化。热设计有三个作用：保证功能和性能；保证寿命；保证安全性。在过去的热设计中，保证寿命占的比重较大，能够影响保证功能、性能和安全性的问题极为罕见。

开关电源内部过高的温升将会导致温度敏感的半导体元器件、电解电容等元器件失效，当温度超过一定值时，失效率呈指数规律增加。有统计资料表明，电子元器件温度每升高 2℃，可靠性下降 10%；温升 50℃ 时的寿命只有温升 25℃ 时的 1/6。除了电应力之外，温度是影响开关电源可靠性的最重要的因素。开关电源有大功率发热元器件，温度更是影响其可靠性的最重要的因素之一，完整的热设计包括两个方面：

1）控制发热源的发热量。在开关电源中，主要的发热元器件为开关管、功率二极管、高频变压器、滤波电感等，不同元器件有不同的控制发热量的方法。

① 开关管是开关电源中发热量较大的元器件之一，减小开关管的发热量，不仅可以提高开关管的可靠性，而且可以提高开关电源的可靠性，提高平均无故障时间（MTBF）。开关管的发热量是由损耗引起的，开关管的损耗由开关过程损耗和通态损耗两部分组成，减小通态损耗可以通过选用低通态电阻的开关管来实现；开关过程损耗是由于栅电荷的大小及开关时间引起的，减小开关过程损耗可以选择开关速度更快、恢复时间更短的元器件来实现。但更为重要的是通过设计更优的控制方式和缓冲技术来减小损耗，如采用软开关技术，可以大大减小这种损耗。

② 减小功率二极管的发热量，对交流整流及缓冲二极管，一般情况下是没有更好的控制技术来减小损耗，可以通过选择高质量的二极管来减小损耗。

③ 对于变压器二次侧的整流损耗，可以选择效率更高的同步整流技术来减小损耗。

④ 对于高频磁性材料引起的损耗，要尽量避免趋肤效应，对于趋肤效应造成的影响，可采用多股细漆包线并绕的办法来解决。

2）将热源产生的热量散出去。将开关电源的温升控制在允许的范围之内，以保证开关电源的可靠性。散热有三种基本方式：热传导、热辐射、热对流。

根据散热的方式，可以选自然散热、加装散热器、选择强制风冷、加装风扇。加装散热器是利用热传导和热对流，将所有发热元器件均先固定在散热器上，热量通过传导方式传递给散热器，散热器上的热量再通过能流换热的方式由空气带出外壳，实际的散热情况为三种传热方式的综合。

在计算出耗散功率以后，根据允许的温升来确定散热表面积，并由此而确定所要选择的散热器。这种计算对于提高开关电源的可靠性、功率密度、性价比等都有重要意义。若采用强制风冷、加装风扇，则对开关电源来说，风扇的 MTBF 是所有元器件中最低的，一直都是制约开关电源提高 MTBF 的瓶颈，所以采取各种措施提高散热效率来延长风扇寿命具有重要的意义。

热设计的目的是采用适当可靠的方法控制开关电源内部所有电子元器件的温度，使其在所处的工作环境条件不超过稳定运行要求的最高温度，以保证开关电源正常运行的安全性、长期运行的可靠性。计算开关电源的最高允许温度应以元器件的应力分析为基础，并且与开关电源的可靠性要求以及分配给每一个元器件的失效率相一致。

（2）热设计程序

开关电源热设计的基本程序是：

1）首先明确设计条件，如开关电源的功耗、发热量、容许温升、设备外形尺寸、工作的环境条件等。

2）决定开关电源的冷却方式，并检查是否满足温度条件。

3）分别对元器件、线路、PCB 和外壳进行热设计。

4）按热设计检查表进行检查，确定是否满足设计要求。

3.1.2　开关电源热设计的原则

高功率密度是开关电源发展的方向之一，通过热设计尽可能减少开关电源内部产生的热量，减少热阻以提高散热效率，为此，选择合理的冷却方式是开关电源热设计的基本任务。要在技术上采取措施降低开关电源内元器件的温升，为解决此问题可从以下两方面开展工作：

1）从电路结构上减少损耗，如采用更优的控制方式和技术，如高频软开关技术、移相控制技术、同步整流技术等，另外就是选低功耗的元器件，减少发热元器件的数目，加大加粗 PCB 印制线的宽度，提高开关电源的效率。

2）运用更有效的散热技术，利用传导、辐射、对流技术将热量转移，这包括采用散热器、风冷（自然对流和强制风冷）、液冷（水、油）、热电致冷、热管等方法。较大功率开关电源采用的主要散热方式是强制风冷，因此提高强制风冷效果技术就成了研究的重点，合理的风道设计和在散热器前端加入扰流片引入紊流可显著地提高散热效果。

在尽量通过优化电路设计等方式减少开关电源发热量的同时，一般还需要通过散热器利用传导、对流、辐射的传热原理，将元器件产生的热量快速释放到周围环境中去，以减少内部热累积，使元器件工作温度降低，这就是热设计的核心任务。

目前，热设计成了决定保证开关电源功能及性能的主要技术，热设计应考虑的因素包括：结构与尺寸、功耗、经济性、与所要求元器件的失效率相应的温度极限、电路布局、工作环境。在进行开关电源热设计时应遵循的原则如下：

1）开关电源热设计应与工业造型设计、电气设计、结构设计、可靠性设计及电磁兼容设计同时考虑，在保证电气性能和可靠性要求的前提下，权衡分析，折中解决。

2）热设计应遵循相应的国际标准、国家标准、行业标准。

3）热设计应满足开关电源的可靠性要求，以保证开关电源内的元器件均能在设定的热环境中长期正常工作。

4）要清楚了解开关电源的工作环境，包括环境温度的变化范围、太阳或周围其他物体的辐射情况等，开关电源的散热方案应符合应用的环境要求。

5）对于元器件采用Ⅱ级降额，根据元器件的资料，就可以确定最高允许温度，每个元器件的参数选择及布局必须符合散热要求。

6）在进行热设计时，应考虑相应的设计裕量，以避免使用过程中因工况发生变化而引起的热耗散及热阻的增加。

7）热设计应考虑开关电源的经济性指标，在保证散热的前提下使其结构简单、可靠且体积最小、成本最低。所有的冷却系统应是最简单、最经济的，并适合于特定的电气和机械、环境条件，同时满足可靠性要求；冷却系统要便于监控与维护。

8）热设计不能盲目加大散热余量，尽量使用自然对流或低转速风扇等可靠性高的冷却方式。使用风扇冷却时，要保证噪声指标符合标准要求。要保证冷却系统结构简单、工作可靠及费用较低。一个重要的原则是：力争用成熟的工艺、成熟的技术，设计出高可靠性的开关电源。

9）在规定的使用期限内，冷却系统（如风扇等）的故障率应比元器件的故障率低，要考虑冷却设备的振动和噪声。

10）若采用强制风冷式空气冷却，冷却空气的入口温度要限制，即使冷却空气的入口远离其他设备热空气的出口，也不能二次利用冷却空气进行冷却。

11）要提高冷却系统的可维修性，对冷却系统进行维修时，应具有良好的安全性和可达性；防尘装置和风扇要便于快速拆卸、清洗和更换，且防尘装置上必须有提醒用户清洗的标志。

12）开关电源中的功率元器件的热设计要和开关电源的热设计一起考虑，例如，开关电源整流器的热设计要考虑到开关电源的热设计，反之亦然。

13）强迫风冷的散热量比自然冷却大十倍以上，但要增加风扇、风扇电源、联锁装置等，这不仅使开关电源的成本和复杂性增加，而且使开关电源的可靠性下降，另外还增加了噪声和振动，因而在一般情况下应尽量采用自然冷却，而不采用风冷却方式。

14）在进行元器件布局设计时，应将发热元器件安放在下风位置或在 PCB 的上部。

15）散热器应采用氧化发黑工艺处理，以提高辐射率，不允许用黑漆涂覆。喷涂三防漆后会影响散热效果，需要适当加大裕量。散热器安装的平面要求光滑平整，一般在接触面涂上硅脂以提高热导率。变压器和电感线圈应选用较粗的导线来抑制温升。

3.2 开关电源转换效率及热设计层次

3.2.1　开关电源转换效率及温度

1. 开关电源转换效率

由于开关电源的转换效率不可能是100%，其自身是有一定的功耗的，开关电源本身发热的高低，主要取决于开关电源的转换效率。在一定的散热条件下，开关电源存在一定的温升（即壳温与环境温度的差异），开关电源外壳散热表面积的大小直接影响温升。对于开关电源温升可按下式粗略估计：

$$温升 = 热阻系数 \times 开关电源功耗 \tag{3-1}$$

热阻系数对于涂黑纯铜的外壳 $P25_{xxx}$（用于 SMP–1250 系列产品的外壳）来说约为 $3.76℃/W$，这里的温升和热阻系数是在开关电源直立，并使下方悬空 $1cm$，自然空气流动的情况下测试的。对于温度较高的地方须将开关电源降额使用，以减小开关电源的功耗，从而减小温升，以保证开关电源内的元器件的温度不超过极限值。

对于功率较大的开关电源，须加相应的散热器以使开关电源的温升得到下降。不同的散热器在自然的条件下有不同的热阻，影响散热器热阻的主要因素是散热器的表面积。同时考虑到空气对流，如果使用带有齿的散热器应考虑齿的方向尽量不阻碍空气的自然对流。例如：当开关电源输出功率为100W，效率为82%时，满载时开关电源的功耗为

$$100/0.82W – 100W = 22W$$

选用 WS75（75W）散热器，其热阻为 $1.9℃/W$，在不考虑原外壳的横向散热时，自然散热的温升为：

$$1.9 \times 22℃ = 42℃$$

绝大多数开关电源生产商都以开关电源的功率密度来衡量产品的有效性，功率密度通常由瓦/立方英寸（W/in^3，$1in^3 = 1.63871 \times 10^{-5} m^3$）来表示，了解功率密度定义的条件是非常重要的。如果不能在规定的最大的环境温度范围内使用开关电源，就有可能达不到参数中的最大输出功率。开关电源可用的平均输出功率就是可用的功率密度，可用的功率密度取决于下列因素：

1）要求的输出功率。要求的输出功率是应用需要的最大平均功率。

2）转换效率 η。转换效率 η 是指输出功率与输入功率之比（$\eta = P_{out}/P_{in}$），内部功率消耗可以从转换效率推导得出 $[P_{internal} = P_{out}(1 - \eta)/\eta]$。最具代表性的效率值是在额定输入电压和满负载输出功率下的值，由于负载的减小或输入电压的变

化，效率会发生一些改变。

3）热阻抗。热阻抗的定义是功率消耗产生的温升，热阻抗通常用℃/W 表示。

4）外壳最高工作温度。所有开关电源都规定了外壳最高工作温度，该温度是指开关电源内部的元器件工作时所能承受的最高温度，为保证开关电源的可靠性，开关电源应工作在最高温度以下。

5）工作环境温度。工作环境温度是指在开关电源工作时的周围环境最差的温度。

2. 温度范围

开关电源的工作温度范围是个非常重要的参数，一些开关电源要求工作在室温下，而另一些开关电源要求工作在很宽的温度范围内（如 $-40 \sim +65℃$）。仔细考虑温度和散热对于开关电源的可靠和有效工作非常重要。如果要求所设计的开关电源在宽温度范围内必须可靠地工作，为达到这一目的和最大限度减少成本，应仔细估算在两个极端温度点处是否需要达到完全的性能指标，实际上，在极端温度点处对开关电源的要求越低，所设计的开关电源的性价比越高。

一些开关电源要求在很低的温度下工作时其性能不能下降，这时开关电源应能满足所有参数要求。如果有些特性可以降低要求，所设计的开关电源成本将显著降低。降低开关电源在低温时对非关键参数的要求对降低开关电源成本有益。在实际应用中，如果规定开关电源可以在最低温度下启动和在较高一些温度下完全达到性能指标地工作是很必要的。

如果要求开关电源在高温环境下可靠工作，通常开关电源在高于一定温度值时其功率额定值会降低，即在温升 $20℃$ 时输出功率减少 30%。在实际应用中，通常的工作环境温度会因气候的变化和开关电源的工作条件的变化而变化。

开关电源一般不会在其指定的最高环境温度条件下持续工作相当长时间，如果对开关电源限制的温度控制适当，就能在大多数工作情况下，只对开关电源在最高环境温度时的容量作限制，使开关电源的功率最大化（特别是当开关电源的输入电压偏向下限时）。如果要限制开关电源的输出容量，以满足在最高环境温度下能在正常的功率范围内安全工作，可在开关电源内安装适合的温度监控系统，在较低温的条件下可自动提供更大的功率。

如果开关电源的温度与限流性能相关联，那会带来非常显著的益处。这一特征也可与部分恒功率特性组合起来，这样就可以尽可能发挥它的优势。同时要注意的是，在高温时，带温度限流的开关电源由于输入电压的变化而引起功率损耗变化，这样，开关电源在标称电压左右工作时，比在最小输入电压工作时能提供更大的电流容量。

3. 开关电源的外壳温度

（1）计算开关电源的外壳温度

在应用场合中有许多因素都有可能影响开关电源外壳的工作温度，在设计中，开关电源的最高外壳工作温度是需要认真地计算及核对的。计算开关电源外壳工作温度过程如下：

1）确定应用所需要的最大输出功率。

2）确定应用的最高工作环境温度，应用开关电源周围最高环境温度。

3）确定开关电源功率消耗

$$\left[P_{\text{internal}} = P_{\text{out}}(1 - \eta)/\eta \right]$$

4）计算开关电源的外壳工作温度：

$$T_{\text{oase}} = T_{\text{amblent}} + P_{\text{internal}}R_{\text{ooa}} \tag{3-2}$$

式中，T_{oase} 为外壳温度，单位为℃；T_{amblent} 为环境温度，单位为℃；P_{internal} 为内部功率消耗，单位为 W；R_{ooa} 为外壳到环境的热阻抗，$R_{\text{ooa}} = R_{\text{oos}} + R_{\text{osa}}$，单位为℃/W；$R_{\text{oos}}$ 为外壳到散热器的热阻，单位为℃/W；R_{osa} 为散热器到环境的热阻抗，单位为℃/W。

5）在应用中通过测量外壳温度检验热特性。

（2）降低开关电源的外壳温度

在一定的工作环境温度和输出负载条件下，在正常的大气环境下（自然对流冷却），开关电源外壳到周围环境的热阻抗可能使外壳工作温度超过特定的最大值。如果确实如此，就需要降低外壳到周围环境的热阻抗，从而降低外壳工作温度。采用下面的技术可减少开关电源外壳到环境的热阻抗 R_{ooa}：

1）附加散热器。散热器的用途是增大散热面积，以将开关电源产生的热量转移到空气中。附加散热器会得到较小的热阻抗，但会增加开关电源的体积。在使用散热器时，将散热器在空气中垂直排列会产生最好的效果。如果散热器不是暴露在空气中，热量转移将受到一定的影响。当给开关电源附加散热器时，应考虑散热器装配表面与开关电源外壳之间的热阻抗，计算方式如下：

$$R_{\text{ooa}} = R_{\text{oos}} + R_{\text{osa}} \tag{3-3}$$

因为开关电源外壳和散热器装配表面不是完全平坦的，所以组装时在两个表面之间会产生空隙，这些空隙产生热阻抗 R_{oos}。可使用热表面材料将表面热阻抗减少到最小，使用热表面材料后 R_{oos} 值可以达到 1℃/W 以下。

2）提供气流。气流可提高散热效率和减少热阻抗，气流可迫使空气冷却，应用中可使用风扇。气流可降低热阻抗，而不用附加散热器，从而也不用增加开关电源的体积。但加装风扇也不是最佳选择，因为加装风扇会增加开关电源的整体体积，影响开关电源的 MTBF，并产生可以听到的噪声。

3）增加散热器并提供气流。带有气流的散热器可以极大地减少热阻抗，当使用散热器时，最好使气流平行于散热器表面流动。对于一个长方形的开关电源，气流顺着开关电源的长边吹，而散热器平行于其开关电源的短边，这样散热效果最好。

3.2.2 热设计层次及热设计功耗（TDP）

1. 热设计层次及增强散热方式

所谓热设计就是把开关电源输入的热量降至最低，并提高散热效果，把开关电源内部有害的热量排出到开关电源外部的环境中，获得合适的工作温度，使其不超过可靠性规定的限值，确保开关电源可靠、安全地工作。开关电源的热设计可分为三个层次。

（1）系统级（Systems）热设计

开关电源外壳、机框及方腔等的系统级别的热设计，即系统级热设计。系统级热设计的主要任务是在保证开关电源承受外部各种环境、机械应力的前提下，充分保证对流换热、传导、辐射，最大限度地把开关电源产生的热散发出去。

在开关电源系统级热设计时，发热元器件与外壳之间的距离应大于 35mm，对于发热量大的元器件要靠近通风口安装。对于防护等级要求不高的开关电源，在外壳上应尽量多开一些散热通风孔，若条件允许，也可以通过外壳或底板进行散热。

系统级的热设计主要研究开关电源所处环境的温度对其影响，环境温度是 PCB 级热分析的重要边界条件，其热设计是采取措施控制环境温度，使开关电源在适宜的温度环境下进行工作。

系统级制造商所面对的最大问题是研发一种散热效率高的外壳、机框及方腔，以使热量可以迅速地导入环境中。每一种开关电源的设计考虑都是不同的，并且需要清楚地了解开关电源所受的尺寸限制和性能。系统级热设计的本质是有效地将热量从外壳、机框及方腔传递到周围环境中。在元器件的金属面和 PCB 垫片间必须进行可靠和有效的连接。通常热量是通过 PCB 上的热过孔到达另一层的铜板上，之后热量通过导热的方式进入到外壳或外部散热器中。

当一个外壳内需要去除大量的热时，需要一个外部散热器。散热器常用的材料是铝或铜，由于散热器和空气之间为对流换热，所以有必要对散热器的几何外形进行优化。散热器的性能取决于材料、翅片数、翅片厚度和基板厚度等参数。外部散热器扩展了换热表面，便于热量进入到空气中。优化设计必须考虑散热器周围的空气流动情况，而这一区域的空气流动又受到散热器的影响，这是散热器优化设计所要面对的挑战。

铜材料具有很高的热导率（导热系数），但相同体积下铝材料的重量更轻，同时价格也更便宜。在一些 PCB 中通过使用一些基板来提升传热能力，这些基板使用陶瓷或覆有铜、铝或其他材料。

（2）封装级（Packages）的热设计

电子模块、散热器、PCB 级别的热设计，即封装级的热设计。开关电源在工作期间所消耗的电能，除了有用功外，大部分转化成热量散发。开关电源产生的热量，使内部温度迅速上升，如果不及时将该热量散发，开关电源会继续升温，器件就会因过热失效，开关电源的可靠性将下降。封装级的热设计基本要点如下：

1）电子模块应降额使用。

2）被散热器件与散热器之间要填充导热膏，以减小接触的热阻。为保证接触面平整，散热器表面粗糙度 Ra 不应大于 6.3μm。散热器最好是通过挤压成型的型材，这样也可以大大减小热阻。

3）印制板导线由于通过电流后温升过高，应选择厚一些的铜箔，也可以适当增大铜箔表面积，另外多层板结构也有利于 PCB 的散热。对于双面装有器件的区域，为改善散热，可以在焊膏中掺入少量的细小铜料，以增加焊点高度，使器件与印制板间隙加大，增加了对流散热的效果。尽可能多安放金属化过孔，且孔径、盘面大一些，依靠过孔帮助散热。不要把大功耗的器件集中放置，如果无法避免，则要将矮的元器件放在气流的上游，这样可以保证冷却风量经过热耗集中区。

封装级热设计在国外发展较为成熟，出现了电子元器件封装（Electronic Packaging）专业。封装级热设计与开关电源的电路设计、结构设计密切相关。对于 PCB 基材进行适当的选择是封装级热设计的重要内容，覆铜箔层压板的种类、特性是 PCB 设计和制造工艺人员所关心的项目，除了一般要求的强度、绝缘、介质系数等外，对覆铜板的热性能有特殊要求。覆铜板的热性能有两个方面的内容：

1）覆铜板的耐温特性。环氧玻璃布覆铜箔层压板具有优良的电性能和化学稳定性，工作温度在 -230 ~ 260℃ 范围内。聚酰亚胺覆铜箔层压板除上述优良性能外，还具有介电系数小、信号传输延迟小的特点。

2）覆铜板的导热性能。选用耐高温、导热系数高的材料来作为 PCB 的材料，金属芯 PCB 具有相对优良的热性能。在相同的条件下，环氧玻璃布层压板图形导线温度升高可达 40℃，而金属芯 PCB 图形导线温度升高不到 20℃，因而金属芯 PCB 在开关电源中得到了广泛的应用。

（3）组件级（Components）的热设计

元器件级别的热设计，即组件级的热设计。主要是减小元器件的发热量，合理地散发元器件的热量，避免热量蓄积和过热，降低元器件的温升。

由于开关电源内各种元器件是由各种不同材料的元器件组成，如硅芯片、氧化硅绝缘膜、铝互连线、金属引线框架和塑料封装外壳等。这些材料的热膨胀系数各不相同，一旦遇到温度变化，就会在不同材料的交界面上产生压缩或拉伸应力，因此产生了热不匹配应力，简称热应力。材料热性质不匹配是产生热应力的内因，而温度变化是产生热应力的外因。

在组件级的热设计时，冷却方法的选择要考虑的因素是：电子元器件的热耗散密度（即热耗散量与设备组装外壳体积之比）、元器件工作状态、开关电源的用途、使用环境条件（如海拔、气温等）以及经济性等，通常主要考虑电子元器件的热耗散密度。

在整个开关电源中，由于发热元器件很多，总的发热功率很高，元器件容许的最高温度为 85℃的情况下，开关电源中的温度有可能会超过元器件的极限温度。使用 ICEPAK 软件可以在没有实际样机的情况下仿真模拟开关电源中各个元器件的发热情况，找到危险点。同时，还可以根据初步的计算结果，通过该软件适当调整计算模型的结构，提高开关电源的散热性能，使整个电源中的元器件温度能控制在容许温度之内。

2. 热设计功耗及增强散热方式

（1）热设计功耗与功耗的区别

热设计功耗（TDP）的英文全称是"Thermal Design Power"，中文翻译为"热设计功耗"，是反映热量释放的指标，它的含义是当元器件达到最大负荷时，释放出的热量，单位为瓦（W）。热设计功耗的计算式如下：

$$TDP = T_j - T_a = P_C(R_{Tj} + R_{Tc} + R_{Tf}) = P_C R_{Tz} \tag{3-4}$$

式中，T_j 为热源温度，芯片结温，单位为℃；T_a 为环境温度，单位为℃；P_C 为热源功率，芯片热功耗，单位为 W；R_{Tj} 为芯片到外壳的热阻，单位为℃/W；R_{Tc} 为芯片外壳与散热器的接触热阻，单位为℃/W；R_{Tf} 为散热器热阻，单位为℃/W；R_{Tz} 为总热阻，$R_{Tz} = R_{Tj} + R_{Tc} + R_{Tf}$，单位为℃/W。

功耗（P）是热设计中的重要物理参数，根据电路的基本原理，功耗的计算式如下：

$$P = UI \tag{3-5}$$

热设计功耗（TDP）是指电流热效应以及其他形式产生的热能，是以热的形式释放。显然 TDP 远远小于 P。换句话说，P 是对开关电源电压和电流提出的要求，TDP 是对散热系统提出要求，要求散热系统能够把开关电源发出的热量散发掉，也就是说 TDP 是要求开关电源的散热系统必须能够散发的最大总热量。

（2）增强散热方式

根据基本传热方程来增加散热量的具体散热增强方式有：

1）增加有效散热面积，如在芯片表面封装散热器、将热量通过引线或导热绝缘材料导到 PCB 中，利用周围 PCB 的表面散热。

2）增加流过元器件表面的风速，可以增加换热系数。

3）破坏层流边界层，增加扰动。紊流的换热强度是层流的数倍，抽风时，风道横截面上速度分布比较均匀，风速较低，一般为层流状态，换热壁面上的不规则凸起可以破坏层流状态，加强换热，针状散热器和翅片散热器的换热面积一样，而换热量却可以增加 30%，就是这个原因。吹风时，风扇出口风速分布不均，有主要流动方向，局部风速较高，一般为紊流状态，局部换热强烈，但要注意回流低速区换热较差。

4）尽量减小导热界面的接触热阻，在接触面可以使用导热硅胶（绝缘性能好）或铝箔等材料。

5）设法减小散热热阻，在封闭狭小空间内的单板元器件，主要通过空气的受限自然对流和导热、辐射散热，由于空气的导热系数很小，所以热阻很大。如果将元器件表面和金属壳内侧通过导热绝缘垫接触，则热阻将大大降低，减小温升。

3.3 开关电源表面贴装元器件热设计及金属芯 PCB

3.3.1 开关电源表面贴装元器件热设计

在要求开关电源外形尺寸小型化的同时，要求开关电源电路具有更强的功能和更高的可靠性。但是组装密度的不断提高，形成了局部的高热密度。由于高温会对开关电源的性能产生非常有害的影响，例如高温会危及半导体元器件的结温、损伤电路的连接界面、增加导体的阻值和形成机械应力损伤，因此，确保发热元器件所产生的热量能够及时排出，是开关电源热设计的一个重要方面。开关电源的可靠性及其性能，在很大程度上取决于是否具有良好的热设计，以及所采取的散热措施是否有效。

由于近年来表面贴装技术的应用不断拓展，使得热设计工作更为复杂和困难。这是因为表面贴装类元器件与以往的矩形扁平封装元器件相比较，物理形状和尺寸的大小有着显著的不同，表面贴装元器件更趋小型化、微型化，因此表面贴装元器件的冷却比起以往所采用的通孔元器件（如双列直插式元器件）而言，在 PCB 上所占的空间更趋紧凑，进一步增加了热密度。

表面贴装元器件相对于其他类型的元器件而言，热设计更为困难。从冷却系统的设计、散热器的提供以及严格的热分析，都特别关注表面贴装元器件的应用技术。

1. 表面贴装元器件热设计的特点

表面贴装技术与以往的通孔组装技术相比较，所采用的热交换方式的选择余地很小。例如，对于采用通孔组装技术的双列直插式元器件而言，由于具有接地引脚和电源引脚可与 PCB 的具有热传导和热辐射功能的散热板（例如铜板）相接触，将热量散发出去。而对于采用表面贴装技术的元器件来说，仅能采用表面接触的方式进行散热，由于表面贴装元器件的引脚非常细小，因而对于热流而言，其流通截面积受到了很大的限制。

通孔元器件的外形尺寸比起表面贴装元器件来说大得多，即使通孔元器件上具有高热负载，也可以通过附着上常规的金属压制板材，或采用具有足够散热表面积的、挤压成形的铝散热器来进行冷却。而对表面贴装元器件来说，虽然热量的产生通常要小于通孔元器件，但是由于表面贴装元器件的物理尺寸较小，并且缺乏专门的散热器粘接技术，从表面贴装元器件上向外进行热交换的通道受到了很大限制。

当在表面贴装元器件上粘接一块散热器时，尤其是对采用塑料封装的元器件来说，环氧树脂黏结剂将会形成高热阻，此外在对流或强制风冷的通道中，由于表面贴装元器件的外形较小，因此表面贴装元器件不能有效地进入气流的传热界面层，导致了热交换系数降低。而当一个具有特定功耗的芯片安置在较小的表面贴装组件内时，其产生的功率密度就增高，于是要求有较高的热交换系数，才能保持与通孔元器件相一致的温度。

2. 表面贴装元器件的热设计方法

为了能够有效地解决表面贴装元器件的散热问题，可以从表面贴装元器件的内部和外部两方面来采取措施。

（1）内部热设计方法

为了提高表面贴装元器件的热性能，可以对表面贴装元器件本身进行综合的热设计处理。例如，对于引脚数量众多的方形塑料扁平封装元器件（PQFP），可以通过增强其内在的冷却性能，使得热传递性能大为改善。其中包括使用铜引脚框架、增加引脚框的面积和增加表面贴装元器件内的传热通道将其与引脚框连接起来，将热量通过引脚框传递到表面贴装元器件的外表面。采用了这些热设计措施，将增大方形塑料扁平封装的表面贴装元器件的功耗散发量，可以从原来的 2W 左右增至 3W 以上。

采用增加芯片尺寸、增加铜材制成的电源线和接地线的面积（对于多层陶瓷组件而言），以及降低塑料的厚度。所有表面贴装元器件内部所增加的热设计措施，将导致费用增加，除此以外，也影响到结构的可靠性。因此，目前正在开展采用外部散热器和冷却措施的研究工作。

（2）外部热设计方法

为了能够将表面贴装元器件上的热量散发掉，在热设计中采用冷却技术和通孔工艺两种方式。冷却技术包括热管理、采用自然对流冷却、强迫空气冷却、液体冷却热交换、冷板、焊接散热板、热管、温差致冷、微型风机和充满液体的冷却袋等。在表面贴装元器件的顶部安装上散热器，可以显著地增加表面贴装元器件的散热面积。当气流方向不明确的时候，在表面贴装元器件上粘接上正交的铝散热器是非常有效的方法。

表面贴装元器件采用的散热器有铝材散热器（挤压成形、波纹状板材）和实心铜散热器，目前正引入采用由金属填充的、具有热传导性能的聚合物材料制造的散热器。采用该散热器具有一定的优势，这种散热器具有适合于塑料元器件的热膨胀系数，能够提供较高的热传递性能，可以通过粘接胶粘贴在表面贴装元器件上。

在表面贴装元器件上采用散热器能够增加热耗散的面积，这种散热器向外凸出的高度很小，散热器的覆盖面能够占表面贴装元器件长度的 30% ~ 50%，且不会妨碍焊点检查。在组件的散热器位置，通过在其突出部位增加一个挤压成形的凸出物进行加固。此外，为了能够形成最佳的粘接厚度和为了避免胶黏层不均匀，散热器的底部应该采用 0.08 ~ 0.15mm 厚的导向轨道。

散热器的高度应在满足空间尺寸限制的条件下，达到最大限度的允许值。在满足气流条件的情况下，散热器和散热圆柱的密度同样也要达到最高值，粘接散热器的材料最好采用柔性的、填充有银粉的环氧黏结剂。

对于涉及高热度的特殊应用场合，或为了达到最佳的高速工作状态，必须对元器件进行冷却，使之低于环境温度，其中温差致冷技术是一项有效的技术手段。温差致冷技术虽然较复杂，但它可以满足定点定位的冷却需要，几乎可以满足各种尺寸的需求。

从表面贴装元器件顶部所散发的热量，同样也可以通过液体所形成的柔性散热器来完成。例如，采用内部注满全氟化碳液体的金属化塑料袋作为柔性散热器，袋中的受热液体通过热对流传导，可以很方便地将表面贴装元器件上所散发的热量传递到袋子的金属化塑料表面。当该散热袋及散热体与元器件壳体壁相接触时，会获得最佳的散热效果。

上述充满液体的柔性散热器已经有效地达到 $2.3W/cm^2$ 以上的功率耗散，它一般被使用在自然对流受到约束，或不能直接采用强迫冷却的特殊场合。

热管比起简单的带有散热器的散热方式来说，所占用的空间要多，但是其冷却能力却有显著的提高。热管加强了散热器的热交换能力，并能适应高功率密度的场合需要。典型的热管冷却结构是采用热管和冷却散热器的组合体。它被设计成能够固定在大型和微型元器件的顶部进行散热，在竖直方向采用在铜基层中埋置入热管的方式，该热管一直延伸到散热器上，对于 $32mm \times 32mm$ 正方形的表面贴装元器件而言，采用高度大于 $25.4mm$ 的散热器，在强制风冷的状态下能够耗散掉 60W 的热量。

同样，也可以通过直接在 PCB 上安装上小型散热器来实现单个元器件或一组元器件的冷却，这种小型散热器的高度小于 $25.4mm$。

除在表面贴装元器件顶部进行冷却以外，也可再在其底部进行冷却以使冷却效果进一步加强，或采用底部冷却来替换顶部冷却。底部冷却最简便的方式是在 PCB 的底部粘上一块金属板，采用这种方式，元器件底部的热量必须通过 PCB 自身的厚度才能得以传导。

一种常用的工艺方式是在元器件的下面提供一定数量的通道，这些通道被制成通孔形式，焊锡被灌注在其中构成热通道，此热通道将元器件底部的热量传递到 PCB 的另外一个侧面的冷板上进行热交换。但金属板的使用受到了一定的限制，它只能适用于表面贴装元器件安装在 PCB 一侧的情形。对简单传导来说，只使用硬铝制造的金属板。但对于散热要求较高的场合来说，可以采用空芯的冷板结构，它能够容纳流动的液体，从而加强了热交换作用。

冷板同样也能同热管结合在一起，热管能够将热量从 PCB 的中间传递到板的边缘，然后热量被传递到壳体壁上。扁平的热管被夹持在两层薄薄的、经过阳极氧化处理的铝板之间，从而形成了一块具有良好热交换能力的冷板，该组件能够被制成各种各样的形式。

在采用表面贴装元器件的场合，采用具有电路的超薄导热绝缘固态金属板也是一项非常有效的散热设计方法。它使得大功率表面贴装元器件的冷却问题简单化。绝缘层被安置在形成电路走线的铜箔外层上，该金属板可采用铜材，也可以采用铝材。

对于开关电源的电路设计，无论采用的是表面贴装元器件还是通孔元器件，热管理技术包括三级最基本的热传递。这三级分别为：元器件级、PCB级和壳体级。所有这三级都必须保证在综合发挥效用以后，能够满足从PN结上散发出的热量，顺利地传递到外部环境空间中去。为了实现有效的热管理，首先应该对下列问题有个清晰的了解：

1）在保证所设计的开关电源电路具有高可靠性的前提下，允许开关电源电路中元器件的最高结温或元器件组件的温度应该是多少。

2）采用什么措施可使开关电源电路中元器件的温度均匀一致，若不均匀一致的话，将对开关电源产生什么样的影响。

3）若在开关电源的热设计中采用了风扇，那么一旦风扇发生了故障，将会对开关电源产生什么样的影响。在没有风扇进行空气循环冷却的情形下，开关电源能够正常工作多长时间。针对风扇故障产生的危害，应采取哪些保护措施。

4）在开关电源热设计中，如何通过气流进行控制确保足够的冷却效果，如果空气流量不足，会对开关电源电路产生什么样的影响。采取什么措施使气流直接接触到要冷却的元器件表面。

为了寻找解决热设计问题的答案，现在一些公司研制了使用计算机进行热分析的软件，在热分析软件中，能够反映出在开关电源电路中预示温度的等温线，在安装有散热器的特殊元器件以及周围，具有空气速度矢量显示，它能反映出空气的运动方向和速度。采用热分析程序可以确切地回答下述有关元器件热设计的问题：

1）元器件将工作在何种类型的热环境中。

2）满足元器件的热特性最小的气流速度、最佳的气流方向。

3）处于临界状态的元器件，将对其四周邻近的元器件产生什么样的影响。

为了能够提高开关电源的可靠性，有关设计人员必须重视对表面贴装元器件的热设计工作，从而确保产品功能的正常发挥。当发热表面温升为40℃或更高时，如果热流密度小于$0.04W/cm^2$，则一般可以通过自然对流的方式冷却，不必使用风扇。

自然对流主要通过空气受热膨胀产生的浮升力使空气不断流过发热表面，实现散热。这种换热方式不需要任何辅助设备，所以不需要维护，成本最低。只要热设计和热测试表明系统通过自然对流足以满足散热要求，应尽量不使用风扇。合理全面的自然对流热设计必须考虑如下问题：

1）PCB上的元器件布局是否合理。PCB上元器件的布局应根据各元器件的参数和使用要求综合确定，即在开关电源PCB布局时，应将不耐热的元器件放在靠近进风口的位置，而且位于功率大、发热量大的元器件的上游，尽量远离高温元器件，以避免受到热辐射的影响，如果无法远离，可以用热屏蔽板（抛光的金属薄板，黑度越小越好）隔开。将本身发热而又耐热的元器件放在靠近出风口的位置或顶部，一般应将热流密度高的元器件放在边沿与顶部，靠近出风口的位置，但如果不能承受较高温度，也要放在进风口附近，尽量与其他发热元器件和热敏元器件在空气上升方向上错开位置。大功率的元器件尽量分散布局，避免热源集中。不同大小尺寸的元器件尽量均匀排列，使风阻均布、风量分布均匀。

2）是否有足够的自然对流空间。元器件与元器件之间，元器件与结构件之间应保持一定距离，通常至少大于13mm，以利于空气流动，以增强对流换热。进出风口应尽量远离，避免气流短路，通风口尽量对准散热要求高的元器件。

3）是否充分运用了导热的传热途径。由于自然对流的导热系数很低，一般为 $3 \sim 10W/(m \cdot ℃)$，元器件表面积很小或空间较小无法充分对流时，散热量会很小，这时应尽量采用导热的方式，利用导热系数较高的金属或导热绝缘材料（如导热硅胶、云母、导热陶瓷、导热垫等）将元器件与外壳或冷板相连，将热量通过更大的表面积散发掉。

4）对于个别热流密度较高的元器件，如果自然对流时温升过高，可采用散热器以增加散热表面。高温元器件可以通过辐射将部分热量传递给外壳，外壳对辐射热的吸收强度和表面的黑度成正比，而颜色对黑度的影响并不如人们一般认为的那样明显。当外壳表面涂漆时，黑度可以达到很高，接近1。在一个密闭的壳体中，壳体内外表面涂漆比不涂漆时元器件温升平均将下降10%左右。

3.3.2　金属芯PCB

1. 金属芯PCB结构

随着开关电源的小型化，表面贴片元器件广泛地运用到实际产品中，这时散热器难于安装到功率元器件上。常规的印制板基材如FR4是热的不良导体，热量散发不出去，而金属芯PCB结构可解决这一散热难题。当前克服该问题主要采取金属芯PCB作为功率元器件的载体，金属芯PCB的散热性远好于传统的PCB，且可以贴装SMD元器件。

热胀冷缩是物质的共同本性，不同物质的热膨胀系数是不同的。PCB的金属化孔壁和相连的绝缘壁在Z轴的热膨胀系数相差很大，产生的热不能及时排出，热胀冷缩使金属化孔开裂、断开。金属芯PCB可有效地解决散热问题，从而使PCB上的元器件不同物质的热胀冷缩问题缓解，提高了开关电源的耐用性和可靠性。

金属芯PCB的尺寸要比绝缘材料的PCB稳定得多，铝基印制板、铝夹芯板，从30℃加热至140~150℃，尺寸变化为2.5%~3.0%。目前市场上采购到的标准型金属基覆铜板材由三层不同材料所构成：铜、绝缘层、金属板（铜、铝、钢板），而铝基覆铜板最为常见。

一般而言，金属封装基板热导率大约是 2W/(m·K)，但由于高效率功率元器件的热效应更高，所以为了满足达到 4~6W/(m·K) 热导率的需要，目前已有热导率超过 8W/(m·K) 的金属封装基板。由于硬质金属系封装基板主要目的是支持高功率元器件封装，因此各封装基板厂商正积极开发可以提高热导率的技术。

金属芯 PCB（Metal Core PCB，MCPCB）虽然比 FR4 材料的 PCB 散热效果佳，但 MCPCB 的介电层却没有太好的热导率，大体与 FR4 材料的 PCB 相同，仅为 0.3W/(m·K)，成为功率元器件底部的散热块与金属核心板间的传导瓶颈。为此，有业者提出了绝缘金属基板（Insulated Metal Substrate，IMS）改善方法，即将高分子绝缘层及铜箔电路以环氧方式直接与铝、铜板接合，然后再将功率元器件配置在绝缘基板上，此绝缘基板的热导率比较高，可达到 1.1~2W/(m·K)，比之前的热导率高出 3~7 倍。

MCPCB 是将原有的 PCB 附贴在另外一种热传导效果更好的金属上（如铝、铜），以此来强化散热效果，而这片金属位于 PCB 内，所以称为金属芯 PCB，MCPCB 的热导率高于传统 FR4 材料的 PCB，可达到 1~2.2W/(m·K)。不过，MCPCB 在电路系统工作时不能超过 140℃，这个主要是来自介电层（Dielectric Layer，也称 Insulated Layer，绝缘层）的特性限制，此外在制造过程中也不得超过 250~300℃。MCPCB 由金属基材、绝缘层、铜箔构成，其特性如下：

1）金属基材。以美国贝格斯公司的金属基材为例，见表 3-1。

表 3-1 金属基材比较

类别	材质	厚度规格/mm	扩张强度/(kgf/mm²)	延伸率
铝基基材	LF、L4M、Ly12 铝材	1.0、1.6、2.0、3.2	30	5%
铜基基材	C11000 铜合金	1.0~3.2	25~32	15%
铁基基材	冷轧钢、殷铜	1.0、2.3	90~130	20%

注：1kgf=9.80665N。

2）绝缘层。起绝缘作用，通常厚度为 50~200μm。若太厚，能起绝缘作用，防止与金属基短路的效果好，但会影响热量的散发；若太薄，能较好散热，但易引起金属芯与组件引线短路。绝缘层（或半固化片）放在经过阳极氧化绝缘处理过的铝板上，经层压与表面的铜层牢固结合在一起。

3）铜箔。铜箔背面是经过化学氧化处理过的，表面镀锌和镀黄铜，目的是增加抗剥强度。铜厚通常为 17.5μm、35.7μm。如美国贝格斯公司使用的是电解（ED）铜，铜厚有 35μm、70μm、105μm、140μm、210μm 5 种。

MCPCB 的结构如图 3-5 所示，各层的厚度尺寸见表 3-2。其散热效果与铜层、金属层厚、绝缘介质的导热性有关，一般采用 35μm 铜层及 1.5mm 铝合金的 MCPCB。柔性 PCB 粘在铝合金板上的散热层结构如图 3-6 所示。采用高导热性介质的 MCPCB 有最好的散热性能，但价格较贵。

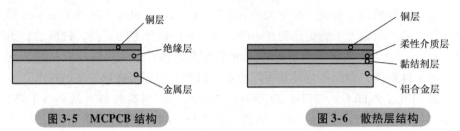

图 3-5　MCPCB 结构　　　　　　图 3-6　散热层结构

表 3-2　柔性 PCB 各层厚度

材质	厚度/μm	材质	厚度/μm
铜层	3550	黏结剂层	5
柔性介质层	50	铝合金层	1.5

2. MCPCB 技术参数及特点

（1）MCPCB 技术参数

MCPCB 技术参数见表 3-3。

表 3-3　MCPCB 技术参数

产品型号	抗剥强度/(N/cm)	热冲击起泡试验(288℃)	击穿电压(AC)/kV	介电常数	介质损耗因数	表面电阻率/MΩ	体积电阻率/(MΩ·m)	导热系数/[W/(m·K)]	平均热阻/(℃/W)
IMS–HO1	24	2min 不分层、不起泡	10	4.6	0.015	6.2×10^7	1.7×10^7	1.13	0.95
IMS–HO2	24	2min 不分层、不起泡	10	4.3	0.018	6.1×10^7	1.4×10^7	1.13	0.75
IMS–HO3	22	2min 不分层、不起泡	40	3.7	0.032	1.0×10^6	1.0×10^{12}	0.75	1.42
IMS–HO4	22	2min 不分层、不起泡	30	3.7	0.032	1.0×10^6	1.0×10^{12}	0.75	1.42

（2）MCPCB 特点

MCPCB 特点如下：

① 绝缘层薄，热阻小。

② 机械强度高。

③ 标准尺寸：500mm×600mm。

④ 标准厚度：0.8mm、1.0mm、1.2mm、1.6mm、2.0mm、3.0mm。

⑤铜箔厚度：18μm、35μm、70μm、105μm。

3. MCPCB 分类

根据使用的金属基材的不同，金属基板分为铜基覆铜板、铝基覆铜板、铁基覆铜板，一般对于功率元器件散热大多采用铝基板。铜芯 PCB 的中间层是铜板，绝缘层采用高导热的环氧玻纤布粘结片或高导热的环氧树脂，它可以双面贴装 SMD 元器件，大功率 SMD 元器件可以将 SMD 自身的散热器直接焊接在 MCPCB 上，利用 MCPCB 中的金属板来散热。

铝质基板是应用铝的高热传导性与轻量化特性制成高密度封装基板，适用于大功率元器件封装。铝或铝合金密度小、价格低、加工性好，是封装基板的优良材料，由于金属材料的导电性，为使其表面绝缘，往往需通过阳极氧化处理，使其表面形成薄的绝缘层。

高散热性是大功率元器件封装用基板不可或缺的基本特性，因此 MCPCB 使用铝与铜等材料，绝缘层大多使用高热传导性无机填充物的环氧树脂。就目前 MCPCB 材料而言，可分成硬质 MCPCB 和可挠曲 MCPCB。

（1）硬质 MCPCB

在结构上，硬质 MCPCB 属于传统金属材料，功率元器件的金属封装基板采用铝与铜等材料，绝缘层部分大多采用高热传导性无机填充物，拥有高热传导性、加工性、电磁波屏蔽性、耐热冲击性等，厚度通常大于 1mm，在技术上与铝质基板具有同样高的热传导能力，在高散热要求下，可作为高功率元器件封装材料。

硬质 MCPCB 的主要特征是高散热性，高热传导性，可大幅降低功率芯片的温度，还可延长功率芯片的使用寿命。硬质 MCPCB 的缺点是基材的金属热膨胀系数非常大，当与低热膨胀系数陶瓷系芯片元器件焊接时容易受到热循环冲击，如果大功率元器件封装使用氮化铝时，硬质 MCPCB 会发生不协调问题，因此必须设法吸收各材料热膨胀系数差异造成的热应力，以提高封装基板的可靠性。

由于硬质 MCPCB 具有较大的热导率 [单位 W/(m·K)，铝：170、铜：380、蓝宝石：20~40、氮化铝：220，后两者主要应用在陶瓷基板]，再加上量产优良率的提升，因此成为目前高功率元器件散热基板的主流。此外，由于硬质 MCPCB 具有加工性、不易碎、价格低廉等优势，更具发展潜力。

为了强化散热效果，目前针对绝缘层的材料，已从早期散热不佳的树脂 [导热系数 0.5W/(m·K)] 发展为添加散热好的蓝宝石粉或其他金属氧化物，使导热系数提高至 1~6W/(m·K)，甚至被阳极氧化膜 [20W/(m·K)] 或钻石膜 [400W/(m·K) 以上] 取代。

硬质 MCPCB 利用热电分离设计，把散热途径中的绝缘层移除，改用新一代导热胶 [导热系数为 1~2W/(m·K)] 或锡合金 [导热系数约 50W/(m·K)]，能够使功率元器件底部与金属片结合，大大改善界面导热性能，不过此技术无法完全普及，因为这种硬质 MCPCB 并不适用底部具有电极性的功率元器件。

硬质 MCPCB 的制造主要包括干式连续制程和湿式制程，前者在高温下连续制程生产，后者则是把陶瓷粉末和高分子材料用溶剂混合制成。湿式制程的技术较简单，且在材料的控制上比较容易。但湿式制程采用印刷的方式布在铝板上面，最后通过干燥制程把溶剂挥发出来，制作过程中溶剂会挥发到空气当中对环境造成污染，并且如果溶剂没有去除干净会出现可靠性问题。

（2）可挠曲 MCPCB

高热传导可挠曲 MCPCB 除应用于高功率元器件外，还可应用在其他高功率半导体组件上，适用于空间有限或是高密度封装等环境。不过，仅依赖封装基板，往往无法满足实际需求，因此基板外围材料的配合也变得很重要，例如配合 3W/（m·K）的热传导性膜片，能够有效地提高其散热性。

在设计上可挠曲 MCPCB 以铝为材料，是利用铝的高热传导性与轻量化特性，制成高密度封装基板，通过铝质基板薄板化后，达到可挠曲特性，并具有高热传导特性。

高热传导可挠曲 MCPCB 是在绝缘层粘贴金属箔，在绝缘层方面采用软质环氧树脂充填高热传导性无机填充物，因此具有 8W/（m·K）的高热传导性，同时还兼具柔软可挠曲、高热传导特性与高可靠性，此外可挠曲 MCPCB 还可以依照应用需求，可将单面单层板设计成单面双层、双面双层结构。根据实验结果显示，使用高热传导挠曲基板时，功率元器件的温度大约降低 10℃，这代表着温度造成功率元器件使用寿命降低的问题将可因变更基板设计而大幅改善。

3.4 开关电源 PCB 热设计

3.4.1 开关电源 PCB 热量的来源及 PCB 热设计的要求

1. PCB 热量的来源

开关电源在工作期间所消耗的电能，除了有用功外，还有一部分转化成热量散发。引起开关电源 PCB 温升的直接原因是电路功耗元器件的存在，电子元器件均不同程度地存在功耗，发热强度随功耗的大小变化。

表面贴装技术使开关电源元器件的安装密度增大，有效散热面积减小，开关电源产生的热量，使内部温度迅速上升，如果不及时将该热量散发，会继续升温，元器件就会因过热失效，开关电源的可靠性将下降。因此，对开关电源 PCB 的热设计的研究显得十分重要。PCB 中温升的两种现象包括：

1）局部温升或大面积温升。

2）短时温升或长时间温升。

开关电源 PCB 中热量的来源主要有三个方面：

1）电子元器件的发热。在开关电源 PCB 中热量的来源中，元器件的发热量最大，是主要热源。元器件的发热量是由其功耗决定的，因此在设计时首先应选用功耗小的元器件，尽量减小发热量。其次是元器件工作点的设定，一般应选择在其额定工作范围，在此范围内工作时性能佳、功耗小、寿命长。功率元器件本身发热量大，设计时尽量避免满负荷工作。对于大功率元器件应执行降额设计的原则，适当加大设计裕度，这无论是对开关电源的稳定性、可靠性和降低发热量都有好处。

2）PCB 本身的发热。PCB 本身发热是由线路本身电阻发热，以及交流、高频感应发热引发的。PCB 是由铜导体和绝缘介质材料组成，一般认为绝缘介质材料不发热。铜导体由于铜本身存在电阻，当电流通过时就会发热，mA（毫安）、μA（微安）级的小电流通过时，发热问题可忽略不计，但当大电流（百毫安级以上）通过时就不能忽视。

值得注意的是，当铜导体温度上升到 85℃ 左右时，绝缘材料自身开始发黄，电流继续通过，最后铜导体熔断，特别是多层 PCB 内层的铜导体，周围都是传热性差的树脂，散热困难，因而温度不可避免地上升，所以特别要注意铜导体的线宽设计。

在进行 PCB 布线设计时，走线宽度主要依据其发热量和散热环境来确定。铜导体的截面积决定了导线电阻（数字电路中线电阻引起的信号损耗可忽略不计），铜导体和绝缘基材的热导率影响温升，进而决定载流量。铜导体截面积一定，当其允许电流值为 2A，温度上升值低于 10℃ 时，对于 35μm 铜箔，其线宽应设计为 2mm；对于 70μm 铜箔，其线宽应设计为 1mm。由此得出：当铜导体的截面积、允许电流和温度上升值一定时，可从增加铜箔厚度或加大铜导体线宽两个方面来满足散热要求。

3）其他部分传来的热。外部传入的热量取决于开关电源的总体热设计。

2. PCB 热设计的要求

在进行 PCB 设计时，尤其是采用表面贴装元器件的 PCB 设计时，首先应考虑材料的热膨胀系数匹配问题。元器件的封装基板有 3 类：刚性有机封装基板、挠性有机封装基板、陶瓷封装基板。通过模塑技术、模压陶瓷技术、层压陶瓷技术和层压塑料 4 种方式进行封装。基板用的材料主要有高温环氧树脂、BT 树脂、聚酰亚胺、陶瓷和难熔玻璃等。基板用的这些材料耐温较高，X、Y 方向的热膨胀系数较低，在选择 PCB 材料时应了解元器件的封装形式和基板的材料，并考虑元器件焊接工艺过程的温度变化范围，选择热膨胀系数与之相匹配的基材，以降低因材料的热膨胀系数差异引起的热应力。

许多元器件采用陶瓷基板封装，它的 CTE 典型值为 $(5 \sim 7) \times 10^{-6}/℃$，无引线陶瓷芯片载体 LCCC 的 CTE 范围是 $(3.5 \sim 7 \sim 8) \times 10^{-6}/℃$，有的元器件基板材料采用与某些 PCB 基材相同的材料，如 PI、BT 和耐热环氧树脂等，在选择 PCB 基材时应尽量考虑使基材的热膨胀系数接近于元器件基板材料的热膨胀系数。

PCB 印制线在通过电流时将引起温升，规定其环境温度应不超过 125℃（常用的典型值，根据选用的板材不同该值也可能不同）。由于元器件安装在 PCB 上也发出一部分热量而影响 PCB 的工作温度，在选择 PCB 材料和 PCB 设计时应考虑到这些因素，热点温度应不超过 125℃，尽可能选择更厚一些的覆铜箔。在特殊情况下可选择铝基、陶瓷基等热阻小的板材，采用多层板结构有助于 PCB 热设计。

目前广泛应用的 PCB 板材是覆铜环氧玻璃布基材或覆铜酚醛树脂玻璃布基材，还有少量使用纸基覆铜板材。这些基材虽然具有优良的电气性能和加工性能，但散热性差，作为高发热元器件的散热途径，几乎不能指望由 PCB 本身树脂传导热量，而是从元器件的表面向周围空气中散热。

随着电子产品已进入到部件小型化、高密度安装、高发热化组装时代，若只靠十分小的元器件表面积来散热是不够的。同时由于 QFP、BGA 等表面封装元器件的大量使用，元器件产生的热量大量地传给 PCB，因此，解决散热的最好方法是提高与发热元器件直接接触的 PCB 自身的散热能力，通过 PCB 传导出去或散发出去。

3. PCB 散热设计

PCB 热设计的目的是采取适当的措施和方法降低元器件的温度和 PCB 的温度，使开关电源在合适的温度下正常工作。在 PCB 热设计中应采取的措施有：

1）降耗。降耗是不让热量产生，降耗是最根本的解决方式，降额和低功耗设计方案是降耗的两个主要途径，但需要结合具体的设计进行分析。元器件选型时尽量选用发热小的元器件，如片状电阻、线绕电阻（少用碳膜电阻）；独石电容、钽电容（少用纸介电容）；MOS、CMOS 电路（少用锗管）；表面封装元器件等。除了选择低功耗元器件外，对一些温度敏感的特型元器件进行温度补偿与控制也是解决问题的办法之一。

降额设计需要考虑的是降耗方式，假设一根细导线，标称能通过 10A 的电流，在通过 10A 电流时在其上产生的热量就较多。若把导线加粗，增大裕量，标称通过 20A 的电流，在通过 10A 电流时，因为内阻产生的热损耗就会减小，热量就小。而且因为采用了降额设计，在环境温度升高、元器件性能下降的情况下，由于设计时留有裕量，即使性能下降，也能满足要求。

2）散热。散热是把热量散发走，不对元器件产生影响。在给定条件下，当电路中元器件温度上升到超过可靠性保证温度时，便要采取适当的散热对策，使其温度降低到可靠性工作范围内，这就是进行热设计的最终目的。散热是 PCB 热设计的主要内容，对于 PCB 来说，其散热无外乎三种基本类型：导热、对流、辐射。辐射是利用通过空间的电磁波运动将热量散发出去，其散热量较小，通常作为辅助散热手段。导热和对流是主要散热手段，常用的散热方式是用散热器将热量从热源上传导出来，利用空气对流散发出去。从有利于散热的角度出发，PCB 最好是直立安装，PCB 与 PCB 之间的距离一般不应小于 2cm。

3.4.2　开关电源 PCB 热设计对元器件布局、布线的要求

1. PCB 热设计对元器件布局的要求及保证散热通道畅通的措施

（1）PCB 热设计对元器件布局的要求

开关电源 PCB 的散热主要依靠空气流动，所以在设计时要研究空气流动路径，

合理布局。空气流动时总是趋向于阻力小的地方流动，所以在 PCB 布局时，要避免在某个区域留有较大的空域。大量实践经验表明，在 PCB 布局时采用合理的元器件排列方式，可以有效地降低 PCB 的温升，从而使元器件及开关电源的故障率明显下降。PCB 热设计对元器件布局的要求如下：

1）元器件应布置在最佳自然散热的位置上，使传热通路尽可能短；同一块 PCB 上的元器件应尽可能按其发热量大小及散热程度分区排列，发热量小或耐热性差的元器件（如小信号晶体管、小规模集成电路、电解电容等）放在冷却气流的最上游（入口处），发热量大或耐热性好的元器件（如功率晶体管、大规模集成电路等）放在冷却气流最下游。元器件安装方向横向面与风向平行，以利于热对流。

2）发热元器件应尽可能地布置在 PCB 的上方，条件允许时应处于气流通道上；对于发热量大的集成电路芯片来说，一般尽量放置在主 PCB 上，目的是为了避免底壳过热。如果放置在主 PCB 下，那么需要在芯片与底壳之间保留一定的空间，这样可以充分利用气体流动散热。

3）对于采用自由对流空气冷却的开关电源，最好是将功率元器件（或其他元器件）按纵长方式排列。元器件热流通道要短、横截面积要尽量大，通道中无绝热或隔热物。对于采用强制空气冷却的开关电源，最好是将功率元器件（或其他元器件）按横长方式排列，以使传热横截面尽可能大。

4）PCB 的热容量应均匀分布，不要把大功耗元器件集中布放，发热量大的元器件应分散安装，如无法避免，则要把矮的元器件放在气流的上游，并保证足够的冷却风量流经热耗集中区。冷却气流流速不大时，元器件按叉排方式排列，以提高气流紊流程度、增加散热效果。

5）元器件在 PCB 上竖立排放、发热元器件不安装在外壳上时，在水平方向上，大功率元器件尽量靠近 PCB 边缘布置，以便缩短传热路径；在垂直方向上，大功率元器件尽量靠近 PCB 上方布置，以便减少这些元器件工作时对其他元器件的影响。

6）在元器件布局时应考虑到对周围热辐射的影响，对热敏感的元器件（含半导体元器件）应远离热源或将其隔离。对于温度高于 30℃ 的热源，一般要求：在自然冷条件下，离热源距离不小于 4mm。对温度比较敏感的元器件最好安置在温度最低的区域（如底部），不要将它放在发热元器件的正上方，多个元器件最好是在水平面上交错布局。

7）在有通风口的壳体内部，元器件布局应服从空气流动方向：进风口→放大电路→逻辑电路→敏感电路→集成电路→小功率电阻电路→有发热元器件电路→出风口，构成良好散热通道。发热元器件要在外壳上方，热敏感元器件在外壳下方，应利用金属壳体作散热装置。可以考虑把发热高、辐射大的元器件专门设计安装在一块 PCB 上。

8）元器件应工作在规定的温度范围内，以减轻热循环与冲击而引起的温度应力变化。温度变化率不超过1℃/min，温度变化范围不超过20℃，此指标可根据所设计开关电源的特性进行调整。

9）元器件所采用的冷却方法应与所选冷却系统及元器件相适应，不会因此产生化学反应或电解腐蚀。冷却系统的电功率一般为所需冷却热功率的3%～6%；冷却时，气流中含有水分，温差过大，会产生凝露或附着，防止水分及其他污染物等导致电气短路、电气间隙减小或发生腐蚀。对此应采取的措施有：

① 冷却前后温差不要过大。

② 温差过大会产生凝露的部位，水分不应造成堵塞或积水，如果有积水，积水部位的材料不会发生腐蚀。

③ 对裸露的导电金属加热缩套管或其他遮挡绝缘措施。

10）电容器（液态介质）应远离热源；在 PCB 布局设计时，各个元器件之间、集成电路芯片之间或元器件与芯片之间应该尽可能地保留空间，目的是利于通风和散热。

11）在规则容许之下，散热部件与需要进行散热的元器件之间的接触压力应尽可能大，同时确认两个接触面之间完全接触。对于采用热管的散热方案，应尽量加大和热管的接触面积，以利于发热元器件和集成电路芯片等的热传导。空间的紊流一般会对电路性能产生重要影响（高频噪声），应避免其产生。

12）当 PCB 中有少数元器件发热量较大时（少于 3 个），可在发热元器件上加散热器或导热管，当温度还不能降下来时，可采用带风扇的散热器，以增强散热效果。当发热元器件量较多时（多于 3 个），可采用大的散热罩（板），可按发热元器件的位置和高低而定制专用散热器，或在一个大的平板散热器上抠出不同的元器件高低位置。将散热罩整体扣在元器件面上，与每个元器件接触而散热。由于元器件装焊时高低一致性差，散热效果并不好，通常在元器件面上加柔软的热相变导热垫来改善散热效果。

（2）保证散热通道畅通的措施

PCB 的散热主要依靠空气流动，所以在 PCB 布局设计时要研究空气流动路径，因空气流动时总是趋向于阻力小的地方流动，所以在 PCB 上布置元器件时，要避免在某个区域留有较大的空域。大量实践经验表明，采用合理的元器件排列方式，可以有效地降低 PCB 的温升，从而使元器件及 PCB 的故障率明显下降。在元器件布局设计时，保证散热通道畅通的措施有：

1）充分利用元器件布局、铜皮、开窗及散热孔等技术，建立合理有效的低热阻通道，保证热量顺利导出 PCB。

2）散热通孔的设置。设计一些散热通孔和盲孔，可以有效地提高散热面积和减少热阻，提高 PCB 的功率密度。如在元器件的焊盘上设立导通孔，在 PCB 生产过程中用焊锡将其填充，使导热能力提高，电路工作时产生的热量能通过通孔或盲孔迅速地传至金属散热层或背面设置的铜箔散发掉。在一些特定情况下，专门设计和采用有散热层的 PCB，散热材料一般为铜、钼等材料。

3）交错分散排列。在 PCB 布局设计时，应将发热元器件与一般元器件及对温度敏感的元器件区分开，发热元器件周围应留有足够的散热气体流动通道，发热元器件应错开分散排列。这与通常布局时的整齐划一排列恰好相反，但有利于改善散热效果。

4）尽可能地使进气与排气有足够的距离，对于能够产生高热量的元器件和集成电路芯片等，应把它们放在出风口或利于对流的位置。当热性能不同的元器件混合安装时，最好将发热量大的元器件安装在下风处，发热量小的元器件安装在上风处。

5）强迫通风与自然通风的方向要一致，附加的 PCB 子板、元器件风道与通风方向一致，对于可能存在散热问题的元器件和集成电路芯片等，应尽量保留足够的放置改善方案的空间，目的是为了放置金属散热器。

6）尽可能地利用金属壳体或底盘散热，对于 PCB 上较高的元器件，在设计时应该考虑将它们放置在通风口，但是一定要注意不要阻挡风路。对于 PCB 上产生热量较大的元器件或集成电路芯片等，应尽量将它们靠近 PCB 的边缘，以降低热阻。即热量较大或电流较大的元器件不要放置在 PCB 的角落和四周边缘，只要有可能应安装于散热器上，并远离其他元器件，并保证散热通道通畅。

7）导热材料的使用。为了减少热传导过程的热阻，在高功耗元器件与基材的接触面上使用导热材料，以提高热传导效率。

8）工艺方法。对一些双面装有元器件的区域，因容易引起局部高温，为了改善散热条件，可以在焊膏中掺入少量的细小铜料，再流焊后在元器件下方焊点就有一定的高度。使元器件与 PCB 间的间隙增加，可增加对流散热。

2. PCB 热设计对布线的要求

PCB 热设计对 PCB 布线的要求有：

1）根据元器件电流密度规划最小通道宽度，特别注意接合点处的通道布线。

2）大电流线条尽量表面化，在不能满足要求的条件下，可考虑采用汇流排。

3）在采用表面大面积铜箔可保证的情况下，出于经济性考虑可不采用附加散热器。

4）根据元器件功耗、环境温度及允许最大结温来计算合适的表面散热铜箔面积，保证原则是 $T_j \le (0.5 \sim 0.8) T_{jmax}$。

5）要尽量降低接触面的热阻，为此应加大热传导面积；接触平面应平整、光滑，必要时可涂覆导热硅脂。

6）热应力点应考虑应力平衡措施并加粗线条，散热铜皮需采用开窗法，以消除热应力。

7）对 PCB 上的接地安装孔采用较大焊盘，并充分利用安装螺栓和 PCB 表面的铜箔进行散热。尽可能多安放金属化过孔，且孔径、盘面尽量大，依靠过孔帮助散热。

8）为了保证 PCB 中的透锡性良好，对于大面积铜箔上的元器件焊盘，要求采用隔热带与焊盘相连；而对于需要通过 5A 以上大电流的焊盘，不能采用隔热焊盘。

9）为了避免元器件回流焊接后出现偏位或立碑等现象，对于 0805 或 0805 以下封装的元器件两端，焊盘应该保证散热对称性，焊盘与印制线的连接部分的宽度一般不应该超过 0.3mm。

3.4.3　开关电源 PCB 热设计的具体措施

在进行 PCB 的热设计时，在考虑 PCB 布局及布线的基本要求后，应根据电路的特点有针对性地采取措施，具体的措施有以下几种：

1）根据焊接要求和 PCB 基材的耐热性，选择耐热性好、热膨胀系数较小或与元器件热膨胀系数相适应的 PCB 基材，尽量减小元器件与 PCB 基材之间的热膨胀系数相对差值。基材的玻璃化转变温度（T_g）是衡量基材耐热性的重要参数，一般基材的 T_g 低，热膨胀系数就大，特别是在 Z 方向（板的厚度方向）膨胀更为明显，容易使镀覆孔损坏。基材的 T_g 高，一般热膨胀系数小，耐热性相对较好，但是 T_g 过高基材会变脆，机械加工性下降，选材时要兼顾基材的综合性能。

2）加大 PCB 上与大功率元器件接地散热面的铜箔面积，如果采用宽的印制线作为发热元件的散热面，则应选择铜箔较厚的基材，热容量大，利于散热。但是为防止铜箔过热起泡、板翘曲，在不影响电性能的情况下，元器件体下面的大面积铜最好设计成网状，如图 3-7 所示。

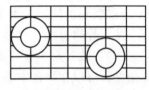

图 3-7　有焊盘散热面网状设计

3）对于 PCB 表面宽度 ≥3mm 的印制线或导电面积，在波峰焊接或再流焊过程中会增加导体层起泡、板翘曲的可能性。为了避免和减少这些热效应的作用，设计时应考虑在不影响电磁兼容性的情况下，对直径 >25mm 的印制线采用开窗的方法设计成网状结构。在 PCB 导电面积上焊接时采用热隔离措施，可以防止因为过热而使 PCB 基材铜箔鼓胀、变形。

4）PCB 的焊接面不宜设计大的导电面积，如果需要有大的导电面积，则应设计成网状，以防止焊接时因为大的导电面积热容大，吸热过多延长焊接的加热时间而引起铜箔起泡或与基材分离，并且表面应有阻焊层覆盖，避免焊料润湿导电面积。

5）在 PCB 布局时应将电解电容、热敏电阻等对热敏感或怕热的元器件远离大功率发热元器件。

6）发热过大的元器件应外加散热器或散热板，散热板的材料应选择热导率高的铝或铜制造的，为了减少元器件与散热器之间的热阻，必要时可以涂覆导热绝缘脂。对体积小、发热量大的元器件，可以将元器件的接地外壳通过导热脂与金属外壳接触以利于散热。

7）对大的导电面积和多层有内层的地线，应设计成网状并靠近 PCB 的边缘，以降低因为导电面积过热而引起的铜箔鼓泡、起翘或多层板的内层分层。

8）对功率很大的 PCB，应选择与元器件载体材料热膨胀系数相匹配的基材或采用金属芯 PCB。

9）对特大功率的元器件可利用热管技术，即通过传导冷却的方式给元器件散热，对于在高真空条件下工作的 PCB，因为没有空气，不存在热的对流传递，采用热管技术是一种有效的散热方式。

10）对于在低温下长期工作的 PCB，应根据温度低的程度和元器件的工作温度要求，采取适当的升温措施。

11）对于面积较大的连接盘（焊盘）和大面积铜箔（大于 $\phi25\mathrm{mm}$）上的焊点，应设计焊盘隔热环，在保持焊盘与大的导电面积电气连接的同时，将焊盘周围部分导体蚀刻掉形成隔热区。电连接通道的宽度也不能太窄，如果通道宽度过窄会影响载流量，如果连接通道过宽会失去热隔离的效果，连接通道的宽度应为连接盘（焊盘）直径的 60% 除以通道数，目的是使热量集中在焊盘上保证焊点的质量。在焊接时还应减少焊接时间，以防止引起其余的大面积铜箔因热传导过快、受热时间过长而引起铜箔起泡、鼓胀等现象。

以图 3-8 所示图形为例，有 2 条连接通道，则通道宽度为焊盘直径的 60% 除以 2，假设连接盘直径为 0.8mm（设计值加制造公差），则连接通道的宽度为 $0.8 \times 60\% = 0.48\mathrm{mm}$。若有两条通道，则每条宽度为：$0.48/2 = 0.24\mathrm{mm}$；若有 3 条通道则每条宽度为：$0.48/3 = 0.16\mathrm{mm}$；若有 4 条通道则每条宽度为：$0.48/4 = 0.12\mathrm{mm}$。

方形连接盘

钻孔前　　　钻孔后

图 3-8　连接盘上的隔热环

如果计算出的每条连接通道的宽度小于制造工艺极限值，应减少通道数量，使连接通道宽度达到可制造性要求，如计算 4 条通道的宽度为 0.12mm 时，有的生产商的制造工艺做不到，就可以改为 3 条通道，则为 0.16mm，一般生产商都可以制造。

12）外加的散热器应与 PCB 的接地面相接触，除用必要的机械连接外，应在散热器与接地面之间或绝缘垫之间涂覆导热脂，用以减少热阻，提高散热效果。

13）在 PCB 布局时，应在板上留出通风散热的通道，如图 3-9 所示。通风入口

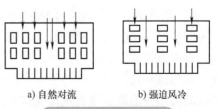

a) 自然对流　　　b) 强迫风冷

图 3-9　空气冷却方式

处不能设置过高的元器件，以免影响散热。

在自然空气对流冷却时，将元器件长度方向纵向排列，采用强制风冷时，元器件纵向排列。发热量大的元器件设置在气流的末端，对热敏感或发热量小的元器件设置在冷却气流的前端（如风口处），以避免空气提前预热，降低冷却效果。强制风冷的功率应根据 PCB 组装件安装的空间大小、散热风机叶片的尺寸和元器件正常工作的温升范围，经过流体热力学计算来确定。

14）为了增加 PCB 的散热功能，并减少由分布不平衡引起 PCB 的翘曲，在同层上布设的导体面积不应小于总面积的 50%。

3.5 开关电源热设计规则及散热器设计要点

3.5.1 开关电源热设计规则及方法

1. 开关电源热设计规则

开关电源的可靠性受到温度影响，通常使用设计规则来比较开关电源故障率，根据设计准则，其中一条设计规则显示组件在 65℃ 以上的环境下工作时，温度每上升 10℃，故障率便增加一倍。这个常用的规则是基于以下的假定：用作比较的产品是用类似的设计和制造原理制作的，而组件是在相近的条件下工作（例如，在指定的外围环境下，芯片的温度也相同）。实际上，不同的设计条件会对开关电源的整体性能及可靠性造成影响。

根据另一个设计规则，如果开关电源是在其额定最高结温（T_{jmax}）的 70% ~ 80% 下工作，将享有很高的可靠性。对开关电源内的功率元器件来说，T_{jmax} 通常保证为 +150℃ 或 +175℃。根据这些数字，开关电源中的功率元器件结温应该分别维持在低于 +120℃ 和 +135℃ 的水平。按照这个设计规则保持开关电源中的功率元器件结温处于较低水平，将可大大地提高开关电源的可靠性。

开关电源制造商通过内部测试为开关电源制定了热指针，或降额曲线。这些测试通常是用风洞系统协助进行，以确定在不同对流条件下开关电源的热性能。因开关电源制造商都是按照自己的内部标准进行测试，而这些标准往往受到现有的测试设备、测试费用以及许多其他因素的影响。这些变量意味着开关电源的降额曲线会造成误导，设计人员应当考虑到这些内部测试的结果对设计带来的影响。

1）降额曲线。风洞有多种不同的形状和尺寸，加上开关电源可以放置在风洞的不同位置，这些都会影响测试结果。究竟是风洞强迫空气流过开关电源，还是空气可自由流过开关电源的四周，若气流系统庞大，足以让气流在开关电源的四周流动，这与漏斗式风洞不同，漏斗式风洞是强迫空气直接吹到开关电源上面。由于大多数的应用并不是采用漏斗式或强迫式气流，因此非漏斗式测试程序将可得到最稳健的结果。

气流的测量也是很重要的，气流应是利用热线风速表直接测量开关电源前的气流，以保证流量的准确度。气流系统利用层流是比较保守稳健的方法，会获得较佳的测试结果。降额曲线是根据在最坏的方向进行的，确保在任何方向下，开关电源工作都不受影响。

在测试过程中温度稳定的时间越长，测量的结果越准确，基于这个方法，测量结果足以保证温度的稳定性，虽然实际测试的时间会长一些，而准确性是预备热降额曲线最重要的一环，在特殊应用中要对开关电源的测试进行个别比较。

2）发热图像。确定热性能的另一个方法是利用发热图像，使用红外摄影机来测量温度。这对于确定正确温度非常有效，但是，设计人员必须要深入研究有关开关电源的气流方向、气流的类型、稳定时间有多长等。比较热数据的最佳方法，是将不同的开关电源并排起来作红外扫描（包括不同方向和测试板）。

在比较开关电源的可靠性指标时，首先要明了这些指标是在什么假定和情况下得到的。可靠性与热性能及工作温度的关系十分密切。在典型的应用中，MTBF（平均无故障时间）的计算是非常有意义的，但由于受到系统内其他组件所产生热量的影响，开关电源附近空气的温度一般在55℃左右。这就需要设计的开关电源，必须能够在温度上升时提供最高效率；需要最少的散热；在底板（基板）中温度上升的幅度最小。

2. 开关电源热设计方法

开关电源在运行时由于内部功率消耗将产生一些热量，在每一应用中都有必要限制这种"自身发热"，使开关电源外壳温度不超过指定的最大值。开关电源在工作时若发热量太大，且又来不及向周围媒质消散，开关电源就会因超过其正常工作温度而失效。因此，选配合适的散热器，是开关电源可靠工作的重要条件之一。在开关电源的热设计中所需的主要参数有：

1）开关电源中开关管的工作结温 T_j。即开关管允许的最高工作温度极限，本参数由制造厂提供，或产品标准强制给出要求。

2）开关电源的损耗功率 P_Z。即开关电源在工作时自身产生的平均稳态功率消耗，定义为平均有效值输出电流与平均有效值电压降的乘积。

3）开关电源的耗散功率 Q。即特定散热结构的散热能力。

4）开关电源与工作环境之间的热阻 R。热量在媒质之间传递时，单位功耗所产生的温升。

开关电源的散热设计取决于开关电源中开关管所允许的最高结温（T_j），在该温度下，首先要计算出开关电源产生的损耗，按该损耗使开关管结温升至允许值以下来选择散热器。在散热设计不充分的场合，实际运行在中等水平时，也有可能超过开关管的允许温度而导致开关电源性能下降或损坏。

为了给开关电源中开关管选出最佳的散热器，上述各参数需要相互配合。为了使开关电源中开关管的外壳、散热器的热阻接近参数表给出的数值，安装中应按开关管的规定值进行，若安装力矩过大，往往会损坏功率元器件，若安装力矩过小，散热性能较差。配置散热器的原则是：必须保证散热器能将开关管的热损耗有效地传导至周围环境，并使开关管的结温不超过 T_j。设环境温度为 T_a。用公式表示为

$$P < Q = (T_j - T_a)/R \tag{3-6}$$

式中，P 为开关电源的损耗功率，开关电源在工作时自身产生的平均稳态功率消耗，定义为平均有效值输出电流与平均有效值电压降的乘积；Q 为耗散功率，表征特定散热结构的散热能力；T_j 为开关管的工作结温，即开关管允许的最高工作温度极限；T_a 为环境温度；R 为热阻，热阻 R 主要由三部分组成：

$$R = R_{jc} + R_{cs} + R_{sa} \tag{3-7}$$

式中，R_{jc} 为开关管芯片至管壳的热阻，R_{jc} 与开关管的工艺水平和结构有很大关系，由制造商给出；R_{cs} 为管壳至散热器的热阻，R_{cs} 与开关管外壳和散热器之间的填隙介质（通常为空气）、接触面的粗糙度、平面度以及安装的压力等密切相关，介质的导热性能越好，或接触越紧密，则 R_{cs} 越小；R_{sa} 为散热器至空气的热阻，R_{sa} 是散热器选择的重要参数，它与材质、材料的形状和表面积、体积以及空气流速等参量有关。

综合式（3-6）和式（3-7），可得

$$R_{sa} < \left[(T_j - T_a)/P \right] - R_{jc} - R_{cs} \tag{3-8}$$

式（3-6）为散热器选配的基本原则，一般散热器厂商提供特定散热器材料的形状参数和热阻特性曲线，据此设计人员可计算出所需散热器的表面积、长度、重量，并进一步求得散热器的热阻值 R_{sa}。

在实际设计中应留出足够裕量，因为提供数据的准确性、开关管到散热器的安装状况、散热器表面的空气对流状态、热量的非稳态分布等，都是非理想化的因素，应将这些因素考虑到设计中。

另外，散热器表面向空气的热辐射，也是一种热耗散方式。在自冷设计中广泛应用的阳极氧化发黑和打毛处理工艺，是增加热辐射的有效办法。但该办法明显不适用要求强制风冷的以对流传导为主要方式的热设计，因为散热器表面越光亮则热阻越低，这是在设计中要特别注意的。

3. 冷却方式的选择

冷却方式对开关电源的运行有非常大的影响，有些开关电源要求自然冷却（简称自冷），有些则可以接受风扇冷却（简称风冷）。在同样功率、同等条件下，风冷和自冷开关电源的最大区别在于外形大小及成本方面。选择自然冷却，这样可得到较长的产品寿命，明显降低维护成本。

风冷开关电源在成本和尺寸上的优势被它的缺点所抵消（如噪声、灰尘、风扇寿命和可靠性），但实际上这些缺点并不是最首要考虑的问题。一个外壳设计得极佳的自冷开关电源的可靠性比采用风冷的开关电源要低得多，因为风冷开关电源的冷却与外壳设计无关。另外，风冷开关电源的温度比自冷开关电源温升更低，因

而更可靠。

若要求产品设计寿命超过 7 年时，传统上不采用风扇。但是，如果允许定期更换风扇，就有可能得到设计寿命更长的产品。如果风冷系统设计成具有风扇性能监测、现场易于更换风扇的特性，则允许系统以低成本获得高可靠性。

在开关电源的实际应用设计过程中，通常采用自然风冷与风扇强制风冷两种形式。在自然风冷的散热器安装时，应使散热器的叶片竖直向上放置，若有可能则可在散热器安装位置的周围钻几个通气孔，以便于空气对流。

强制风冷是利用风扇强制空气对流，冷却是由间断运行的风扇提供的。如果温度过高或持续输出大电流时，风扇就会运转。采用这种方式可以获得很高的系统集成度，但需要经常让风扇运转并定期检测其性能。所以在风道的设计上同样应使散热器的叶片轴向与风扇的抽气方向一致，为了有良好的通风效果，越是散热量大的元器件越应靠近风扇，在有风扇的情况下，散热器的热阻见表 3-4。

表 3-4 散热器的热阻

风速/(ft/s)	热阻/(℃/W)	风速/(ft/s)	热阻/(℃/W)
0	3.5	300	2.0
100	2.8	400	1.8
200	2.3		

注：1ft/s = 0.3048m/s。

采用温控风扇冷却方法的优点有：

1）风扇间断运转使得系统设计寿命比强制风冷要长。

2）在正常情况下冷却风扇不转。

3）由于风扇间断运行，灰尘和噪声问题也大大缓解。

表 3-5 给出了各种冷却方式下的典型功率密度。

表 3-5 各种冷却方式下的典型功率密度

冷却方式	相对功率密度	冷却方式	相对功率密度
自然冷却	1.00	系统风冷	1.5~2
强制风冷	2~2.5	辅助风冷	1.3~1.7

注：假定所有运行环境具有可比性。

3.5.2 开关电源散热器设计要点

1. 散热器材质

散热器是能够将开关电源工作中产生的热量快速地导出并散发到环境中的一个元器件，因此作为散热器仅具有一定的散热面积是不行的，制作散热器的材料必须具有一定的导热性，也就是要具有较高的导热系数，才能将开关电源产生的热量不断导出，并最终散发到环境中。当然对于导热材料，除了导热性外，还应当具有比重小、价格低、强度高、容易加工等特点。

散热器常用的材料有：金属材料、无机非金属材料和高分子材料三大类，其中高分子材料又包括塑料、橡胶、化学纤维等。导热材料一般为金属和部分无机非金属材料。在常见金属中，铝和铜的导热系数比较高，但铜的价格高，比重大，加工性不如铝，而铝质散热器完全能满足开关电源散热的要求，因此在开关电源的金属散热器中以铝质散热器为主，铜质散热器并不多见，另外也有少量散热器是铁质的。

导热性好的无机非金属材料加工前一般多为粉末状，需要经过特种工艺加工成型，加工成散热器后基本为陶瓷状。有些无机非金属材料导热系数很高又绝缘，但价格很高，如金刚石、氮化硼、氮化铝等，有些虽然导热系数高但不绝缘，类似金属，如石墨、碳纤维等，并且将无机非金属粉末加工成形状复杂的陶瓷散热器是非常困难的，因此，陶瓷散热器的应用存在很大的局限性，需要进一步完善和提高。

高分子材料本身导热性是比较差的，但如果将导热性好的金属粉末或非金属粉末添加到塑料或橡胶中，制成导热塑料或橡胶，其导热性会大幅提高。导热橡胶因其特有的弹性，是其他导热材料无法替代的，因此在某些领域已经得到广泛应用，但因其刚性较差，作为散热器材料可能不太合适，目前尚未见相关报道。导热塑料单独或配以金属嵌件做成的散热器是最近开发成功的新一代散热器产品，如果设计得当，可以达到压铸铝散热器的散热效果，并且外表面绝缘，使用更加安全，是今后散热器发展的方向。

（1）铝质散热器

目前较常见的散热器主要是铝质散热器，一般包括压铸铝和拉伸铝散热器两种。主要原因是金属铝的导热系数较高，比重小，易加工，价格便宜等。其中压铸铝散热器是目前最常用的，其导热系数为 $70 \sim 90 \mathrm{W}/(\mathrm{m} \cdot \mathrm{K})$，外形较美观，形状可多变，价格适中。缺点是本身不绝缘，为了安全需要增加绝缘胶或套，而绝缘胶或套一般导热较差，对散热是不利的，同时成本也会增加。另外，压铸铝散热器模具的成本高，不利于新品的开发，生产过程需要消耗较多的能源，并且二次加工成本偏大。拉伸铝散热器的导热系数在 $200 \mathrm{W}/(\mathrm{m} \cdot \mathrm{K})$ 左右，导热很好，一次加工成本较低，但往往需要二次加工，二次加工成本较高，而且形式较单一，同样需要增加绝缘处理。

开关电源中功率元器件发出的热量经外壳传到散热器表面，让空气流经这些表面吸热，在风扇或自然对流的作用下，环境温度的空气源源不断地补充进去，散热系统便达到某种温度值的热平衡。在稳定的平衡状态下，用式（3-9）可近似地表达相关因素的函数关系：

$$Q = h \times A \times \Delta T \tag{3-9}$$

式中，h 为吸热介质的对流换热系数，单位为 $\mathrm{W}/(\mathrm{m^2}℃)$；$A$ 为散热器有效表面积，单位为 $\mathrm{m^2}$；ΔT 为散热器表面温度与环境温度的差值，单位为℃；Q 为系统能散发的热量，单位为 W。

式（3-9）一般称为牛顿冷却公式，系数 h 是几何条件、流体的流速和流量及物理性质的复杂函数。在特定条件下，h 一般只能用实验方法近似确定。在既定条件下，人们很难去增大 h 值，通常用提高流速和流量的方法。所以对用于开关电源的风冷散热器，一般采用 $3 \sim 6m/s$ 的风速。美国、日本规定风机噪声不得大于 $65dB$，所以他们规定的风速为 $2 \sim 4m/s$。ΔT 在一般条件下几乎是无法增大的，首先人们很难改变环境温度，其次对开关电源本身的温度又有明确的上限。所以，要提高散热系统的散热功率，只有扩大散热器的有效表面积并使面上各处的 ΔT 尽量一致。

铜和铝是导电和导热性能都很好的材料，其导热性仅次于金刚石和银，价格却低得多。铜的导热系数是铝的 2 倍，但其比重是铝的 3 倍，综合考虑，铝成了散热器的首选材料。为扩大散热面积，一般将铝材用以下几种工艺加工：

1）铸造铝散热器。用金属或砂做成树枝状或其他形状复杂的内腔模型，将铝加热到熔化状态后浇注进模腔内，冷却后成型。为使散热器铝材致密，在冷却前利用重力或外加压力，以提高铝铸件的质量。

2）挤压铝型材。用优质钢模具，其横截面为树枝状，将铝锭加热到半硬状态用挤压和拉力使其通过定型通道而变成长条，使用时按需截取一定长度即成散热器。这类产品便于大批量生产，外观较好，故市场占有率较高。

3）钎焊铝材散热器。为在同样体积内扩展更多的表面积，在较厚的铝基板上开许多浅槽，将冲裁的薄铝片嵌入槽中，然后放上焊料在适当温度下钎焊而成。

4）叉指形铝散热器。用 3mm 左右铝板冲裁后，将基板周边的细条折弯成叉指形，并对表面作发黑处理。这类散热器只有几瓦到几十瓦的散热能力，用于小功率元器件。

由于任何材料的天然热导性是固定的，不同材料的这种性质用热导率或导热系数 k 来表示。例如，铝的 k 值为 $180W/(m \cdot K)$，铜的 k 值为 $386W/(m \cdot K)$。以铝为材料的散热器已发展了半个多世纪，由于导热性和加工工艺的限制，无论怎样改进，得到的散热效果仍很有限，可以说已达到了极限。

（2）导热塑料散热器

一般人都以为要散热好就必须采用金属散热器，这个概念并不正确。虽然金属的导热的确是比塑料好，但是，散热器的主要目的是把热量散发到空气中去。在散热器的厚度小于 5mm 时，导热就不是主要问题。散热器材料的导热系数只要大于 $5W/(m \cdot K)$，这时散热是以对流散热为主，此时，金属或塑料就没有什么区别。而一些好的掺有陶瓷粉末的导热塑料很容易做到导热系数大于 $5W/(m \cdot K)$，更何况塑料在辐射散热方面还优于铝。

最近国际上研发出了多种导热塑料，其材料大多为以工程塑料和通用塑料为基材，如 PP、ABS、PC、PA、LCP、PPS、PEEK 等，在塑料基材中填充某些金属氧化物粉末、碳、纤维或陶瓷粉末而成。例如将聚苯硫醚（PPS）与大颗粒氧化镁（40 ~ 325 目）相混合就可以制成一种绝缘导热塑料。其典型的热传导率在 1 ~

$20W/(m \cdot K)$ 范围内，某些品级可以达到 $100W/(m \cdot K)$。这一数值大约是传统塑料的 $5 \sim 100$ 倍，一般塑料的热传导率只有 $0.2W/(m \cdot K)$。不过如果为了得到高的热传导率而添加过多的金属粉末，就会变成具有导电性，以致无法在某些场合应用。

任何散热器，除了要能快速地把从热源发出的热量传导至散热器表面，最后还是要靠对流和辐射把热量散发到空气中。导热系数高，只解决了传热快的问题，而散热则主要由散热面积、形状、自然对流和热辐射的能力决定，这些几乎和材料的导热性无关。所以只要有一定的热传导能力，塑料散热器照样可以成为良好的散热器。

图3-10中给出了导热系数和传导对流散热的关系，在图3-10中，横坐标是导热系数，纵坐标是热源和环境的温差。各种曲线是热源和散热器表面的距离。如果距离小于5mm，那么只要导热系数大于5，其散热能力就完全由对流决定了。温差越小、距离越小，导热系数就越不重要。

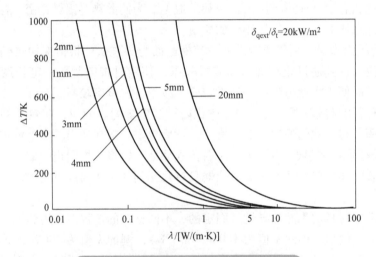

图 3-10 导热系数和传导对流散热的关系

而且对于理想的散热器来说，大约7成的热是靠对流散热，而3成的热是靠辐射散热。而导热塑料的辐射、散热能力一点也不逊色。各种材料的热辐射系数见表3-6。

表 3-6 各种材料的热辐射系数

材料	钢	铸铁	铝	铜	黑色塑料
抛光未氧化	$0.05 \sim 0.1$	0.3	$0.02 \sim 0.1$	0.06	$0.8 \sim 0.9$
粗加工轻微氧化	$0.5 \sim 0.6$	0.75	$0.3 \sim 0.4$	0.5	
严重氧化	$0.8 \sim 0.95$	$0.8 \sim 0.95$	$0.4 \sim 0.5$	0.8	

如果两个形状完全相同的散热器，一个是铝做的，一个是导热塑料做的，如果铝质散热器没有经过发黑处理，其散热能力还比不上黑色导热塑料做成的散热器。因为二者的对流散热是一样的，而塑料的辐射散热则更好。塑料散热器和常用的铝散热器相比见表3-7。

表 3-7　塑料散热器和常用的铝散热器相比

参数	浇铸铝散热器	导热工程塑料	参数	浇铸铝散热器	导热工程塑料
热导率	比较高	相对金属较低	加工温度	>500℃	>250℃
散热效果	一般	相当好	二次加工	需要	不需要
绝缘性能	不绝缘	极好的绝缘性能	系统成本	中等	较高
加工方式	压铸、浇铸、拉丝	注塑成型	和开关电源连接方式	机械连接、粘结、焊接	机械连接、粘结、焊接

与传统材料相比，导热聚合物有较高的耐屈挠性和拉伸刚度，但抗冲击强度较差，而且其固有的低热膨胀系数可有效减少制件收缩；其最大的优点是绝缘。铝散热器良好的导电性往往是在通过 CE 或 UL 认证时所担心的一个因素，而采用塑料散热器则不必担心其安全问题。

此外，塑料的密度要比铝轻，铝的密度是 $2700kg/m^3$，而塑料的密度为 $1420kg/m^3$，差不多为铝的一半，所以同样形状的散热器，塑料散热器的重量只有铝的 1/2。而且加工简单，其成型周期可以缩短 20%～50%，这也降低了成本。

2. 散热器结构设计

热传导主要表现在封装结构与散热器中，而热对流主要靠散热器来体现。因此，外部散热器的结构设计非常关键，直接影响整个散热系统的散热能力。散热器一般是标准件，也可提供型材根据要求切割成一定长度而制成非标准的散热器。散热器的表面处理有电泳涂漆或黑色氧极化处理，其目的是提高散热效率及绝缘性能。在自然冷却下可提高 10%～15%，在通风冷却下可提高 3%，电泳涂漆可耐压 500～800V。散热器厂家对不同型号的散热器给出热阻值或给出有关曲线，并且给出在不同散热条件下的不同热阻值。

使用散热器是要控制开关电源中开关管的温度，尤其是开关管的结温 T_j，使其低于开关管正常工作的安全结温，从而提高开关电源的可靠性。常规散热器趋向标准化、系列化、通用化，而新产品则向低热阻、多功能、体积小、质量轻、适用于自动化生产与安装等方向发展。合理地选用、设计散热器能有效降低开关电源中开关管的结温，提高开关电源的可靠性。

由于开关电源中功率元器件的内热阻不同，在散热器安装时由于接触面和安装力矩的不同，会导致功率元器件与散热器之间的接触热阻不同。选择散热器的主要依据是散热器热阻 R_{tf}，在不同的环境条件下，开关电源的散热情况也不同。因此，选择合适的散热器还要考虑环境因素、散热器与开关电源的匹配情况、质量等因素。

首先根据开关电源正常工作时的性能参数和环境参数，计算开关电源中功率元器件的结温是否工作在安全结温之内，判断是否需要安装散热器，如需安装则计算相应的散热器热阻，初选一散热器；重新计算开关电源中功率元器件的结温，判断开关电源中功率元器件的结温是否在安全结温范围之内，从而判断所选散热器是否满足要求；对于符合要求的散热器，应根据实际工程需要进行优化设计。通过对开关电源发热原理的分析和散热计算，可以指导设计散热方式和散热器的选择，保证开关电源工作在安全的温度范围内，以提高开关电源的可靠性。

3. 散热器热阻分析

散热器的主要作用是将开关电源中功率元器件产生的热量不断导出并散发到环境中，使开关电源中功率元器件的结温保持在所要求的范围内，从而保证开关电源能够正常工作。散热器性能的优劣主要取决于散热器的热阻，热阻越小，相同条件下开关电源中功率元器件的结温越低，功率元器件的使用寿命就会越长。

散热器的热阻包括导热热阻和散热热阻两部分，对于一定形状的散热器，导热热阻主要与散热器材料的导热系数有关，导热系数越大，导热热阻越小，导热效果越好。在一定环境条件下，散热热阻主要取决于散热器的散热面积以及散热器表面材料的辐射系数，散热面积越大、辐射系数越高，散热器的热阻越小，散热效果越好。因此，开关电源配置的散热器必须具有一定的散热面积，同时制作散热器的材料必须具有一定的导热性和较高的热辐射系数，另外，导热材料本身还应具有重量轻、易加工、价格低等特点。

（1）散热器本身导热热阻

通常所说的热阻一般是指反映阻止热量传递能力的一个综合参数，散热器的热阻大小是反映散热器散热性好坏的关键参数，热阻越小，散热器导热、散热效果越好。散热器导热热阻可用以下公式计算：

$$R_D = (T_1 - T_2)/W \tag{3-10}$$

式中，R_D 为散热器本身导热热阻，热阻单位为℃/W；T_1 为与铝基板接触点处散热器的温度；T_2 为散热器外表面平均温度；W 为开关电源的实际功率。

另外，根据能量守恒定律，热平衡后开关电源产生的热量与散热器自身导出的热量是相等的，用公式表示为

$$Q_C = Q_D + Q_Z \tag{3-11}$$

其中：

$$Q_C = a \times W \tag{3-12}$$

$$Q_D = b \times s \times (T_1 - T_2)/L \tag{3-13}$$

式中，Q_C 为开关电源工作时产生的热量；Q_D 为散热器本身导出的热量；T_1 为与铝基板接触点处散热器的温度；T_2 为散热器外表面平均温度；a 为功率元器件产热系数；W 为开关电源实际功率；b 为散热器材料综合导热系数；s 为散热器平均传热面积；L 为散热器热传导平均距离。

对于特定散热器 b、s、L 是一定的，因此式（3-13）可简化为

$$Q_D = m(T_1 - T_2) \tag{3-14}$$

式中，$m = b \times s/L$。

经推导可知，$m(T_1 - T_2) = a \times W$，将 $(T_1 - T_2) = a \times W/m$ 代入式（3-10）可得

$$R_D = a/m \tag{3-15}$$

从式（3-15）可以看出，对于特定的散热器，在开关电源功率一定的情况下，

散热器的热阻是一个定值。另外，在热阻计算公式中，W 代表的是开关电源的总功率，而开关电源在工作中有一部分功率转变为热能，因此既然是计算热阻，公式中的 W 换成产热功率（$a \times W$）更为科学，则

$$R_D = 1/m = L/(b \times s) \tag{3-16}$$

就是说散热器本身热阻与电阻一样，是一个仅跟散热器本身参数有关的常数，它与散热器平均传热距离成正比，与散热器平均传热面积、散热器材料导热系数成反比。

（2）散热器表面到环境的散热热阻

散热器表面到环境空气的散热热阻可用下式计算：

$$R_S = (T_2 - T_3)/a \times W \tag{3-17}$$

式中，R_S 为散热器表面到环境的散热热阻；T_2 为散热器外表面平均温度；T_3 为环境温度；W 为开关电源实际功率；a 为开关电源产热系数。

散热器外表面向环境散热的方式主要以对流为主，其次为热辐射，热传导很小可以忽略不计。散热器的对流及辐射散热公式如下：

$$Q_L = c \times (T_2 - T_3) \times S \tag{3-18}$$

$$Q_F = d \times (T_2 - T_3) \times S \tag{3-19}$$

式中，Q_L 为散热器表面到环境的对流散热；Q_F 为散热器表面到环境的辐射散热；c 为散热器周围环境的自然对流系数；d 为散热器表面材料的辐射系数；S 为散热器外表面积；T_2 为散热器表面平均温度；T_3 为环境温度。

根据能量守恒定律，开关电源热平衡后：

$$Q_C = Q_D + Q_Z = Q_S + Q_Z = Q_L + Q_F + Q_Z \tag{3-20}$$

即

$$a \times W = c(T_2 - T_3) \times S + d(T_2 - T_3) \times S \tag{3-21}$$

在一定环境条件下，对于特定散热器而言，对流系数、辐射系数是恒定的，散热面积也是一定的，对于恒定功率，产热功率是一定的，那么由以上公式可知 $(T_2 - T_3)$ 是一定的，因此散热器到表面环境的散热热阻是一定的。如果开关电源产热功率 $a \times W$ 增大（或减小），散热器外表面温度也会升高（或降低），分析一下辐射散热公式可知，散热器外表面温度 T_2 升高（或降低）的比例小于产热功率增加（或减小）的比例，因此散热器外表面到环境空气的热阻与产热功率有关，产热功率增加，散热器表面到环境的热阻应该略减小，相反，产热功率降低，散热器表面到环境的热阻会略升高。

对于不同散热器，在产热一定的情况下，散热器的散热面积、对流系数、辐射系数越大，$(T_2 - T_3)$ 就越小，那么散热器热阻也越小。也就是说，散热器的散热热阻不仅与其本身的散热面积以及散热器表面材料的辐射系数有关，还与开关电源所处环境的通风情况，也就是周围空气的自然对流系数有关，是一个可变量。

（3）散热器（到环境）的总热阻

散热器的总热阻等于散热器本身导热热阻加上散热器表面到环境的散热热阻，

散热器到环境的热阻可通过以下公式计算：

$$R_3 = R_1 + R_2 = (T_1 - T_3)/a \times W \tag{3-22}$$

通过前面的分析可以知道，影响散热器总热阻的因素可以概括如下：

1）散热器本身参数的影响。散热器平均传热距离越短，散热器热阻越小。散热器平均传热面积越大，散热器热阻越小。散热器材料导热系数越大，散热器热阻越小。散热器散热面积越大，散热器热阻越小。散热器表面材料的辐射系数越大，散热器热阻越小。

2）对流系数的影响。散热器周围环境通风越好，自然对流系数越大，散热器热阻越小。

3）产热功率的影响。同一散热器，在同样环境下，实际产热功率越大，散热器的热阻反而略有减小。

散热器的总热阻不仅与散热器的散热面积、几何尺寸、表面材料的辐射系数等自身因素有关，还受开关电源的产热功率以及周围环境的对流系数等外部因素的影响，并不是一个恒定的数值。但在自然对流情况下对流系数变化并不大，正常情况下开关电源产热功率的变化也不会太大，对热阻的影响应该很小。为便于分析和计算，在应用时可近似认为散热器的总热阻是一定的。

由于开关电源中开关管所产生的热量在开关电源中占主导地位，其热量主要来源于开关管的开通、关断及导通损耗。从电路拓扑方式上来讲，采用零开关变换拓扑方式使电路中的电压或电流在过零时开通或关断，可最大限度地减少开关损耗，但也无法彻底消除开关管的损耗，故利用散热器散热是常用及主要的方法。

4. 散热器的热阻定义及模型

（1）散热器的热阻定义

1）PN 结与外部封装间的热阻抗 θ_i（又叫内部热阻抗）。PN 结与外部封装间的热阻抗 θ_i 与半导体 PN 结构造、所用材料、外部封装内的填充物直接相关，每种半导体都有自身固有的热阻抗。

2）接触热阻抗 θ_c。接触热阻抗 θ_c 是由半导体、封装形式和散热器的接触面状态所决定的，接触面的平坦度、粗糙度、接触面积、安装方式都会对它产生影响。当接触面不平整、不光滑或接触面紧固力不足时就会增大接触热阻抗 θ_c。

在开关管和散热器之间涂上硅油可以增大接触面积，排除接触面之间的空气，硅油本身又有良好的导热性，可以大大降低接触热阻抗 θ_c。

当前有一种新型的相变材料，可取代硅油作为传热界面，在 65℃（相变温度）时从固体变为流体，从而确保界面的完全润湿，该材料的触变特性避免其流到界面外。其传热效果与硅油相当，但没有硅油带来的污垢、环境污染和难于操作等缺点。可用于不需要电气绝缘的场合，典型应用包括 CPU 散热器、功率元器件或其他任何簧片固定的硅油应用场合，它可涂布在铝质基材的两面，可单面附胶、双面附胶或不附胶。

3）绝缘垫热阻抗 θ_s。绝缘垫是用于功率元器件和散热器之间的绝缘体，绝缘垫的热阻抗 θ_s 取决于绝缘材料的材质、厚度、面积。几种常用半导体封装形式的 $\theta_s + \theta_c$ 见表 3-8。

表 3-8　常用半导体封装形式的 $\theta_s + \theta_c$

	绝缘垫	$\theta_s + \theta_c$	
		硅油	
		有	无
TO－3	无	0.1	0.3
	有（50~100μm）	0.5~0.7	1.2~1.5
TO－66	无	0.15~0.2	0.4~0.5
	有（50~100μm）	0.6~0.8	1.5~2.0
TO－220AB	无	0.3~0.5	1.5~2.0
	有（50~100μm）	2.0~2.5	4.0~6.0
TO－3P	无	0.1~0.2	0.5~0.9
	有（50~100μm）	0.5~0.8	2.0~3.0

4）散热器热阻抗 θ_f。散热器热阻抗 θ_f 与散热器的表面积、表面处理方式、散热器表面空气的风速、散热器与周围的温度差有关。因此一般都会设法增强散热器的散热效果，主要的方法有增加散热器的表面积、设计合理的散热风道、增强散热器表面的风速。如果过于追求散热器的表面积而使散热器的叉指过于密集则会影响到空气对流，导致热空气不易于流动而降低了散热效果。自然冷却的散热器其叉指间距应适当增大，选择强制风冷则可适当减小叉指间距。

（2）散热器的热阻模型

由于散热器是开关电源散热的重要部件，它的散热效率高与低关系到开关电源的工作性能。通常来讲，散热器的表面积越大散热效果越好。散热器结构及热阻模型等效电路如图 3-11 所示，开关电源损耗与开关管结温的关系如下式：

$$P_{cmax(ta)} = (t_{jmax} - t_a)/\theta_{j-a} \tag{3-23}$$
$$P_{cmax(tc)} = (t_{jmax} - t_c)/\theta_{j-c} \tag{3-24}$$

式中，P_c 为开关电源工作时损耗；P_{cmax} 为开关电源的额定最大损耗；t_j 为开关管结温；t_{jmax} 为开关管最大允许结温；t_a 为环境温度；t_c 为预定的工作环境温度。

在图 3-11b 中，θ_s 为绝缘垫热阻抗；θ_c 为接触热阻抗（半导体和散热器的接触部分）；θ_f 为散热器的热阻抗（散热器与空气）；θ_i 为内部热阻抗（PN 结接合部与外壳封装）；θ_b 为外部热阻抗（外壳封装与空气）。根据图 3-11b 所示的热阻模型等效电路，全热阻可写为

$$\theta_{j-a} = \theta_i + [\theta_b \times (\theta_s + \theta_c + \theta_f)]/(\theta_b + \theta_s + \theta_c + \theta_f) \tag{3-25}$$

又因为 θ_b 比 $\theta_s + \theta_c + \theta_f$ 大很多，故可近似为

$$\theta_{j-a} = \theta_i + \theta_s + \theta_c + \theta_f \tag{3-26}$$

5. 散热器表面积计算

散热器表面积可按下式计算：

$$S = 0.86/(\delta_t \times \alpha) \tag{3-27}$$

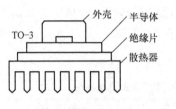
a) 散热器结构

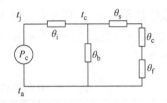
b) 热阻模型等效电路

图3-11   散热器结构及热阻模型等效电路

式中，δ_1 为散热器温度与周围环境温度（t_a）的差（℃）；α 为热传导系数，是由空气的物理性质及空气流速决定。α 由下式决定。

$$\alpha = n_u \times \lambda / l \tag{3-28}$$

式中，λ 为热电导率，单位为 W/(m·K)；l 为散热器高度，单位为 m；n_u 为空气流速系数，由下式决定。

$$n_u = 0.664 \times \sqrt{(v \times l)/v'} \times 3\sqrt{p_r} \tag{3-29}$$

式中，v 为动黏性系数，单位为 m^2/s；v' 为散热器表面的空气流速，单位为 m/s；p_r 为系数，见表3-9。

表3-9   系数 p_r

温度 t/℃	动黏性系数/(m^2/s)	热导率/[W/(m·K)]	p_r
0	0.138	0.027	0.72
20	0.156	0.0221	0.71
40	0.175	0.0234	0.71
60	0.196	0.0247	0.71
70	0.217	0.0260	0.70
100	0.230	0.0272	0.70
120	0.262	0.0285	0.70

6. 散热器自然风冷与强制风冷

在开关电源的实际设计过程中，通常采用自然风冷与风扇强制风冷两种形式。在安装自然风冷的散热器时，应使散热器的叶片竖直向上放置，若有可能则可在散热器安装位置的周围钻几个通气孔，便于空气的对流。

强制风冷是利用风扇强制空气对流，所以在风道的设计上同样应使散热器的叶片轴向与风扇的抽气方向一致，为了有良好的通风效果，越是散热量大的功率元器件越应靠近排气风扇，在有排气风扇的情况下，散热器的热阻见表3-10。

表3-10   散热器的热阻

风速/(ft/s)	热阻/(℃/W)	风速/(ft/s)	热阻/(℃/W)
0	3.5	300	2.0
100	2.8	400	1.8
200	2.3		

第 4 章
开关电源电路的电磁兼容性及设计

4.1 开关电源的电磁干扰及传播方式

4.1.1 开关电源中的电磁干扰源

1. 开关电源的电磁干扰

开关电源由于其在体积、重量、功率密度、效率等方面的诸多优点，已经被广泛地应用于工业、国防、家用电器等领域。在开关电源应用于交流电网的场合，整流电路往往导致输入电流的断续，这除了降低输入功率因数外，还增加了大量的高次谐波。同时，开关电源中的功率开关管高速开关动作（从几十 kHz 到数 MHz），形成了电磁干扰源，其交变电压和电流会通过电路的元器件产生很强的尖峰干扰和谐振干扰。开关电源多采用脉冲宽度调制（PWM）技术，脉冲波形呈矩形，其上升沿与下降沿包含大量的谐波成分，另外输出整流管的反向恢复也会产生电磁干扰，这些都是影响开关电源可靠性的不利因素。

在开关电源中主要存在的干扰形式是传导干扰和近场辐射干扰，传导干扰还会注入电网，这些干扰严重地污染电网，影响了邻近电子仪器及设备的正常工作；同时，由于这一缺点，使得开关电源无法应用于一些精密的电子仪器中，因此，尽量降低开关电源的电磁干扰，提高其使用范围，是从事开关电源设计必须考虑的问题。开关电源的电磁兼容设计是部件级设计的重要环节，开关电源引起电磁兼容问题的原因是相当复杂的。从开关电源的电磁性讲，主要有：

1）共阻抗耦合。共阻抗耦合主要是干扰源与受干扰体在电气上存在共同的阻抗，通过该阻抗使干扰信号进入受干扰对象。

2）线间耦合。线间耦合主要是产生干扰电压及干扰电流的导线或 PCB 印制线，因并行布线而产生的相互耦合。

3）电场耦合。电场耦合主要是由于电位差的存在，产生的感应电场对受干扰体产生的场耦合。

4）磁场耦合。磁场耦合主要是在大电流的脉冲电源线附近，产生的低频磁场对干扰对象产生的耦合。

5）电磁场耦合。电磁场耦合主要是由于脉动的电压或电流产生的高频电磁波，通过空间向外辐射，对相应的受干扰体产生的耦合。

实际上，上述每一种耦合方式是不能严格区分的，只是侧重点不同而已。

开关电源电磁兼容设计的目的是使开关电源在预期的电磁环境中实现电磁兼容性，所选择的开关电源电路拓扑不宜产生过高的电压和过大的电流，以避免高电压电场干扰和大电流磁场干扰。所设计的开关电源应满足有关电磁兼容标准的规定，并应具有如下两方面的能力：

1）能在预期的电磁环境中正常工作，不出现性能下降或故障。

2）对电磁环境无污染。

开关电源的种类很多，按变换器的电路结构可分为串并联式和直流变换式两种；按激励方式可分为自激和它激两种；按开关管的组合可分为桥式、半桥式、推挽式等。但无论何种类型的开关电源都是利用半导体器件作为开关工作的，并以开和关的时间比来控制输出电压的高低。由于它通常在 20kHz 以上的开关频率下工作，所以电源线路内的 du/dt、di/dt 很大，产生很大的浪涌电压、浪涌电流和其他各种噪声。这些噪声通过电源线以共模或差模方式向外传导，同时还向周围空间辐射噪声。

开关电源电路的简图及产生噪声的回路如图 4-1 所示，开关电源产生电磁干扰最根本的原因是：

1）开关管在高频开关工作时产生的高 di/dt 和高 du/dt。

2）工频整流滤波使用的大电容充电放电。

3）输出整流二极管的反向恢复电流。

开关电源中的电压、电流波

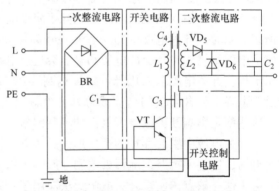

图 4-1　开关电源电路的简图和产生噪声的回路

形大多为接近矩形的周期波，比如开关管的驱动波形、MOSFET 漏源波形等。矩形波周期的倒数决定了波形的基波频率，两倍脉冲边缘上升时间或下降时间的倒数决定了这些边缘引起的频率分量的频率值，典型的值在 MHz 范围，而它的谐波频率就更高了。这些高频信号都对开关电源基本信号，尤其是控制电路的信号造成干扰。开关电源的电磁噪声从噪声源来说可以分为两大类：

1）外界因素影响。外界电磁干扰影响开关电源工作，例如，通过电网传输过来的共模和差模噪声、外部电磁辐射对开关电源控制电路的干扰等。

2）内部因素影响。开关电源内部元器件产生的电磁噪声，如开关管和整流管的电流尖峰产生的谐波及电磁辐射干扰。

开关电源的噪声类型如图 4-2 所示，开关电源在受到电磁干扰的同时也对电网其他设备以及负载产生电磁干扰（如图 4-2 中的返回噪声、输出噪声和辐射干扰）。在开关电源电磁兼容设计时，一方面要防止开关电源对电网和附近的电子设备产生干扰，另一方面要加强开关电源本身对电磁干扰环境的适应能力。

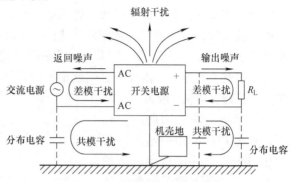

图 4-2　开关电源噪声类型图

2. 开关电源内部元器件产生的电磁噪声

直流变换式它激单边型开关电源主电路原理图如图 4-3 所示，交流电输入开关电源后，经桥式整流器后的直流电压 U_i 加在高频变压器的一次绕组 L_1 和开关管 VT 上。开关管 VT 的基极输入一个几十到几百千赫的高频矩形波，其重复频率和占空比由输出直流电压 U_o 的要求来确定。被开关管放大了的脉冲电流由高频变压器耦合到二次回路，高频变压器一、二次绕组匝数之比也是由输出直流电压 U_o 的要求来确定的。高频脉冲电流经二极管 VD_5 整流并经 C_2 滤波后变成直流输出电压 U_o。因此开关电源工作时在以下几个环节都将产生噪声，形成电磁干扰。

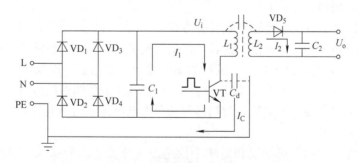

图 4-3　直流变换式它激单边型开关电源主电路原理图

（1）输入端整流二极管产生的电磁干扰

在开关电源主电路中，整流二极管产生的反向恢复电流的 $|\mathrm{d}i/\mathrm{d}t|$ 远比续流二极管反向恢复电流的 $|\mathrm{d}i/\mathrm{d}t|$ 小得多，作为电磁干扰源来研究，整流二极管反向恢复电流形成的干扰强度大，频带宽。整流二极管产生的电压跳变远小于开关电源中功率开关管导通和关断时产生的电压跳变，因此，不计整流二极管产生的

|du/dt|和|di/dt|的影响，而把整流电路当成电磁干扰耦合通道的一部分来研究也是可以的。

对于无工频变压器的开关电源，输入端为整流管，一般整流电路后面总要接比较大的滤波电容，由于整流二极管的非线性和滤波电容的储能作用，使得二极管的导通角变小，整流二极管只有在脉动电压超过滤波电容 C_1 的充电电压的瞬间，电流才从电源输入侧流入，因此，会引起很大的充电电流，使交流输入侧的交流电流发生畸变，输入电流 i 成为一个时间很短、峰值很高的周期性尖峰电流，未加 PFC 电路的输入电流和电压波形如图 4-4 所示。这种畸变的电流实质上除了包含基波分量以外还含有丰富的高次谐波分量。这些高次谐波分量注入电网，引起严重的谐波污染，影响了电网的供电质量，对电网上其他的电气设备造成干扰。

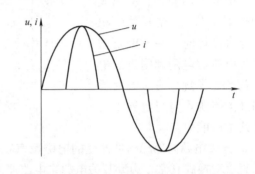

图 4-4　未加 PFC 电路的输入电流和电压波形

（2）开关管产生的电磁干扰

对开关电源来说，开关电路产生的电磁干扰是开关电源的主要干扰源之一。开关电路是开关电源的核心，主要由开关管和高频变压器组成。开关电源的开关管是开关电源的核心器件，同时也是干扰源，其工作频率直接与电磁干扰的强度相关。随着开关管的工作频率升高，开关管电压、电流的切换速度加快，其传导干扰和辐射干扰也随之增加。

开关电源中的开关管是以高频开关方式工作的，开关电压及开关电流均接近方波，从频谱分析可知，方波信号含有丰富的高次谐波，该高次谐波的频谱可达方波频率的 1000 次以上。由于高频变压器的漏电感及分布电容，以及开关管的工作状态非理想，在开关管高频开或关时，将产生高频高压的尖峰谐波振荡，该谐波振荡产生的高次谐波，通过开关管与散热器间的分布电容传入内部电路或通过散热器及变压器向空间辐射。

开关电源产生的尖峰干扰和谐波干扰是通过开关电源的输入、输出线传播出去，此类干扰被称之为传导干扰；而谐波和寄生振荡的能量，在通过输入、输出线传播时，都会在空间产生电场和磁场，这种通过电磁辐射产生的干扰称为辐射干扰。

由高频变压器一次绕组 L_1、开关管 VT 和滤波电容 C_1 构成的高频开关电流环路，可能会产生较大的空间辐射。如果电容滤波容量不足或高频特性不好，电容上的高频阻抗会使高频电流以差模方式传导到交流电源中形成传导干扰，如图 4-3 中的 I_1。

在开关电源中，开关管 VT 的负载是脉冲变压器的一次绕组 L_1，是感性负载，所以开关管在通断时，在脉冲变压器的一次绕组的两端会出现较高的浪涌电压，可造成与其同一回路的电子器件（尤其是开关管 VT）损坏。

在开关管断开瞬间，由于一次绕组的漏磁通，致使一部分能量没有从一次绕组传输到二次绕组，储藏在电感中的这部分能量将和集电极电路中的电容、电阻形成带有尖峰的衰减振荡，叠加在关断电压上，形成关断电压尖峰。由于开关管关断时间很短，将产生很大的 $\mathrm{d}i/\mathrm{d}t$ 和很高的电流尖峰，频带较宽且谐波丰富。脉冲变压器产生的干扰在开关管由导通转为关断时，变压器的漏感所产生的反电动势为

$$E = -L\mathrm{d}i/\mathrm{d}t \tag{4-1}$$

反电动势值与集电极的电流变化率（$\mathrm{d}i/\mathrm{d}t$）成正比，与漏感量成正比，叠加在关断电压上，形成关断电压尖峰，形成传导性电磁干扰，既影响变压器的一次侧，还会传导给输入电源，影响其他用电设备的安全和经济运行。

经理论分析及实验表明，开关电源的负载加大，开关管关断产生的 $|\mathrm{d}u/\mathrm{d}t|$ 值加大，而负载变化对开关管导通的 $|\mathrm{d}u/\mathrm{d}t|$ 影响不大。由于开关管导通和关断时产生的 $|\mathrm{d}u/\mathrm{d}t|$ 不同，从而对外部产生的干扰脉冲也是不同的。

（3）输出端整流二极管产生的电磁干扰

由高频变压器二次绕组 L_2、整流二极管 VD_5、滤波电容 C_2 构成的高频开关电流环路，可能会产生空间辐射。如果电容器滤波不足，则高频电流将以差模形式混在输出直流电压上向外传导，如图 4-3 中的 I_2。

开关电源中二极管反向恢复及正向导通时的波形如图 4-5 所示，在二极管由阻断状态到导通的转换过程中，将产生一个很高的电压尖峰 U_{RP}，在二极管由导通状态到阻断的转换过程中，存在一个反向恢复时间 t_{rr}，在反向恢复过程中，由于二极管封装电感及引线电感的存在，将产生一个反向电压尖峰 U_{RP}，由于二极管中少子的存储与复合效应，会产生瞬变的反向恢复电流尖峰 I_{RP}，这种快速的电流、电压突变是电磁干扰产生的根源。

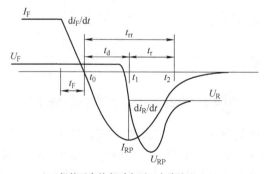

a）二极管反向恢复时电压、电流波形

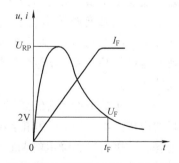

b）二极管正向导通时电流、电压波形

图 4-5　二极管反向恢复及正向导通时的波形

理想的二极管在承受反向电压时截止，不会有反向电流通过。而实际二极管在正向导通时，PN 结内的电荷被积累，当二极管承受反向电压时，PN 结内积累的电荷将释放并形成一个反向恢复电流，它恢复到零点的时间与结电容等因素有关。在开关电源工作时，二次整流二极管 VD_5 也处于高频通断状态，由脉冲变压器二次绕组 L_2、整流二极管 VD_5 和滤波电容 C_2 构成了高频开关电流环路，可向空间辐射噪声。

由于二次整流回路中的 VD_5 在开关转换时频率很高，即由导通转变为截止的时间很短，在短时间内要让存储电荷消失就会产生反向电流浪涌。由于直流输出线路中存在分布电容、分布电感，使浪涌引起的干扰成为高频衰减振荡。由于二极管反向恢复时间的因素，往往正向电流蓄积的电荷在加上反向电压时不能立即消除（因载流子的存在，还有电流流过）。一旦这个反向电流恢复时的斜率过大，流过电感就产生了尖峰电压，在变压器漏感和其他分布参数的影响下将产生较强的高频干扰，其频率可达几十 MHz。

（4）用于续流的开关二极管产生的电磁干扰

在开关电源中用于续流的开关二极管，也是产生高频干扰的一个重要原因。因续流二极管工作在高频开关状态，续流二极管的引线寄生电感、结电容的存在以及反向恢复电流的影响，使其工作在很高的电压及电流变化率下，且产生高频振荡。因续流二极管一般离电源输出线较近，其产生的高频干扰很容易通过直流输出线传出。

（5）开关电源内部元器件的寄生参数引起的噪声

在高频工作下的元器件都有高频寄生特性，如图 4-6 所示，对其工作状态产生影响。高频工作时导线变成了发射线、电容变成了电感、电感变成了电容、电阻变成了共振电路，当频率过高时各元器件的频率特性产生了相当大的变化。

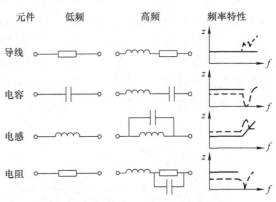

图 4-6 高频工作下的元器件频率特性

开关电源的分布参数是多数干扰的内在因素，开关管和散热器之间的分布电容、变压器一次、二次侧之间的分布电容、一次、二次绕组的漏感都是噪声源。为了保证开关电源在高频工作时的稳定性，设计开关电源时要充分考虑元器件在高频工作时的特性，选择使用高频特性比较好的元器件。另外，在高频时，导线寄生电感的感抗显著增加，由于电感的不可控性，最终使其变成一根发射线，也就成为了开关电源中的辐射干扰源。

1）由于高频变压器的一次侧和二次侧间存在分布电容 C_d，一次侧的高频电压通过这些分布电容将直接耦合到二次侧，在二次侧的两根输出线上产生同相位的共模噪声。共模干扰就是通过变压器一、二次侧之间的分布电容以及开关管与散热器之间的分布电容传输的。如果两根线对地阻抗不平衡，还会转变成差模噪声。高频变压器绕组的分布电容与高频变压器绕组结构、制造工艺有关。可以通过改进绕制工艺和结构、增加绕组之间的绝缘、采用法拉第屏蔽等方法来减小绕组间的分布电容。

2）高频变压器一次绕组、开关管和滤波电容构成的高频开关电流环路可能会产生较大的空间辐射，形成辐射干扰。高频变压器由于绕制工艺等原因，一、二次侧耦合不理想而存在漏感，漏感将产生电磁辐射干扰。高频变压器绕组流过高频脉冲电流，在周围形成高频电磁场；电感线圈中流过脉动电流会产生电磁场辐射。

3）开关管与散热片之间虽然有绝缘垫片，但由于其接触面较大，绝缘垫较薄，两者之间存在分布电容 C_i，在高频时高频电流会通过 C_i 流到散热片上，再流到机壳地，最终流到与机壳地相连的交流电源保护地线 PE 中，而产生共模辐射。开关管与散热器之间的分布电容与开关管的结构以及开关管的安装方式有关，采用带有屏蔽的绝缘衬垫可以减小开关管与散热器之间的分布电容。

4）在开关电源的电路中还会有地环路干扰、公共阻抗耦合干扰，以及控制电源噪声干扰等。另外，不合理的布线将使电磁干扰通过线线之间的耦合电容和分布互感串扰或辐射到邻近导线上，从而影响其他电路的正常工作。热辐射是以电磁波的形式进行热交换，其产生的电磁干扰会影响其他电子元器件或电路的正常稳定工作。

5）开关电源为了提高电路的效率及可靠性，减小功率器件的电应力，大量地采用了软开关技术。该技术极大地降低了开关管所产生的电磁干扰。但是，软开关无损吸收电路，多数利用 L、C 进行能量转移，利用二极管的单向导电性能实现能量的单向转换，因而，该谐振电路中的二极管成为电磁干扰源。

6）开关电源一般采用储能电感及电容器组成 LC 滤波电路，实现对差模及共模干扰信号的滤波。由于电感线圈的分布电容，导致了电感线圈的自谐振频率降低，从而使大量的高频干扰信号穿过电感线圈，沿交流电源线或直流输出线向外传播。滤波电容器将随着干扰信号频率的上升，由于引线电感的作用，导致电容量及滤波效果不断下降，甚至导致电容器参数改变，也是产生电磁干扰的一个原因。

3. 电源线引入的电磁噪声

开关电源外部干扰可以以"共模"或"差模"方式存在，干扰类型可以从持续期很短的尖峰干扰到完全失电之间进行变化。其中也包括电压变化、频率变化、波形失真、持续噪声或杂波以及瞬变等，能够通过开关电源进行传输并造成开关电源损坏，影响开关电源工作的是电快速瞬变脉冲群和浪涌冲击波，而静电放电等干扰只要开关电源本身不产生停振、输出电压跌落等现象，就不会造成因开关电源引起的对用电设备的影响。

　　开关电源输入的电源线 L 和 N 对 PE 存在一定阻抗，如阻抗不平衡则共模噪声还会转变成差模噪声，如图4-3 中的 I_C。电源线噪声是电网中各种用电设备产生的电磁干扰沿着电源线传播造成的，电源线噪声分为两大类：共模干扰、差模干扰。共模干扰定义为任何载流导体与参考地之间的不希望有的电位差；差模干扰定义为任何两个载流导体之间的不希望有的电位差。两种干扰的等效电路如图4-7 所示。在图 4-7 中，C_{P1} 为变压器一、二次侧之间的分布电容，C_{P2} 为开关管与散热器之间的分布电容（即开关管集电极与地之间的分布电容）。

　　在图4-7a 中，开关管 VT 由导通变为截止状态时，其集电极电压突升为高电压，这个电压会引起共模电流 I_{cm2} 向 C_{P2} 充电和共模电流 I_{cm1} 向 C_{P1} 充电，分布电容的充电频率为开关电源的工作频率。则线路中共模电流总值为（$I_{cm1} + I_{cm2}$）。在图4-7b 中，当开关管 VT 导通时，差模电流 I_{dm} 和信号电流 I_L 沿着导线、变压器一次侧、开关管组成的回路流通。

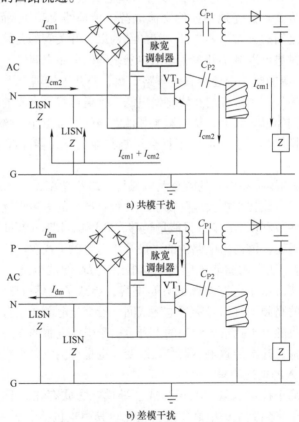

a) 共模干扰

b) 差模干扰

图4-7　两种干扰的等效电路

　　由等效模型可知，共模干扰电流不通过地线，而通过输入电源线传输。而差模干扰电流通过地线和输入电源线回路传输。所以，设置电源线滤波器时要考虑到差模干扰和共模干扰的区别，在其传输途径上使用差模或共模滤波元器件抑制它们的干扰，以达到最好的滤波效果。

负载电流和开关电源输入线电流都是差模电流（电流由一条线流入、由另一条线流出），在单一磁心绕制的共模扼流圈中，差模电流产生的磁场互相抵消，因此可以使用较小的磁心，因为其中的储能很小。在为开关电源设计共模扼流圈时，采用空间上分离的线圈绕成，这种结构增加了一定的差模电感，有助于降低传导型差模噪声。由于磁心同时穿过两组线圈，所以由差模电流和差模电感产生的磁场主要存在于空气中而非磁心中，这会导致电磁辐射。产生于开关电源所带负载的共模噪声会经由变压器中的分布电容，穿过开关电源向交流电网传播，在变压器中增加法拉第屏蔽（一、二次侧之间的接地层）可以降低这种噪声。

4.1.2　开关电源中电磁干扰分类及耦合通道

开关电源中的电磁干扰分为传导干扰和辐射干扰两种，通常传导干扰比较好分析，可以将电路理论和数学知识结合起来，对电磁干扰中各种元器件的特性进行研究；但对辐射干扰而言，由于电路中存在不同干扰源的综合作用，又涉及电磁场理论，分析起来比较困难。

1. 传导干扰及耦合通道

（1）传导干扰

传导干扰表现为电压或电流形式，它们还可进一步分类为共模或差模传播方式。更为复杂的是，连接线上的有限阻抗会将电压、电流传播转换为电流、电压传播，另外差模、共模传播也会转换成共模、差模传播噪声。

在传导干扰频段（小于 30MHz）范围内，多数开关电源干扰的耦合通道是可以用电路网络来描述的。但是，在开关电源中的任何一个实际元器件，如电阻器、电容器、电感器乃至开关管、二极管都包含有杂散参数，且研究的频带越宽，等值电路的阶次越高，因此，包括各元器件杂散参数和元器件间的耦合在内的开关电源的等效电路将复杂得多。在高频时，杂散参数对耦合通道的特性影响很大，因分布电容的存在而构成电磁干扰通道。

通过降低一种或多种传播类型的噪声可以使电路得到优化，降低传导型噪声的最直接方法是在输入端连接低阻抗旁路电容，另外一种方法是在输入电源与开关电源之间增加电感器，确保必要的直流电流能够不受阻碍地通过，但应确保开关电源在最高频率至环路的转折频率都有一个比较低的输入阻抗（大多数开关电源的环路转折点位于 $10 \sim 100\text{kHz}$ 间），否则输入电压的波动会导致输出电压不稳定。

输出电容（C_{OUT}）上的纹波电流要比输入电容 C_{IN} 上的低得多，不但幅度较低，并且（不同于输入电容）电流是连续的，因此具有比较少的谐波成分。通常，电感的每匝绕组都被一层绝缘物质覆盖，这就在各匝绕组之间形成了一个小的电容。这些杂散电容串联叠加后形成一个和电感相并联的等效电容，它提供了一条将冲击电流传导至输出电容 C_{OUT} 和负载的通路。这样，开关节点处电压波形的不连续跳变沿就会向输出电容 C_{OUT} 和负载传送高频电流，结果是在输出电压上形成毛刺，其能量通常分布于 20～50MHz 范围。

开关电源的传导噪声在输出端比起输入端来更容易抑制，和输入端一样，输出端的传导噪声也可以利用低阻抗旁路或第二级滤波来加以抑制。因输出电压是控制环路中的一个控制变量，输出滤波器给环路增益附加了延时或相移（或两者），有可能使电路不稳定。如果一个高 Q 值 LC 后端滤波器被置于反馈点之后，电感器的电阻将会降低负载调整特性，并且瞬态的负载电流会引起输出振荡。

传导耦合是干扰源与敏感设备之间的主要耦合途径之一，传导耦合必须在干扰源与敏感设备之间存在完整的电路连接，电磁干扰沿着这一连接电路从干扰源传输电磁干扰至敏感设备，产生电磁干扰。按其耦合方式可分为电路性耦合、电容性耦合和电感性耦合。在开关电源中，这三种耦合方式同时存在，互相联系。

1）电路性耦合。电路性耦合是最常见、最简单的传导耦合方式。其有以下几种耦合方式：

① 直接传导耦合。导线经过存在干扰的环境时，即拾取干扰能量并沿导线传导至电路而对电路产生干扰。

② 共阻抗耦合。由于两个以上电路有公共阻抗，当两个电路的电流流经一个公共阻抗时，一个电路的电流在该公共阻抗上形成的电压就会影响到另一个电路，形成共阻抗耦合干扰的有电源输出阻抗、接地线的公共阻抗等。

2）电容性耦合。电容性耦合也称为电耦合，由于两个电路产生的尖峰电压是一种有较大幅度的窄脉冲，由于寄生电容的存在，使一个电路的电荷通过寄生电容影响到另一条支路。

3）电感性耦合。电感性耦合也称为磁耦合，两个电路之间存在互感时，当干扰源是以电源形式出现时，此电流所产生的磁场通过互感耦合对邻近信号形成干扰。

开关电源电路的电流回路图如图 4-8 所示，在图 4-8 中，C_1、C_2、C_3、C_4 是各主要部分的对地电容或对机壳的电容，R_1、R_2、R_3 是地电阻或机壳的电阻（机壳接地）；i_1、i_2、i_3、i_4 是开关电源中几个主要部分的回路电流，i_1 是交流输入回路电流，i_2 是整流回路电流，i_3 是开关回路电流，i_4 是输出整流回路电流。在这 4个电流之中，i_3 的作用是最主要的，因为它受开关管 VF_1 控制，其他电流全部都受它影响而发生变化。

从图 4-8 所示电路中可以看出，i_1、i_2、i_3 所属的 3 个回路都是相互连接的，根据回路电流定律，i_1、i_2、i_3 之间具有代数和的关系，因此，只要 3 个电流中有一个电流的高频谐波对其他电路产生干扰，那么，3 个电流都会对其他电路产生干扰，并且这种干扰主要是差模信号干扰。

i_4 与变压器一次侧的 3 个回路电流没有直接关系，它是通过磁感应产生的，因

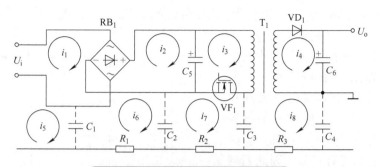

图 4-8 开关电源电路的电流回路图

此它不会产生差模信号干扰，但它会产生共模干扰，i_4 产生共模干扰的主要回路一个是通过对地电容 C_6，另一个是变压器 T_1 一、二次侧之间的电容（图 4-8 中没有画出）。

另外，还有 4 个回路电流 i_5、i_6、i_7、i_8，这 4 个电流与前面的 3 个电流 i_1、i_2、i_3 基本没有直接联系，它们都是通过电磁感应（电场与磁场感应）产生的。在这几个电流中，其中以 i_7 最严重，因为，变压器一次绕组产生的反电动势一端正好通过 C_3 与大地相连，另一端经过其他 3 个回路与交流输入回路相连。要特别指出的是，凡是经过电容与大地相连回路的电流都是属于共模信号干扰电流，因此，i_5、i_6、i_7、i_8 都属于干扰电流。

在开关电源中，变压器是最大的磁感应器件。反激式开关电源是通过把流过变压器一次绕组的电流转换成磁能，并把磁能存储在变压器铁心之中，然后，等开关管关断的时候，流过变压器一次绕组的电流为 0 时，变压器才把存储在变压器铁心之中的磁能转换成电能，通过变压器二次绕组输出。变压器在电磁转换过程中，工作效率不可能 100%，因此，也会有一部分能量损失，其中的一部分能量损失就是因为产生漏磁或漏磁通。这些漏磁通穿过其他电路的时候，也会产生感应电动势。

磁感应产生传导干扰的原理图如图 4-9 所示，当变压器产生的漏磁通穿过其他电路时，在其他电路中也产生感应电动势，其中漏磁通 M_1、M_2、M_3、M_4 产生的

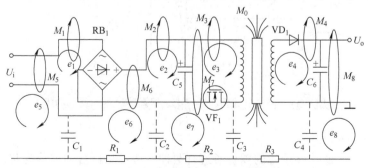

图 4-9 磁感应产生传导干扰的原理图

感应电动势 e_1、e_2、e_3、e_4 是差模干扰信号；M_5、M_6、M_7、M_8 产生的感应电动势 e_5、e_6、e_7、e_8 是共模干扰信号。

开关电源中的变压器产生的漏磁通的原理图如图 4-10 所示，开关电源中变压器的漏磁通大约在 5%～20% 之间，反激式开关电源中的变压器为了防止磁饱和，在磁回路中一般都留有气隙，因此漏磁通比较大，即漏感比较大。因此，产生漏感干扰也特别严重，在实际应用中，一定要用铜箔片在变压器外围进行磁屏蔽。从原理上来说，铜箔片不是导磁材料，对漏磁通是起不到直接屏蔽作用的，但铜箔片

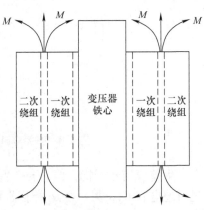

图 4-10　开关电源变压器产生的漏磁通的原理图

是良导体，交变漏磁通穿过铜箔片的时候会产生涡流，涡流产生的磁场方向正好与漏磁通的方向相反，而使部分漏磁通被抵消，因此，铜箔片起到磁屏蔽的作用。

开关电源中变压器一次绕组的漏感产生的反电动势 e_t，在所有干扰信号之中是最不容忽视的，如图 4-11 所示。当开关管关断时，变压器一次绕组漏感产生的反电动势 e_t 几乎没有回路可释放，一方面，它只能通过一次绕组的分布电容进行充电，并让一次绕组的分布电容与漏感产生并联谐振；另一方面，它只能通过辐射向外进行释放，其中通过对地电容 C_3 与大地相连，也是反电动势 e_t 释放能量的一个回路，因此，它对输入端也会产生共模信号干扰。

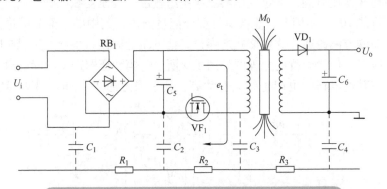

图 4-11　开关电源变压器一次绕组漏感产生的反电动势

（2）耦合通道

描述开关电源传导干扰的耦合通道有两种方法：将耦合通道分为共模通道和差模通道；采用系统函数来描述干扰和受扰体之间耦合通道的特性。在开关电源由电

网供电时，它将从电网取得的电能变换成另一种特性的电能供给负载。同时开关电源又是一噪声源，通过耦合通道对电网、开关电源本身和其他设备产生干扰。

共模干扰是由辐射或串扰耦合到电路中的，而差模干扰则是源于同一条电源电路。通常这两种干扰是同时存在的，由于线路阻抗的不平衡，两种干扰在传输中还会相互转化，情况十分复杂。

在频率不是很高的情况下，开关电源的干扰源、耦合通道和受扰体构成一个多输入多输出的复杂电网络，而将其分解为共模和差模干扰来研究是对上述复杂网络的一种处理方法，这种处理方法在某种场合还比较合适。但是，将耦合通道分为共模和差模通道具有一定的局限性，虽然能测量出共模分量和差模分量，但共模分量和差模分量是

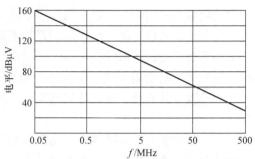

图 4-12　开关电源的谐波电平

由哪些元器件产生的是不易确定的。因此可用系统函数的方法来描述开关电源干扰的耦合通道，即研究耦合通道的系统函数与各元器件的关系，建立耦合通道的电路模型。

开关电源具有各式各样的电路形式，但它们的核心部分都是一个高电压、大电流的受控脉冲信号源。假定某开关电源脉冲信号的主要参数为：$U_o = 500V$，$T = 2 \times 10^{-5}s$，$t_w = 10^{-5}s$，$t_r = 0.4 \times 10^{-6}s$，则其谐波电平如图 4-12 所示。

开关电源的脉冲信号产生的谐波电平，对于其他电子设备来说是电磁干扰信号，这些谐波电平可以从对电源线的传导干扰（频率范围为 0.15 ~ 30MHz）和电场辐射干扰（频率范围为 30 ~ 1000MHz）的测量中反映出来。

在图 4-12 中，基波电平约 160dBμV，500MHz 的电平约 30dBμV，所以，要把开关电源的电磁干扰电平都控制在标准规定的限值内，是有一定难度的。

通常的闭合环形回路的形状都是不规则的，如图 4-13 所示。这是一种带有接地平面的正方形闭合印制线回路，在回路的两端分别接有电压源内阻和负载电阻，当电压信号的频率较高时，这种结构与方环形天线是非常相似的，成为一种严重的辐射源。

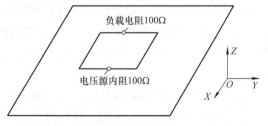

图 4-13　正方形闭合印制线回路模型

闭合印制线回路的面积越大，差模电流所产生的辐射干扰就越严重。但是同样面积的闭合印制线回路，如果回路形状发生变化，不再是正方形结构，其产生的辐

射干扰效果一样会随着变化，甚至产生相当大的差异。

当闭合印制线回路的面积保持 $25cm^2$ 不变时，矩形印制线回路源与终端所在的边分别为 2cm、3cm、4cm 和 5cm 时，差模电流所产生的辐射干扰应在频率为 500MHz、1GHz 和 1.5GHz 时分别进行考虑。显然，频率增高，相同结构的闭合印制线回路产生的辐射干扰跟着增强，并且随着频率增高，差模电流的辐射能量逐渐向印制电路板的正面转移，这是因为频率的增高使得接地平面相对于差模电流信号的电尺寸变大，从而对闭合印制线回路的辐射场产生更大的反射效果。

更为重要的是，随着闭合印制线回路由正方形逐渐变化为越来越狭长的矩形，差模电流所产生的辐射干扰显著减小。也就是说，即使闭合印制线回路的面积相同，适当地改变其形状，使之越来越狭长，同样可以减小相同强度差模电流的辐射干扰。

差模电流的辐射干扰随着闭合回路的面积增加而增强，并呈线性变化，频率的增高也使差模电流的辐射能量更集中于接地平面的上方。更为重要的是，相同面积的闭合回路，回路的形状越来越狭长，差模电流引起的辐射干扰就越来越小。同时，差模电流的辐射干扰在各个极化方向上有不同的分布。这些差模电流的辐射特性可以作为进行开关电源 PCB 设计和机箱内部的电磁兼容设计的依据。根据 PCB 上差模电流的辐射特性，开关电源设计人员在进行 PCB 和机箱内部结构设计的时候可以从以下几个方面来考虑：

1）通过改变闭合印制线回路的形状，使之尽量狭长，可以有效地减小差模电流的辐射干扰水平。

2）根据差模电流在各个极化方向上的辐射水平的不同，尽量使临近 PCB 上的印制线或元器件在较大辐射水平的极化方向上有最小的电长度，这样可以保证它们耦合到较少的电磁能量。

3）在对机箱内部的电缆进行布线设计时，确保电缆在较大辐射水平的极化方向上的电长度最小，从而使电缆耦合到的电磁能量最小。

4）确定得到最小的机箱对外辐射效果的通风窗或者是观察窗的位置和结构，通风窗或观察窗应尽可能地安装在辐射水平较低的位置，如果通风窗或观察窗是由矩形孔构成的，还应该考虑辐射场在窗口位置的各个方向的极化水平，尽量使矩形孔的长边不在辐射水平最大的极化方向上，以便使从机箱辐射出去的电磁能量最小。

开关电源工作在高频情况时，由于 du/dt 很高，激发变压器绕组间以及开关管与散热片间的寄生电容，从而产生共模干扰。典型开关电源中共模、差模干扰的传播路径如图 4-14 所示，共模干扰电流从具有高 du/dt 的开关管出发，流经接地散热片和地线，再由高频 LISN 网络（由两个 50Ω 电阻等效）流回输入电路。根据共模干扰产生的原理，实际应用时常采用以下几种抑制方法：

1）优化电路元器件布置，尽量减少寄生、耦合电容。

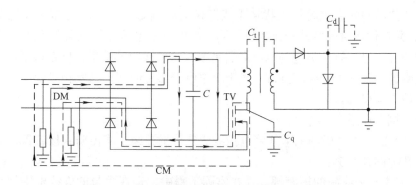

图 4-14　典型开关电源中共模、差模干扰的传播路径

2）延缓开关的导通、关断时间，但是这与开关电源高频化的趋势不符。

3）应用缓冲电路，减缓 du/dt 的变化率。

2. 辐射干扰及耦合通道

（1）辐射干扰

辐射干扰又可分为近场干扰［测量点与场源距离 $<\lambda/6$（λ 为干扰电磁波波长）］和远场干扰（测量点与场源距离 $>\lambda/6$），由麦克斯韦电磁场理论可知，导体中变化的电流会在其周围空间中产生变化的磁场，而变化的磁场又产生变化的电场，两者都遵循麦克斯韦方程式，而这一变化电流的幅值和频率决定了产生的电磁场的大小以及其作用范围。

在电磁辐射研究中，天线是电磁辐射源，在开关电源电路中，主电路中的元器件、连线等都可认为是天线，可以应用电偶极子和磁偶极子理论来分析。在分析时，二极管、开关管、电容等可看成电偶极子；电感线圈可以认为是磁偶极子，再以相关的电磁场理论进行综合分析。

Boost 电路在三维空间的分布如图 4-15 所示，把开关电源电路中的元器件看成电偶极子或磁偶极子，应用相关电磁场理论进行分

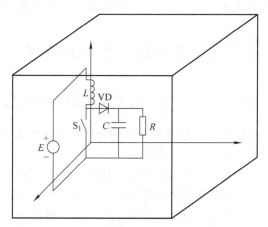

图 4-15　Boost 电路在三维空间的分布

析，可以得出各元器件在空间的辐射电磁干扰，将这些干扰量叠加，就可以得到整个电路在空间产生的辐射干扰。

需要注意的是，不同支路的电流相位不一定相同，在磁场计算时这一点尤其重

要。其相位不同的原因是：干扰从干扰源传播到测量点存在时延作用（也称迟滞效应）；元器件本身的特性导致相位不同，如电感中电流相位比其他元器件中电流相位要滞后。迟滞效应引起的相位滞后是信号频率作用的结果，仅在频率很高时作用才较明显（如 GHz 级或更高），对于功率电子器件而言，频率相对较低，故迟滞效应作用不是很大。

（2）耦合通道

辐射干扰是以电磁场的形式将电磁能量从干扰源经空间传输到接收器，通常存在以下几种耦合通道：

1）天线与天线间的辐射耦合。在实际工程中，存在大量的天线电磁耦合。例如，开关电源中长的信号线、控制线、输入和输出引线等具有天线效应，能够接收电磁干扰，形成天线辐射耦合。

2）电磁场对导线的感应耦合。开关电源中的信号回路连接线、功率级回路的供电线以及地线，每一根导线都由输入端阻抗、输出端阻抗和返回导线构成一个回路。这些回路的引入、引出线都暴露在机箱外面，最易受到干扰源辐射场的耦合而感应出干扰电压或干扰电流，沿导线进入机箱内形成辐射干扰。

3）电磁场对闭合回路的耦合。电磁场对闭合回路的耦合是指回路受感应最大部分的长度小于波长的 1/4，在辐射干扰电磁场的频率比较低的情况下，辐射干扰电磁场与闭合回路的电磁耦合。

4）电磁场通过孔缝的耦合。电磁场通过孔缝的耦合是指辐射干扰电磁场通过非金属外壳、金属外壳上的孔缝、电缆的编织金属屏蔽体等对其内部的电磁干扰。

4.2　开关电源电磁干扰抑制技术

4.2.1　减小干扰源能量及抑制网侧高次谐波电流

1. 减小干扰源能量及抑制干扰传导路径

（1）减小干扰源能量

开关电源的工作频率与其产生的干扰强度密切相关，低的开关电源工作频率不但可以减少干扰的高频分量，其传导干扰和辐射干扰的传播效率也会大大降低。在开关电路中，开关管是核心，不同品牌的开关管辐射干扰相差可达 15 ~ 20dB。开关电路中另一关键部件是脉冲变压器，脉冲变压器对电磁兼容的影响表现在两个方面：

1）一次绕组与二次绕组的分布电容 C_d。

2）脉冲变压器的漏磁。

通过在一次绕组与二次绕组间加静电屏蔽层并引出接地，该接地线尽量接近开关管的发射极接直流输入的 0V 地，这样可以大大减小分布电容 C_d，从而减少了

一、二次侧电场的耦合干扰。为了减小脉冲变压器的漏磁，可以选择封闭磁心（如环形），封闭磁心比开口磁心的漏磁小。还可以通过在脉冲变压器外包高磁导率的屏蔽材料抑制漏磁，从而减小了通过漏磁辐射的干扰。

抑制开关电源产生的干扰方法有：缓冲器法、减少耦合路径法、减少寄生元器件法等。主要是减小开关电源本身的干扰，这是抑制开关电源干扰的根本，是使开关电源电磁干扰低于规定极限值的有效方法。开关电源的主要干扰是来自开关管通、断的 du/dt，因此减小开关管通、断的 du/dt 是减小开关电源干扰的重要方面。

由于开关电源的干扰源是不可能消除的，所以减小干扰源的能量就显得非常必要，一般采取的措施有：

1）并接 RC 电路。在开关管 VT 两端加 RC 吸收电路，如图 4-16a 所示。在二次整流回路中的整流二极管 VD_5 两端加 RC 吸收电路，如图 4-16b 所示，抑制浪涌电压。

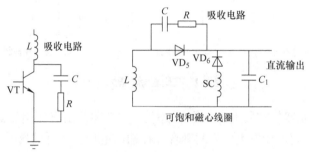

a) 开关管接 RC 吸收网络　　　　b) 接入 RCD 吸收网络和可饱和磁心

图 4-16　抑制噪声浪涌方法

2）串接可饱和磁心绕组。在二次整流二极管 VD_6 回路串接带可饱和磁心的绕组，如图 4-16b 所示。可饱和磁心绕组在通过正常电流时磁心饱和，电感量很小，不会影响电路正常工作；一旦电流要反向流过时，磁心绕组将产生很大的反电动势，阻止反向电流的上升，因此将它与二极管 VD_6 串联就能有效地抑制二极管 VD_5 的反向浪涌电流。目前已有超小型非晶型磁环成品，可以直接套在二极管的正极引线上，使用方便。

（2）抑制干扰传导路径

在开关电源的电磁兼容设计时，首先要明确需要满足的电磁兼容标准，确定开关电源内的关键电路，包括强干扰源电路、高度敏感电路；明确开关电源的工作环境中的电磁干扰源及敏感设备；然后确定对开关电源所要采取的电磁兼容措施。抑制传导噪声的途径有：

1）在交流电源的输入回路加电源滤波器。滤波器对高频能量的传递呈现高阻抗，而对工频输入呈低阻抗。因此，滤波器不但封锁了共模噪声的传播途径，而且也衰减了输入回路中的差模噪声。

2）在开关管外壳和散热器之间安装带有屏蔽层的绝缘垫片，并把屏蔽层接到开关电路低端，这样由 du/dt 所引起的容性电流将进入开关电路，而不是机壳或安全地。

3）几种常见的抑制高频辐射电路如图 4-17 所示，在图 4-17a 中，电容的引入限制了开关管截止瞬间的电压增长率。在图 4-17b 中，开关管截止瞬间，在变压器一次绕组中储存的能量将通过二极管、电阻回路释放，避免了原本要出现在开关管两端的电压尖峰。图 4-17c 则是另一种常用的变压器能量释放电路，在开关管截止瞬间通过二极管将能量返回到一次侧直流高压电源。

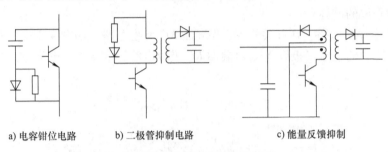

a) 电容钳位电路   b) 二极管抑制电路   c) 能量反馈抑制

图 4-17 抑制高频辐射电路

4）在电路元器件布线上，应尽量使输入交流和输出直流引线远离，以减少输入、输出线缆之间可能发生的空间耦合。在输出电压比较低的情况下，输出整流器和滤波电路的干扰可能比较严重，通过减小环路面积可以抑制 di/dt 环路产生的磁场辐射。

2. 抑制网侧高次谐波电流

交流输入电压 U_i 经二极管整流桥变为正弦脉动电压，经滤波电容 C 滤波后成为直流，但滤波电容的电流波形不是正弦波而是脉冲波。一般滤波电容 C 的容量很大，其两端电压纹波很小，大约只有输入电压的 10% 左右，而仅当输入电压 U_i 大于滤波电容 C 两端电压的时候，整流二极管才导通，因此在输入电压的一个周期内，整流二极管的导通时间很短，即导通角很小。这样在整流电路中将出现脉冲尖峰电流，如图 4-18 所示。

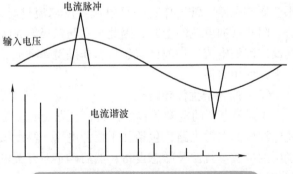

图 4-18 整流电路中的脉冲尖峰电流波形

这种脉冲尖峰电流如用傅里叶级数展开，将被看成由非常多的高次谐波电流组成，这些谐波电流将会降低电源设备的使用效率，即功率因数很低，并会传导到电网，对电网产生污染，严重时还会引起电网频率的波动，即交流电源闪烁。

　　解决整流电路中出现脉冲尖峰电流过大的方法是：在整流电路中串联一个功率因数校正（PFC）电路或差模滤波电感器，PFC 电路虽然可以解决整流电路中出现脉冲尖峰电流过大的问题，但又会带来新的高频干扰问题，这同样也要进行严格的电磁兼容设计。用差模滤波电感器可以有效地抑制脉冲电流的峰值，从而降低电流谐波干扰，但不能提高功率因数。

　　滤波电容的 I_C 与 U_C 波形如图 4-19 所示，抑制高次谐波电流最简单的办法是在整流桥与电容 C_1 之间接入电感 L，用其阻止对电容 C_1 较大的充电电流。L 对交流呈现感抗为 ωL，电容充电电流的平均值与放电直流电流值相等，则峰值电流被限制，导通角变大，如图 4-20 所示。

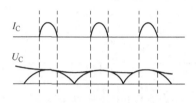

图 4-19　滤波电容的 I_C 与 U_C 波形

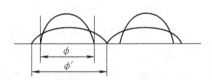

图 4-20　电感的作用示意图

　　若电感足够大，则电流导通角可达到 180°，电流近似正弦波，功率因数趋于1。但是，在实际应用中，如果电感值太大，那么其体积、重量随之变大，从而影响开关电源的小型化，而且整流电压随着负载变化较大。

　　考虑在交流输入电压的范围内，满足电压调整率情况下，适当减小滤波电容，在输入端串联电阻，可以在一定程度上降低滤波电容充电电流瞬时值的峰值，满足谐波电流限值，但功率损耗应控制在可以接受的范围之内，使开关电源的效率下降不多。

4.2.2　抑制共模干扰及尖峰干扰技术

1. 抑制分布电容引起的电场噪声及共模干扰技术

（1）抑制分布电容引起的电场噪声

针对开关电源中分布电容引起的电场噪声采取的主要抗干扰措施有：

1）减少开关管与散热片之间的耦合电容 C_i。选用低介电常数的材料作绝缘垫，加厚垫片的厚度，并采用静电屏蔽的方法，如图 4-21 所示。开关管与散热片之间垫上一层夹心绝缘物，即绝缘物中间夹一层铜箔，作为静电屏蔽层，接在输入直流 0V 地上，散热片仍接在机壳地上，这样将大大减少开关管与散热片之间的耦合电容 C_i，也就减少了它们之间的电场耦合。图 4-21a 是减少 C_i 的原理图，屏蔽层将 C_i 分成 C_{i1} 和 C_{i2} 的串联形式，图 4-21b 是实物图。

2）减少脉冲变压器的分布电容 C_d。在脉冲变压器一次侧和二次侧间加静电屏蔽层，屏蔽层应尽量靠近开关管的发射极并接地，这样将耦合电容 C_d 也分成 C_{d1} 和 C_{d2} 的串联形式，如图 4-22 所示。

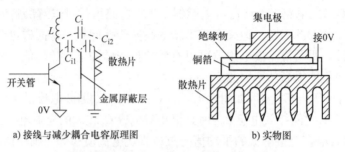

a) 接线与减少耦合电容原理图　　　　　b) 实物图

图 4-21　开关管和散热片之间的静电屏蔽

（2）抑制共模干扰技术

共模干扰有源抑制技术是一种从噪声源采取措施来抑制共模干扰的方法，这种方法的思路是设法从主电路中取出一个与导致电磁干扰的主要开关电压波形完全反相的补偿电磁干扰噪声电压，并用它去平衡原开关电源产生的噪声源。

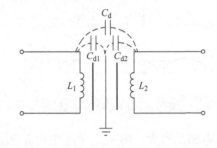

图 4-22　脉冲变压器减少耦合电容 C_d 示意图

共模噪声与差模噪声产生的内部机制有所不同，差模噪声主要由开关变换器的脉动电流引起，共模噪声则主要由较高的 du/dt 与杂散参数间相互作用而产生的高频振荡引起。共模电流包含连线到接地面的位移电流，同时，由于开关管上的 du/dt 最大，所以开关管与散热片之间的杂散电容也将产生共模电流。开关管的 du/dt 通过外壳和散热片之间的寄生电容对地形成噪声电流。

共模干扰有源抑制电路通过检测开关管的 du/dt，并把它反相，然后加到一个补偿电容上面，从而形成补偿电流对噪声电流的抵消。即补偿电流与噪声电流等幅，但相位相差 180°，并且也流入接地层。根据基尔霍夫电流定律，这两个电流在接地点汇流为零，可使 50Ω 的阻抗平衡网络（LISN）电阻（接测量接收机的 BNC 端口）上的共模噪声电压被大大减弱。

带无源共模抑制电路的隔离型反激变换器如图 4-23 所示，开关管的 du/dt 所导致的寄生电流 I_{para} 注入接地层，附加抑制电路产生的反向噪声补偿电流 I_{comp} 也同时注入接地层。理想的状况就是这两个电流相加为零，从而大大减少了流向 LISN 电阻的共模电流。

利用现有电路中的电源变压器磁心，在原绕组结构上再增加一个附加绕组 N_C。由于该绕组只需流过由补偿电容 C_{comp} 产生的反向噪声电流，所以它的线径相对一次侧和二次侧的 N_P 及 N_S 绕组显得很细（由实际装置的设计考虑决定）。附加电路

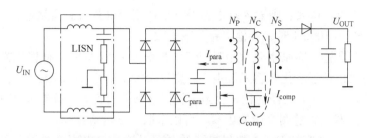

图 4-23　带无源共模抑制电路的隔离型反激变换器

中的补偿电容 C_{comp} 主要是用来产生与寄生电容 C_{para} 引起的寄生噪声电流反向的补偿电流。C_{comp} 的大小由 C_{para} 和绕组匝比 $N_{\mathrm{P}}:N_{\mathrm{C}}$ 决定。如果 $N_{\mathrm{P}}:N_{\mathrm{C}}=1$，则 C_{comp} 的电容值取得和 C_{para} 相当；若 $N_{\mathrm{P}}:N_{\mathrm{C}}\neq1$，则 C_{comp} 的取值要满足 $i_{\mathrm{comp}}=C_{\mathrm{para}}\times \mathrm{d}u/\mathrm{d}t$。

　　此外，还可以通过修改诸如 Buck DC/DC 变换器中的电感或变压器的设计参数，从而形成无源补偿电路，实现噪声的抑制，如图 4-24、图 4-25 所示。

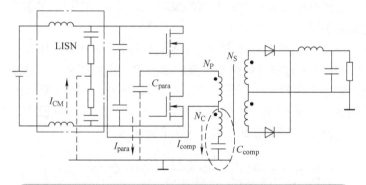

图 4-24　带有无源共模抑制电路的半桥隔离式 DC/DC 变换器

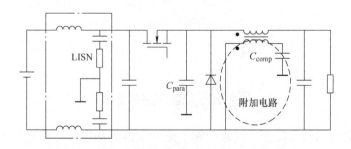

图 4-25　带有无源共模抑制电路的 Buck 变换器

　　电感在整个电路中起到限制电流变化率 $\mathrm{d}i/\mathrm{d}t$ 的作用，很显然在 LISN 中串联大电感量的电感限制了变换器电源作为电流源提供电能的能力。因此，这些脉动电流所需的能量必须靠输入电容来供给，但是输入电容自身的 ESL 也限制了它作为电流源的能力。ESL 越大，则输入端电容提供给补偿变压器所需高频电流的能力越受限制。当 ESL 为 100nH 时，补偿电路几乎失效。

当把变压器漏感从原来磁化电感的 0.1% 增大到 10% 时，补偿电路也开始失效。如果漏感相对于磁化电感来说很小，则这个波形畸变可以忽略，但实际补偿电容上呈现的 du/dt 波形已经恶化，以至于补偿电路无法有效发挥抑制作用。为了解决 ESL 和变压器漏感这两个限制因素，可以采取以下措施：

1）对于输入电容的 ESL，要尽量降低至可以接受的程度，通过并联低 ESL 值的电容来改善。

2）密绕一次绕组和补偿绕组可以有效降低漏感。

2. 抑制尖峰干扰及辐射干扰技术

（1）抑制尖峰干扰技术

开关电源中尖峰干扰主要来自开关管和二次侧整流二极管的导通和关断瞬间，采取具有容易饱和、储能能力弱等特点的饱和电感能有效抑制这种尖峰干扰。将饱和电感与整流二极管串联，在电流升高的瞬间，它呈现高阻抗，抑制尖峰电流，而饱和后其饱和电感量很小，损耗小。

在图 4-26 所示电路中，当 S_1 导通时，VD_1 导通，VD_2 截止，由于可饱和电感 L_s 的限流作用，VD_2 中流过的反向恢复电流的幅值和变化率都会显著减小，从而有效地抑制了高频导通噪声的产生。当 S_1 关断时，VD_1 截止，VD_2 导通，由于 L_s 存在着导通延时时间 Δt，这将影响 VD_2 的续流作用，并会在 VD_2 的负极产生负值尖峰电压。为此，在电路中增加了辅助二极管 VD_3 和电阻 R_1。

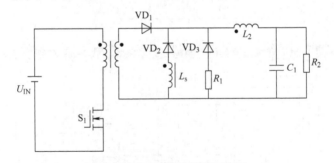

图 4-26　尖峰抑制器的应用

因二极管反向电流陡变、回路分布电感和二极管结电容等形成高频衰减振荡，而滤波电容的等效串联电感又削弱了滤波作用，为了保护开关管免受由于寄生参数等因素引起的振荡尖峰电压的冲击，常采用阻尼电路。

阻尼电路有多种类型：从电磁兼容角度看，抑制尖峰干扰 RC 阻尼电路的效果是最好的，但比其他抑制尖峰干扰的方法发热多。权衡各方面的利弊，在 RC 阻尼电路中应谨慎使用感性电阻。因此，抑制尖峰干扰的解决办法是选用小电感和高频

电容构成的 RC 阻尼电路。

在输出整流管上串联一个饱和电感的抑制电路，如图 4-27 所示，饱和电感 L_s 与二极管串联工作。饱和电感的磁心是用具有矩形 $B-H$ 曲线的磁性材料制成的，这种磁心做的电感有很高的磁导率，磁心在 $B-H$ 曲线上拥有一段接近垂直的线性区，并很容易进入饱和。在实际使用中，在输出整流二极管导通时，使饱和电感工作在饱和状态下，相当于一段导线；当二极管关断反向恢复时，使饱和电感工作在电感特性状态下，阻碍了反向恢复电流的大幅度变化，从而抑制了它对外部的干扰。

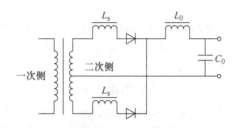

图 4-27　饱和电感在减小二极管反向恢复电流中的应用

在开关电源高频变压器二次回路中，整流二极管在反向恢复过程中，流过二极管的电流发生剧烈变化，它在电感的回路中将感应出电动势。由于二极管具有结电容，所以在整个高频变压器二次回路中要产生高频衰减振荡。

整流二极管应采用恢复电荷小，且反向恢复时间短的，如肖特基管，最好是选用反向恢复呈软特性的二极管。另外，在肖特基管两端套磁珠和并联 RC 吸收电路均可减少干扰，RC 吸收电路中的电阻、电容取值可为几 Ω 和数千 pF，电容引线应尽可能短，以减少引线电感。

在实际使用中，一般采用具有软恢复特性的整流二极管，并在二极管两端并接小电容来消除电路的寄生振荡。负载电流越大，续流结束时流经整流二极管的电流也越大，二极管反向恢复的时间也越长，则尖峰电流的影响也越大。采用多个整流二极管并联来分担负载电流，可以降低尖峰电流的影响。

在开关电源输出端的滤波电容中，等效的串联电感削弱了电容本身的高频旁路作用，于是在开关电源的输出端会出现频率很高的尖峰干扰。电感越大，二极管的反向电流变化率越大，出现尖峰也越大。

为克服输出电压中的尖峰，可增加第二级滤波，如图 4-28 所示。在图 4-28 中，电感只需很小的电感值（一般只需在磁心上绕几圈），电容 C_2 则是低电感的小电容。

（2）抑制辐射干扰技术

抑制开关电源产生的辐射干扰的有效方法是屏蔽，即用电导率良好的材料对电场进行屏蔽，用磁导率高的材料对磁场进行屏蔽。为了防止脉冲变压器的磁场泄

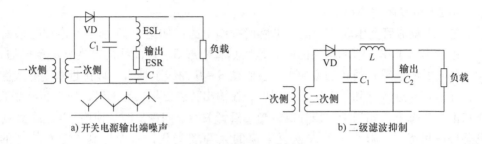

a) 开关电源输出端噪声   b) 二级滤波抑制

图 4-28　输出噪声抑制

漏，可利用闭合环形成磁屏蔽，另外，还要对整个开关电源进行电场屏蔽。

　　在进行屏蔽设计时，应考虑散热和通风问题，屏蔽外壳上的通风孔最好为圆形多孔，在满足通风的条件下，孔的数量可以多，每个孔的尺寸要尽可能小。接缝处要焊接，以保证电磁的连续性，如果采用螺钉固定，注意螺钉间距要短。

　　屏蔽外壳的引入、引出线处要采取滤波措施，否则，引入、引出线会成为干扰发射天线，严重降低屏蔽外壳的屏蔽效果。若用电场屏蔽，屏蔽外壳一定要接地，否则，将起不到屏蔽效果；若用磁场屏蔽，屏蔽外壳则不需接地。对非嵌入的外置式开关电源的外壳一定要进行电场屏蔽，否则，很难通过辐射干扰测试。

　　在开关电源高频变压器的一次回路中，要求输入电容、开关管和变压器输入端彼此靠近，且布线紧凑。在高频变压器的二次回路中，要求二极管、变压器输出端和输出电容彼此贴近。在 PCB 上将正负载流导线分别布在印制电路板的两面，并设法使两个载流导体彼此间保持平行，因为平行紧靠的正负载流导体所产生的外部磁场是趋向于相互抵消的。

　　开关电源的电源线、信号线都应该使用具有屏蔽层的导线，尽量防止外部干扰耦合到开关电源的电路中。或者使用磁珠、磁环等电磁兼容元器件，滤除电源线及信号线的高频干扰，但是，要注意信号频率不能受到电磁兼容元器件的干扰，也就是信号频率要在滤波器的通带之内。整个开关电源的外壳也需要有良好的屏蔽特性，接缝处要符合电磁兼容规定的屏蔽要求。通过上述措施可保证开关电源既不受外部电磁环境的干扰，也不会对外部电子设备产生干扰。

　　特别需注意的是，电感和变压器的磁路要闭合，用环形或无缝磁心，环形铁粉心适合于存储磁能的场合，若在磁环上开缝，则需一个完全短路环来减小寄生泄漏磁场。开关电源高频变压器一次侧的开关噪声会通过隔离变压器的绕组匝间电容注入到二次侧，在二次侧产生共模噪声，这些噪声电流难以滤除，而且由于流过路径较长，便会产生发射现象。一种很有效的技术是将高频变压器二次地用小电容连接到一次电源线上，从而为这些共模电流提供一条返回路径，但不能超出安全标准标明的总泄漏地电流，这个电容也有助于高频变压器二次侧滤波器更好地工作。

　　变压器绕组匝间屏蔽（隔离变压器内）可以更有效地抑制二次侧上感应的一

次侧开关噪声，靠近一次绕组的屏蔽通常连到一次电源线上，靠近二次绕组的屏蔽经常连到公共输出地（若有的话），中间屏蔽体一般连到机壳。

选择适当的输出电感可以将变压器二次交流波形变成半正弦波，可显著地减小变压器绕组间的噪声（直流纹波和噪声）。但这仍将在波形不连续处产生噪声干扰，比较好的方法是采用适当的两边绕线的磁性元器件，这样便可在变压器二次侧得到无噪声的完整正弦波，还能改善直流纹波和噪声，同时也能减小辐射。

4.2.3　开关电源接地技术

在开关电源的电路设计中应遵循"一点接地"的原则，如果形成多点接地，会出现闭合的接地环路，当磁力线穿过该回路时将产生磁感应噪声，实际上很难实现"一点接地"。因此，为降低接地阻抗，消除分布电容的影响而采取平面式或多点接地，利用一个导电平面（底板或多层印制板电路的导电平面层等）作为参考地，需要接地的各部分就近接到该参考地上。为进一步减小接地回路的压降，可用旁路电容减少返回电流的幅值。在低频和高频共存的电路系统中，应分别将低频电路、高频电路、功率电路的地线单独连接后，再连接到公共参考点上。

在进行开关电源电路设计时，对地线的连接和处理一定要特别慎重，否则将会出现严重的地线干扰。一般电路中的地，不是大地，其电位并不等于零，它只不过是一根公共连接线。理想的地线应该是电位处处为零，即：在理想的地线中是没有电流流动的，如果导体中有电流流动，就不能把它当成地线。

以图 4-29 所示电路为例，分析地线对电磁兼容产生的影响。在图 4-29 中，VF_1 为开关管，T_1 为开关变压器，VD_1 为整流二极管，C_1、C_2、C_3 为滤波电容器，A_1 为功率放大器，S_1 为功率放大器输入信号，R_1 为功率放大器输出负载，G_1、G_2、G_3、G_4、G_5、G_6、G_7、G_8 为各个器件的地；U_i 表示整流器输出电压，U_o 表示经过滤波后的输出电压。

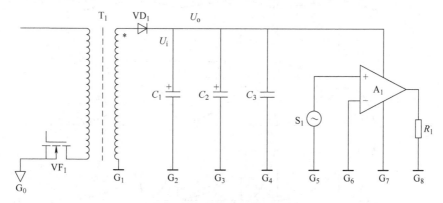

图 4-29　开关电源应用电路

G_1 是开关电源变压器二次侧的地，G_1 地的电位不是 0，变压器二次侧真正的 0 电位是在变压器二次绕组的中心抽头处，如果变压器二次绕组的两个端子不接成回路，它相当于一个振子天线。如果把 G_1 与大地相接，即使变压器二次绕组的另一端不与其他电路连接，G_1 也会产生地电流，并且变压器二次绕组" * "端的电位会升高一倍，其工作原理与中波发射天线的工作原理很类似。

变压器输出电压经二极管 VD_1 整流后为脉动直流，脉动直流含有非常丰富的高频谐波，不能直接向功率放大器供电，必须要经过储能滤波，使脉动直流变成一种纹波很小的直流后，再给功率放大器供电。

图 4-29 中的 C_1 是储能滤波电容，它的功能是把开关电源输出的脉冲功率进行存储，然后再给负载提供稳定的功率和输出电压。电容 C_1 充电时相当于功率存储，放电时相当于功率输出。由于 C_1 的充放电电流特别大，如果电路处理不当，充放电回路产生的电磁干扰将非常严重。产生的感应电动势的大小，与电流的变化律成正比，即 $e = L \times \mathrm{d}i/\mathrm{d}t$，与磁通的变化率成正比 $e = \mathrm{d}\Phi/\mathrm{d}t$，与产生感应磁通回路的面积成正比，即 $e = S\mathrm{d}B/\mathrm{d}t$，与互感的大小成正比，即 $e = M \times \mathrm{d}i/\mathrm{d}t$；而充电回路电流的大小，与开关电源输出电压的变化率成正比，与充电电容器的大小成正比，即 $i = C \times \mathrm{d}u/\mathrm{d}t$。

开关电源整流输出电压以及电源滤波电容的纹波电压、纹波电流波形如图 4-30 所示，其中 U_i 表示整流输出电压，U_o 表示经过滤波后的输出电压，u_C 表示滤波电容的纹波电压，i_C 表示滤波电容的纹波电流。

由图 4-30 可以看出，电源滤波回路同时存在两种非常严重的电磁辐射，一个是由变压器输出电压方波产生的高频电场辐射，另一个是由电源滤波回路电容器充放电电流产生的高频磁场辐射，统称电磁辐射。

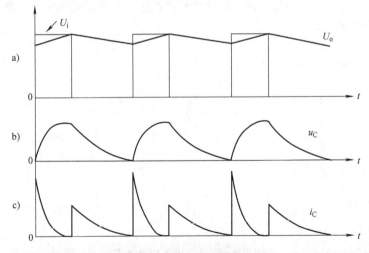

图 4-30 开关电源整流输出电压、电源滤波电容纹波电压、纹波电流波形

为了减少电磁辐射，比较简便和有效的办法就是减少电磁辐射的面积，或减少电压和电流的上升率，减少电压上升率会增加开关管的损耗；减少电流上升率可以在电容充放电回路中串联一个小电感，但串联电感又会产生新的磁辐射，并且增加成本。

为了减少电磁辐射的有效辐射面积，整流二极管 VD_1、电源滤波电容 C_1 必须紧靠变压器的二次侧，电源滤波电容 C_1 的地 G_2 更应该就近与变压器二次侧的地 G_1 连接，并且在 PCB 上还要做到一点接地，即在这两个接地点之间不要插入其他的接地点。变压器输出电压经过 C_1 电容滤波后，脉动电压的成分以及高次谐波部分都将会大大减少，此时，G_1 或 G_2 与大地连接，流入大地的谐波电流也将会大大减小。

G_7 是功率放大器 A_1 的输出地，同时 G_7 还是功率放大器 A_1 电源的负极。可以把功率放大器 A_1 看成是一个软开关，功率放大器的输出级一般都是由两个推拉管组成，两个放大管受输入信号的控制来回导通，不断地向负载 R_1 提供功率输出，并且不停地向电源索取能量。流过功率放大器 A_1 或负载 R_1 的电流是脉动电流，因此，功率放大器的电源输入回路以及功率输出回路也会向外产生很强的电磁辐射，为了减少电磁辐射，要尽量减少电源输入回路以及功率输出回路的面积。

对于功率放大器 A_1 的供电回路来说，减少电磁辐射面积最好的方法是把电源直接接到功率放大器电源输入脚的两端。一个充满了电的电容可以把它看成是一个电源，C_2 是一个大容量储能电容，但它瞬间不能提供出大电流，因此，需要并联一个高频电容 C_3。因此，C_2、C_3 都可以看成是给功率放大器供电的电源，所以，C_2、C_3 应该尽量靠近功率放大器供电的输入端，并与电源输入的两端紧密相连。C_3 是高频电容，它能在很短的时间内输出较大的电流，即高频响应好，并且体积比 C_2 小，它靠近功率放大器的电源输入端更为便利，对减少电磁辐射很有利。因此，G_4 应该优先与 G_7 连接，其次是储能电容 C_2 的地 G_3，最好 G_7、G_4、G_3 三个地能够接在一个点上，即在它们之间不要插入其他接地点，最后 G_7 再与 G_8 相连。

G_5 是信号源的地，G_6 是功率放大器输入信号的地，它们两个地应该连接在一起。功率放大器输入信号的回路很容易被其他电流回路产生电磁感应干扰，因此，输入信号回路的面积也要尽量小，输入信号的输入地线与信号输入线要尽量靠近，并且要平行一起走，使电磁感应在每根信号线上产生的干扰信号，对放大器来说，均为共模信号，这样可以互相抵消。如果 G_5 和 G_6 不是一点接地，G_5 和 G_6 之间产生的电位差将会成为放大器输入信号的一部分，即干扰信号通过地线会串扰到输入信号中，将会破坏放大器的正常工作，严重时还会使放大器出现自激。

图 4-31 是经优化的接地图，经过接地优化以后，原来图 4-29 中的 8 个接地点现在减少 5 个，变成了 3 个，然后，这 3 个接地点之间不管用导线怎么样互相连通，在连接的导线（地线）中都不会出现大的脉动电流或者互相产生信号干扰，如果把其中任何一个接地点与大地连接，也不会产生大的脉动电流。因此，经过接

地优化以后，不但可以降低各部分电路之间通过地线产生的各种信号互相干扰，同时也可以降低本设备对其他设备产生的干扰。

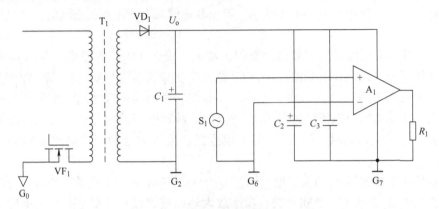

图 4-31　图 4-29 的接地点修改图

4.2.4　开关电源调制频率控制及无源补偿技术

1. 开关电源调制频率控制技术

干扰是根据开关频率变化的，干扰的能量集中在这些离散的开关频率点上，所以很难满足抑制电磁干扰的要求。频率固定不变的调制脉冲产生的干扰在低频段主要是调制频率的谐波干扰，低频段的干扰主要集中在各谐波点上。由 F. Lin 提出的开关频率调制方法，其基本思想是通过调制开关频率 f_C 的方法，把集中在开关频率 f_C 及其谐波 $2f_C$，$3f_C$……上的能量分散到它们周围的频带上，由此降低各个频点上的电磁干扰幅值，以达到低于电磁干扰标准规定的限值。这种开关调频 PWM 方法虽然不能降低总的干扰能量，但它把能量分散到频点的基带上，以达到各个频点都不超过电磁干扰规定的限值。

通过将开关信号的能量调制分布在一个很宽的频带上，产生一系列的分立边频带，则干扰频谱可以展开，干扰能量被分成小份分布在这些分立频段上，从而更容易达到电磁干扰的标准，调制频率控制是根据这种原理实现对开关电源电磁干扰的抑制。

最初采用随机频率控制，其主要思想是，在控制电路中加入一个随机扰动分量，使开关间隔进行不规则变化，则开关噪声频谱由原来离散的尖峰脉冲噪声变成连续分布噪声，其峰值大大下降。具体办法是由脉冲发生器产生两种不同占空比的脉冲，再与电压误差放大器产生的误差信号进行采样选择，产生最终的控制信号。其具体的控制波形如图 4-32a 所示。

但是，随机频率控制在导通时采用 PWM 控制的方法，在关断时才采用随机频率，因而其调制干扰能量的效果不是很好，抑制干扰的效果不是很理想。而最新出

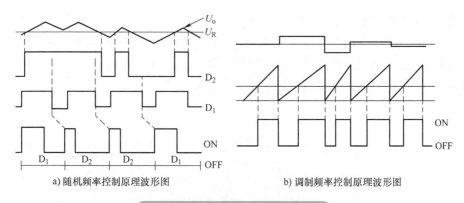

a) 随机频率控制原理波形图　　　　　b) 调制频率控制原理波形图

图 4-32　两种不同的频率调制波形

现的调制频率控制则很好地解决了这些问题，其原理是，将主开关频率进行调制，在主频带周围产生一系列的边频带，从而将噪声能量分布在很宽的频带上，降低了干扰。这种控制方法的关键是对频率进行调制，使开关能量分布在边频带的范围，且幅值受调制系数 β 的影响（调制系数 $\beta = \Delta f / f_m$，Δf 为相邻边频带间隔，f_m 为调制频率），一般 β 越大调制效果越好，其控制波形如图 4-32b 所示，根据调制频率原理设计的控制电路如图 4-33 所示。

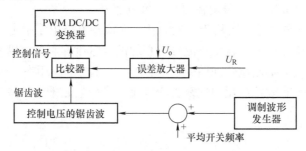

图 4-33　一个典型的调制频率控制电路

2. 无源缓冲及补偿技术

在开关变换器中，电磁干扰是在开关管开关时刻产生的，以整流二极管为例，在导通时，其导通电流不仅引起大量的导通损耗，还产生很大的 di/dt，导致电磁干扰；而在关断时，其两端的电压快速升高，有很大的 du/dt，从而产生电磁干扰。缓冲电路不仅可以抑制导通时的 di/dt、限制关断时的 du/dt，还具有电路简单、成本较低的特点，因而得到了广泛应用。但是传统的缓冲电路中往往采用有源辅助开关，电路复杂不易控制，并有可能导致更高的电压或电流应力，降低了可靠性，因此许多新的无源缓冲器应运而生。

（1）二极管反向恢复电流抑制电路

在图 4-34a 所示的 Boost 电路中，开关管 VF$_1$ 导通后，二极管 VD$_1$ 将关断。但

由于此前二极管 VD_1 上的电流为工作电流，要降为零，其 du/dt 将很高。二极管 VD_1 的关断只能靠反向恢复电流尖峰，而现有的抑制二极管反向恢复电流的方法大多只适用于特定的变换器电路，而且只对应某一种的输入输出模式，适用性很差，而图 4-34b 所示的电路则可以较好地解决这一缺陷。

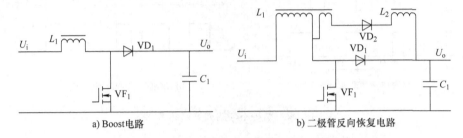

a) Boost电路　　　　　　　　b) 二极管反向恢复电路

图 4-34　Boost 电路及其二极管反向恢复电路

在图 4-34b 所示电路中，将一个辅助二极管（VD_2）、一个辅助电感（L_2）与主功率电感（L_1）的部分绕组串联，然后与主二极管（VD_1）并联。其工作原理是，在开关管 VF_1 导通时，利用辅助电感及辅助二极管构成的辅助电路进行分流，使主二极管 VD_1 上的电流降为零，并维持到开关管 VF_1 关断。由于电感 L_2 的作用，辅助二极管 VD_2 上的反向恢复电流很小，可以忽略。

图 4-34b 所示电路除了可用于一般的开关变换器电路中限制主二极管的反向恢复电流，还可以用在输入、输出整流二极管的恢复电流抑制上。输入、输出整流二极管反向恢复电流的抑制电路如图 4-35 所示。这种技术应用在一般的开关电源电路里，都可以获得有效抑制反向恢复尖峰电流、降低电磁干扰、减少损耗、提高效率的效果。

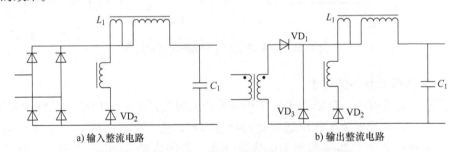

a) 输入整流电路　　　　　　　　b) 输出整流电路

图 4-35　输入、输出整流二极管反向恢复电流抑制电路

（2）无损缓冲电路

在开关变换器电路中，主二极管反向恢复时，会对开关管造成很大的电流、电压应力，引起很大的功耗，极易造成开关管损坏。为了抑制这种反向恢复电流，减少损耗，而提出了一种无损缓冲电路，如图 4-36 所示。

图 4-36 所示的无损缓冲电路工作原理是：主开关管 VT 导通时的 di/dt 应力、关断时的 du/dt 应力分别受电感 L_1、电容 C_1 限制，利用电感 L_1、电容 C_1、电容 C_2 之间相互的谐振及能量转换，实现对主二极管 VD 反向恢复电流的抑制，使开关损耗、电磁干扰大大减少。不仅如此，由于在主开关管导通时，电容 C_1 上的能量转移到电容 C_2，关断时电容 C_2

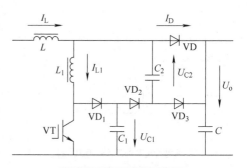

图 4-36　无损缓冲电路

和电感 L_1 上的能量转移到负载，使缓冲电路的损耗很低，效率很高。

（3）无源补偿技术

传统的共模干扰抑制电路如图 4-37 所示。为了使通过滤波电容 C_y 流入地的漏电流维持在安全范围，滤波电容 C_y 的值都较小，相应的滤波电感 L_{cm} 就变大，特别是由于滤波电感 L_{cm} 要传输全部的功率，其损耗、体积和重量都会变大。应用无源补偿技术，则可以在不影响主电路工作的情况下，较好地抑制电路的共模干扰，并可减小滤波电感 L_{cm} 而节省成本。

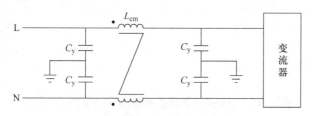

图 4-37　共模干扰抑制电路

由于共模干扰是由开关管的寄生电容在高频关断时 du/dt 产生的，因此，用一个额外的变压器绕组在补偿电容上产生一个 180° 的反向电压，产生的补偿电流再与寄生电容上的干扰电流叠加，从而消除干扰。这就是无源补偿的原理。

加入补偿电路的隔离式半桥电路如图 4-38a 所示，由于半桥、全桥电路常用于大功率场合，滤波电感 L_{cm} 较大，所以补偿的效果会更明显。图 4-38a 所示电路在变压器上加了一个补偿绕组 N_C，匝数与一次绕组一样；补偿电容 C_{comp} 的大小则与寄生电容 C_{para} 一样。在图 4-38a 所示电路工作时，N_C 使 C_{comp} 产生一个与 C_{para} 上干扰电流大小相同、方向相反的补偿电流，叠加后消除了干扰电流。补偿绕组不流过全部的功率，仅传输干扰电流。

在图 4-38b 所示的正激式电路中，利用其自身的磁复位绕组，可以更加方便地实现补偿。无源补偿技术还可以应用于非隔离式的变换器电路中，如图 4-39 所示，其原理是一样的。

需要注意的是，无源补偿技术有一定的应用条件，它受开关电流、电压的上

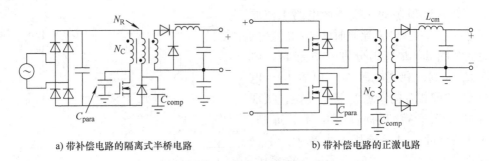

a) 带补偿电路的隔离式半桥电路　　　　b) 带补偿电路的正激电路

图 4-38　两种无源补偿电路

升、下降时间，以及变压器结构等因素的影响，特别当变压器的线间耦合电容远大于寄生电容时，干扰电流不经补偿绕组而直接进入大地，此时抑制效果不是很理想。

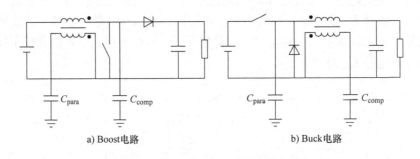

a) Boost电路　　　　　　　　　　b) Buck电路

图 4-39　带补偿电路的非隔离式 Boost、Buck 电路

4.3　开关电源电路的电磁兼容及输入/输出布线设计

4.3.1　开关电源电路的电磁兼容设计

1. 输入电路的电磁兼容设计

（1）DC/DC 输入电路的电磁兼容设计

DC/DC 输入端滤波电路如图 4-40 所示，VS_1 为瞬态电压抑制二极管，RV_1 为压敏电阻，VS_1、RV_1 都具有很强的瞬变浪涌吸收能力，能很好地保护后级元器件或电路免遭浪涌电压的损坏。Z_1 为直流电磁干扰滤波器，必须要良好接地，且接地线要短，最好直接安装在金属外壳上，还要保证其输入、输出线之间的屏蔽隔离，才能有效地切断传导干扰沿输入线的传播和辐射干扰沿空间的传播。L_1 及 C_1 组成低通滤波电路，当 L_1 电感值较大时，还须增加如图 4-40 所示电路中的 VD_1 和 R_1 构成续流回路，吸收 L_1 断开时释放的电场能量，否则，L_1 产生的电压尖峰就会形成电磁干扰，电感 L_1 所使用的磁心最好为闭合磁心，带气隙的开环磁心的漏磁场会形成电磁干扰，C_1 的容量较大为好，这样可以减小输入线上的纹波电压，从而减小在输入导线周围形成的电磁场。

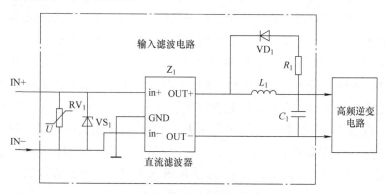

图 4-40　DC/DC 输入端滤波电路

（2）AC/DC 输入电路的电磁兼容设计

1）共模噪声对策。开关电源采用共模噪声对策是在 AC 线上设置共模滤波器，在各线与 FG 之间设置 4700pF 的电容，此电容被称为 Y 电容，如图 4-41 所示，共模滤波器可将共模噪声降低到标准要求的上限值以内。

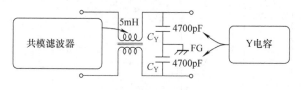

图 4-41　共模滤波器

2）差模噪声对策。差模噪声对策是在 AC 线之间设置 $0.47\mu F$ 的电容，此电容被称为 X 电容，如图 4-42 所示，可将差模噪声降低到标准要求的上限值以内。

在图 4-41、图 4-42 中，Y 电容通常使用两个，由于 Y 电容接在 AC 线与地之间，因此对差模噪声也有抑制效果，特别是在 $8\sim10MHz$ 之间有较为明显的效果。

在图 4-42 中，AC 电源线之间连接的 X 电容只针对差模噪声有效果，被称为差模电容、一般采用 $1\mu F$ 左右的电容。由于 X 电容是在线间连接，线—地之间没有连接，因此即使损

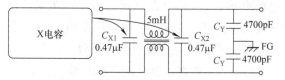

图 4-42　共模、差模滤波器

坏也没有触电的危险。X 电容与 Y 电容相比，前者在 $150kHz\sim1MHz$ 之间有较好的效果。

2. 高频逆变电路的电磁兼容设计

开关管是开关电源的核心器件，同时也是干扰源。当开关管的开关频率升高，会增加电磁干扰，此时如果吸收回路的二极管或电容、电阻的参数选择不当也会带来电磁干扰。在开关电源工作过程中，由一次侧滤波大电容、高频变压器一次绕组和开关管构成一个高频电流回路，该回路造成一个较大的辐射噪声。

图 4-43 所示的高频逆变半桥电路由 C_2、C_3、VT_2、VT_3 构成，VT_2、VT_3 为 (IGBT 或 MOSFET) 开关管，在 VT_2、VT_3 导通和关断时，由于开关时间很短以及引线电感、变压器漏感的存在，回路会产生较高的 di/dt、du/dt，从而形成电磁干扰，为此，在变压器一次侧两端增加电阻 R_4、电容 C_4 构成吸收回路，或在开关管 VT_2、VT_3 两端分别并联电容器 C_5、C_6，并缩短引线，减小 a－b、c－d、g 的引线电感。在设计中，电容 C_4、C_5、C_6 一般采用低感电容，电容器容量的大小取决于引线电感量、电路中电流值以及允许的过冲电压值的大小，由 $L \times I^2/2 = C\Delta U^2/2$ 求得电容 C 的值（L 为回路电感，I 为回路电流，ΔU 为过冲电压值）。

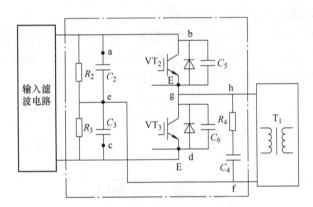

图 4-43　高频逆变半桥电路

在大电流或高电压下的快速开关动作是产生电磁噪声的根本，因此，尽可能选用产生电磁噪声小的电路拓扑，如在同等条件下双管正激拓扑比单管正激拓扑产生电磁噪声要小，全桥电路比半桥电路产生电磁噪声要小。另外，使用 ZCS 或 ZVS 软开关变换技术能有效降低高频逆变回路的电磁干扰。

3. 输出整流电路的电磁兼容设计

理想的二极管在承受反向电压时截止，不会有反向电流通过。而在实际应用的二极管正向导通时，PN 结将累积电荷，当二极管承受反向电压时，PN 结累积的电荷释放并形成一个反向恢复电流，它恢复到零点的时间与结电容的大小有关。可以在二极管两端并联阻容 RC 吸收电路，用来吸收噪声。

开关电源的输出整流电路如图 4-44 所示，在图 4-44 中的 VD_6 为整流二极管，

VD$_7$为续流二极管，由于二极管 VD$_6$、VD$_7$
工作于高频开关状态，因此，输出整流电路
的电磁干扰源主要是整流二极管 VD$_6$ 和续流
二极管 VD$_7$。由电阻 R_5、电容 C_{12} 和电阻
R_6、电容 C_{13} 分别构成二极管 VD$_6$、VD$_7$ 的
吸收电路，用于吸收其开关时产生的电压
尖峰。

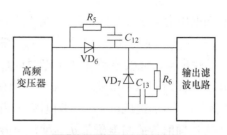

图 4-44　输出整流电路

　　减少整流二极管的数量可减小电磁干扰
的能量，因此，在同等条件下，采用半波整流比采用全波整流和全桥整流产生的电
磁干扰要小。为减小二极管的电磁干扰，必须选用具有软恢复特性的、反向恢复电
流小的、反向恢复时间短的二极管。

　　从理论上讲，肖特基势垒二极管
（SBD）是多数载流子导流，不存在少
子的存储与复合效应，因而也就不会
有反向电压尖峰干扰，但实际上对于
具有较高反向工作电压的肖特基二极
管，随着电子势垒厚度的增加，反向

图 4-45　直流 EMI 滤波器双端口网络模型

恢复电流会增大，也会产生电磁噪声。因此，在输出电压较低的情况下选用肖特基
二极管产生的电磁干扰会比选用其他二极管要小。

4. 输出直流滤波电路的电磁兼容设计

　　直流 EMI 滤波器的双端口网络模型如图 4-45 所示，其混合参数方程为

$$\dot{I}_s = g_{11}U_s + g_{12}\dot{I}_g$$
$$\dot{U}_s = g_{21}U_s + g_{22}\dot{I}_g \tag{4-2}$$

式中，g_{11} 为输入导纳；g_{22} 为输出阻抗；g_{12} 为反向电流增益；g_{21} 为正向电压增益。

　　由式（4-2）可以等效出如图 4-46
所示的直流 EMI 滤波器等效原理图，
在设计直流 EMI 滤波器时必须满足以
下几项要求：

　　1）要保证滤波器在滤波的同时，
不影响开关电源的带负荷能力。

　　2）对于输入的直流分量，要求滤
波器尽量不造成衰减。

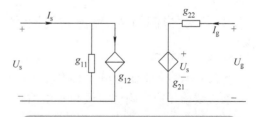

图 4-46　直流 EMI 滤波器等效原理图

　　3）对于谐波分量，滤波器要有良好的滤波效果。

　　结合混合参数方程及等效原理图，根据要求 1），应使滤波器的输入导纳和输
出阻抗要尽可能小，即 $g_{11} = g_{22} = 0$；根据要求 2），在低频时，反向电流增益 g_{12} 和

正向电压增益 g_{21} 设计值要尽量为 1，而输入导纳和输出阻抗要尽可能小，也即 $g_{12} = g_{21} = 1$，$g_{11} = g_{22} = 0$；根据要求 3），在高频时，g_{11}、g_{12}、g_{21}、g_{22} 都要尽可能地小。

输出直流滤波电路如图 4-47 所示，主要用于切断电磁传导干扰沿导线向输出负载端传播，减小电磁干扰在导线周围的电磁辐射。在图 4-47 电路中，电感 L_2、电容 C_{17}、C_{18} 组成的 LC 滤波电路，能减小输出电流、输出电压中的纹波，从而减小通过辐射传播的电磁干扰。滤波电容 C_{17}、C_{18} 应尽量采用多个电容并联，以减小等效串联电阻，从而减小纹波电压。输出电感 L_2 应尽量大，以减小输出电流纹波的大小，另外，电感 L_2 最好使用不开气隙的闭环磁心，最好不是饱和电感。在设计时应注意，若导线上有电流、电压变化，在导线周围就有变化的电磁场，电磁场就会沿空间传播形成电磁辐射。

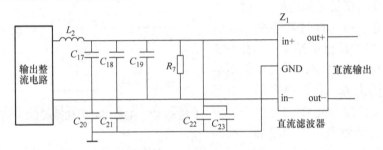

图 4-47 输出直流滤波电路

电容 C_{19} 用于滤除导线上的共模干扰，尽量选用低感电容，且接线要短。电容 C_{20}、C_{21}、C_{22}、C_{23} 用于滤除输出线上的差模干扰，宜选用低感的三端电容，且接地线要短，接地要可靠。Z_1 为直流电磁干扰滤波器，根据情况决定使用或不使用，是采用单级还是多级，但要求 Z_1 直接安装在金属机箱上，并且滤波器输入、输出线最好能屏蔽隔离。

4.3.2 开关电源输入/输出布线设计

1. 输入端连接

开关电源的交流输入端子标有 L（Live）和 N（Neutral）标记，如图 4-48 所示。在接线前，应先确认 L 线和 N 线后，再进行连接。

图 4-48 交流输入端接线

直流输入的开关电源，如果将输入电压的 + 、 - 反接可能会引起故障。若存在有反接的可能时，应在开关电源输入端连接防止错误连接的外接二极管和熔丝管，如图 4-49 所示（电源内部也有熔丝管）。

2. 输入、输出布线

（1）连接导线电阻

在选择开关电源时，除了考虑输出电压、电流外，还应重视负载连接导线的电阻。一个最简单的开关电源应用实例如图 4-50 所示，一个带有 4A 负载的 5V 输出的开关电源，如果使用 0.54m 长的 18#AWG 铜导线来连接，连接回路的总电阻就为 19.2mΩ（9.6mΩ×2）。在 4A 的负载电流下，连线上就产生了 76.8mV 的降压，为开关电源输出电压的 1.5%。如果开关电源自身的负载调整率为 0.1%，那么由于连接导线的电阻，将使负载调整率下降为 1.6%。为减小连线电阻所造成的影响，应该尽可能缩短开关电源输出端与负载间的距离，并增大连接导线的截面积。对于大的负载电流，应该在设计时就考虑到输出回路的压降对负载调整率的影响，同样，也应该考虑 PCB 上大电流回路上的电压降。

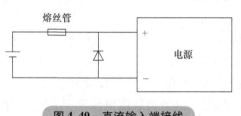

图 4-49　直流输入端接线

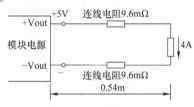

图 4-50　电源的负载连接

（2）连接导线的接触电阻

在开关电源的输出端与负载连接时，连接导线两端的良好接触很重要。在负载电流大的情况下，良好的接触尤其重要。由于接触不良将引起数 mΩ 到十多 mΩ 的接触电阻，而引起回路压降过大和开关电源的负载调整率变差。因此接触点必须洁净，去除氧化层，大电流接触点应焊接。

在选择合适的连接导线和接触良好的情况下，一个调整率为 0.1% 的 5V 输出的开关电源，对应空载到满载其输出电压变化为 5mV。而一个调整率为 0.02% 的 12V 输出的开关电源，对应空载到满载其电压变化为 2.4mV，这些基本的数量概念在开关电源布线设计中可供参考。

（3）输出端布线上压降的计算方法

开关电源输出端接线压降示意图如图 4-51 所示，为了尽可能降低输出线上的压降，输入、输出的布线应尽可能短粗，因布线引起的线上压降会引起以下的弊端：

1）由于电流变化引起负载端的电压变动加大，以及引起用电设备不能正常工作。

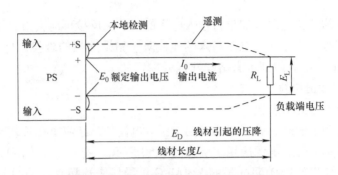

图4-51 开关电源输出端接线压降示意图

2）布线引起的损耗使导线的温度上升，从而使导线劣化。

3）为了修正线上压降而使开关电源输出端子的电压上升时，有可能会超出最大输出功率和输出可调范围。另外，与 OVP（过电压保护）检测值的余量减小，由于噪声等原因可能触发 OVP。

开关电源使用本地检测时，导线上的压降为 E_D，负载端的电压 E_L 和输出端电压 E_0 为

$$E_L = E_0 - 2E_D \tag{4-3}$$
$$E_D = L(I_0 \times R_e) \tag{4-4}$$

式中，L 为导线的长度；R_e 为单位长度导线的阻抗值，单位为 Ω/m。

使用自动修正输出线上压降的遥测功能时，由于负载端电压 E_L 为定值，输出端电压 E_0 为

$$E_0 = E_L + 2E_D \tag{4-5}$$

通过遥测功能，开关电源的输出端子电压自动上升，导线上的压降（$2E_D$）越大，开关电源输出端的电压越高。但是，开关电源的输出端电压要在规格书规定的输出电压可调范围内及在 OVP（过电压保护）设定值以下，并且要在开关电源的最大输出功率范围内使用。

（4）导线的选择

选择导线的种类、线径时，必须参考以下各项：

1）导线的使用电压。导线的使用电压应在导线的最高电压规定范围内，超过这个规定会引起导线外绝缘劣化。

2）使用电流。由于导线的容许温升限制了使用电流，按照导线的种类对使用电流进行规定。

3）导线的阻抗值。导线的阻抗值用 1km 阻抗值进行规定，一般用 Ω/km 表示。

开关电源的输入、输出导线的选择是非常重要的，在选择导线时应参照表 4-1。

表 4-1　线材的压降/电阻值/推荐最大电流

AWG No.	截面积 /mm²	构成 （根/mm）	每米的压降(mV/A) 电阻值(mΩ/m)	推荐最大电流[1]/A	
				UL1007 [300V、80℃]	UL1015 [600V、105℃]
30	0.051	7/0.102	358	0.12	—
28	0.081	7/0.127	222	0.15	0.2
26	0.129	7/0.16	140	0.35	0.5
24	0.205	11/0.16	88.9	0.7	1.0
22	0.326	17/0.16	57.5	1.4	2.0
20	0.517	26/0.16	37.6	2.8	4.0
18	0.823	43/0.16	22.8	4.2	6.0
16	1.309	54/0.18	14.9	5.6	8.0
14	2.081	41/0.26	9.5	—	12.0
12	3.309	65/0.26	6.0	—	22.0
10	5.262	104/0.26	3.8	—	35.0

[1] 推荐最大电流值为 1~4 根时的值，5 根以上时请将电流值控制在此值的 80%。

　　导线每米的压降和电流及线径的关系如图 4-52 所示（使用电流不要超过推荐最大电流），例如要将导线的压降控制在输出电压的 5% 以内，线材的长度 L 可通过下式求得：

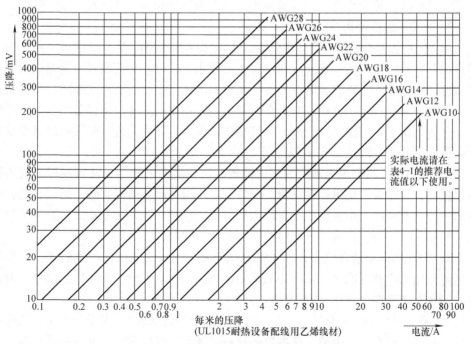

图 4-52　每米的压降和电流与线径的关系

$$E_{\mathrm{D}} = L(I_0 \times R_{\mathrm{e}}) \tag{4-6}$$

$$2E_{\mathrm{D}} = 0.5 \times E_0 \tag{4-7}$$

$$L = \frac{0.05 \times E_0}{2 \times I_0 \times R_{\mathrm{e}}} \tag{4-8}$$

开关电源的输出功率 $P_0 = E_0 \times I_0 \le$ 最大输出功率，导线的阻抗值 R_{e}（Ω/m），应参照表4-1。例如：20A、5V 开关电源的接线如图4-53所示，负载端A、B间电压为5V，负载电流为10A时，距离1m远处的电源输出端电压为 E_0，通过线径求得导线的压降及输出功率实例如下：

1) 使用 AWG#10 线材时：E_0 = 5V + 1m × 2 × 3.8mV/A × 10A = 5.076V；输出功率 $P_0 = 5.076\mathrm{V} \times 10\mathrm{A}$ = 50.76W

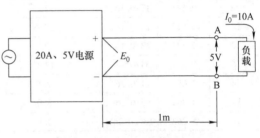

2) 使用 AWG#12 线材时：E_0 = 5V + 1m × 2 × 6.0mV/A × 10A = 5.12V；输出功率 $P_0 = 5.120\mathrm{V} \times 10\mathrm{A} = 51.20\mathrm{W}$

图 4-53　20A、5V 电源接线

3) 使用 AWG#14 线材时：E_0 = 5V + 1m × 2 × 9.5mV/A × 10A = 5.19V；输出功率 $P_0 = 5.190\mathrm{V} \times 10\mathrm{A} = 51.90\mathrm{W}$

由于使用的线径过细，或者距离过长，使开关电源的输出端子电压 E_0 与过电压保护（OVP）检出点之间的余量变小、电源的输出功率（$P_0 = E_0 \times I_0$）变大。

3. 开关电源抗噪声布线

1) 开关电源的输入与输出线分离。在很多时候噪声的侵入路径是电源的输入线，因此如果将输入线、输出线捆绑在一起或布线较近，会使输入、输出在高频领域耦合，在输出线上感应噪声。另外，在电源的输出端有时也存在噪声，这时将在输入线上感应噪声，结果将影响到在此输入线上连接的其他电子设备。因此，要使开关电源的输入线与输出线分离，并且使用双绞线，如果实现比较困难时需要采用屏蔽等电磁分离手段，如图4-54所示。

2) 设备机壳内的电源输入线尽可能短。设备机壳内的电源输入线可以视为噪声发生源，向设备内辐射高频噪声，对周围电子电路产生恶劣影响。另外，如果设备机壳内有其他的噪声发生源，在输入线将感应噪声。因此，尽量避免盲目地使用较长的输入线，要使输入线尽可能缩短，如图4-55所示。

3) 避免布线形成环路。如果布线形成环路，流过的电流将产生磁通，将在其他的电子电路中感应噪声，或作为天线感应高频噪声。因此，布线应尽量采用双绞线，避免布成环路，如图4-56所示。

4) 开关电源FG端子与设备机壳间布线。开关电源的FG端子与设备机壳间的布线过长，将存在寄生电感，使内置的噪声滤波器在高频领域的衰减效果降低。另外，短粗的FG端子布线可使开关电源机壳与设备机壳间的电感降低，可以使内置的噪声滤波器的效果充分发挥。设备机壳为涂装或者是塑料材质时，有必要确认 FG 端子与设备的外壳（金属）、设备的接地点的连接，如图 4-57 所示。

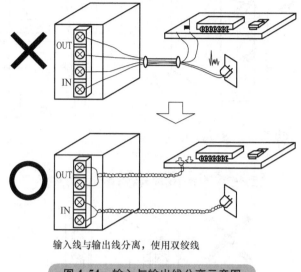

输入线与输出线分离，使用双绞线

图 4-54　输入与输出线分离示意图

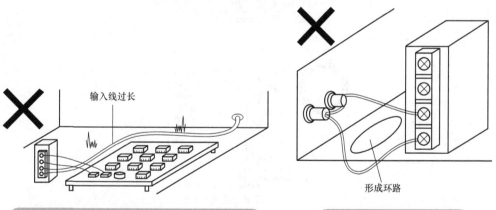

图 4-55　设备机壳内的电源输入线过长示意图　　图 4-56　形成环路示意图

5）电源线与信号线分离。电源的输入线与输出线是传送能量的线，与噪声发生源有很多关联。将电源线与信号线捆绑在一起，或者近距离布线时有可能会在信号线中感应噪声而引起误动作。在布线时应使电源线与信号线尽可能远离，或者采用屏蔽线，如图 4-58 所示。

6）开关电源的遥测线布线。开关电源的遥测线应视为信号线，为了避免受到噪声影响，应使用双绞线或屏蔽线。此外，开/关控制线也应使用双绞线或屏蔽线，如图 4-59 所示。

7）屏蔽线的屏蔽层与设备机壳连接使用屏蔽线时，应将屏蔽层与设备机壳紧

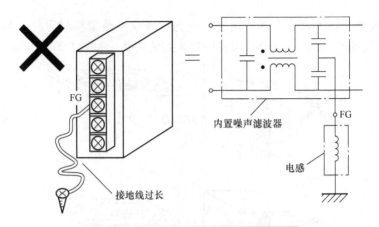

图 4-57 电源 FG 端子与设备机壳间布线

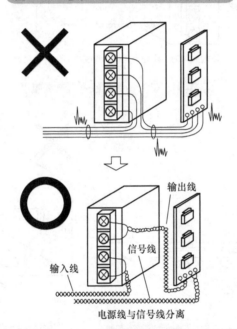

图 4-58 电源线与信号线分离示意图

密连接。作为噪声对策的屏蔽线，以及屏蔽层有时会作为天线，起到适得其反的效果，如图 4-60 所示。

8）布线尽量远离电源内的开关管。开关电源的开关管在数十 kHz 到数百 kHz 的频率下反复开关工作，因此是噪声发生源。特别是没有上盖的开关电源（开放式框架型，基板型），其辐射出的噪声更多，当输入线、信号线靠近电源内部的元器件时，将感应噪声，如图 4-61 所示。

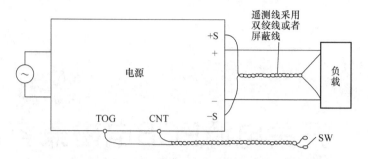

图 4-59　电源的遥测线采用双绞线或者屏蔽线示意图

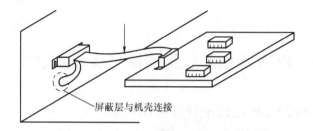

图 4-60　屏蔽线的屏蔽层与设备机壳连接示意图

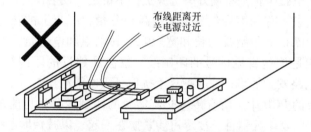

图 4-61　布线尽量远离电源内的开关元器件示意图

第 5 章
开关电源PCB电磁兼容设计

5.1 开关电源 PCB 电磁干扰抑制措施及地线设计

5.1.1 开关电源 PCB 电磁干扰及抑制措施

在开关电源设计中，PCB 设计是最后一个环节，如果设计方法不当，PCB 可能会辐射过多的电磁干扰，将使开关电源工作不稳定，发射出过量的电磁干扰。在开关电源的电路中，有些信号包含丰富的高频分量，PCB 上的任何一条印制线都可能成为天线。PCB 上印制线的长和宽影响它的电阻和电感量，进而关系到它的频率响应。即使是传送直流信号的印制线，也会从邻近的印制线上引入 RF（射频）信号，使电路发生故障，或者把这干扰信号再次辐射出去。

在开关电源的 PCB 中，所有传送交流信号的印制线要尽可能短且宽，与多条功率印制线相连的功率元器件，要尽可能紧挨在一起，以减短印制线的长度。印制线的长度直接与它的电感量和电阻量成比例，它的宽度则与电感量和电阻量成反比。印制线长度决定了其响应信号的波长，印制线越长，它能接收和传送的干扰信号频率就越低，它所接收到的 RF（射频）能量也越大。

可从开关电源 PCB 布局规则、堆叠策略和布线规则的角度分别采取一些抑制措施，减少甚至消除 PCB 干扰的影响，以确保所设计的开关电源满足电磁兼容标准的要求。

1. 布局干扰及抑制措施

布局干扰是指：由于 PCB 上不适当的元器件放置而引起的干扰，抑制布局干扰的措施在于合理的 PCB 布局，在进行开关电源 PCB 布局设计时应遵守以下规则：

1）开关电源中的每个功能元器件的电路位置应根据信号电流位置合理设定，其流向应保持尽可能相同。

2）开关电源电路中的核心元器件应设置在中心位置，并且应尽可能缩短元器件之间的印制线，特别是高频元器件。

3）热敏元器件应远离高发热元器件，热敏元器件不能彼此靠得太近，输入和输出元器件也应远离热敏元器件。

4）连接器位置应根据 PCB 上的元器件位置确定，连接器应放置在 PCB 的一侧，以阻止电缆从两侧引出，并减少共模（CM）电流辐射。

5）I/O 驱动器应紧密靠近连接器，以阻止 PCB 上 I/O 信号的长距离路由。

2. 堆叠干扰及抑制措施

堆叠干扰是指：由于不科学的堆叠设计引起的噪声干扰，开关电源 PCB 的设计信息包括信号线密度、功率和接地分类，以确定功率和确保实现电路功能的 PCB 层数，堆叠策略的质量基本上与地平面或电源平面的瞬态电压以及电源和信号的电磁屏蔽相关。根据实际的堆叠设计经验，堆叠设计应符合以下规则：

1）地平面和电源平面应相互邻近，它们之间的距离应尽可能小。

2）信号平面应紧密靠近地平面或电源平面。

在单层或双层 PCB 设计过程中，应仔细设计电源线和信号线，为了减小电流的回路面积，接地线和电源线应紧密相互靠近，并保持相互平行。对于单层 PCB，应在重要信号线的两侧设置保护接地线。一方面，它旨在缩小信号的回路面积；另一方面，可以避免信号线之间的串扰。

对于双层 PCB，也可以设置保护接地线，或在重要信号的平面上实现大面积接地，因为辐射会随着没有参考平面的回路面积的增加而增加。在多层 PCB 设计过程中必须遵循以下规则：

1）对于重要的信号线，例如具有强辐射的及具有高灵敏度的信号线，应在两个接地平面之间或紧靠接地平面的信号平面上布线，这有利于信号回路区域收缩、辐射强度降低和抗干扰强化。

2）应确保边缘辐射得到有效控制，与相邻的接地层相比，电源面应在内部减小 $5 \sim 20H$（H 表示电介质厚度）。

3）如果底层和顶层之间存在高频信号线，则应将它们布置在顶层和地平面之间，以防止高频信号线辐射到空间。

3. 路由干扰及抑制措施

路由干扰是指：PCB 信号线、电源线和接地线之间距离设计不当、线宽设计不当或不科学的 PCB 布线方法造成的干扰。为了禁止路由干扰，在路由方面必须遵守以下规则：

1）输出端子和输入端子的引线应避免长距离并排布线，通过增加接地线或增加线间的距离可以减少并联串扰。

2）路由线路的宽度不应突然改变，角应为弧形或为 135°。

3）随着回路面积、电流和信号频率的增加（减小），载流回路的外部辐射增加（减少），因此当电流流过时必须减小引线回路面积。

4）应减少印制线的长度，同时增加宽度，以降低印制线的阻抗。

5）为了最大限度地降低相邻印制线之间的噪声耦合和串扰，应在印制线之间进行隔离处理，以确保布线隔离。

此外，当布置路由信号线、电源线和接地线时，应遵循以下路由规则：

1）公共接地线应布置在 PCB 边缘（网状或环形），接地线应尽可能宽，并应涂上更多的铜箔，以加强屏蔽效果。模拟接地应与数字接地隔离，单点并联应用于模拟地的低频接地，多点串联应适用于高频地。在实际路由中，串联连接可以与并联连接组合。

2）应尽可能增加电源线的宽度，并应减小回路电阻，以确保接地线和电源线的方向与数据传输方向之间的同步。对于多层 PCB，应减少电源线与地平面或电源平面之间的距离。应独立地为每个功能单元供电，而且由公共电源供电的电路应该彼此接近、相互兼容。

3）信号线应尽可能短，以确保减少干扰信号耦合路径，敏感信号线应首先布线，然后是高速信号线，后是普通的信号线。如果信号线彼此不兼容，则应实施隔离处理，以避免产生耦合干扰，关键信号路由不能超过由焊盘、通孔、过孔引起的分离区域或参考平面空间。否则，信号回路区域将增加，同时，为了禁止边缘辐射，关键信号线和参考平面之间的距离不能小于 $3H$（H 指的是键信号线和参考平面之间的高度）。

5.1.2　开关电源 PCB 地线设计

1. 地线的阻抗

地线是作为电路电位基准点的等电位体，这个定义是不符合实际情况的，实际地线上的电位并不是恒定的。如果用仪表测量一下地线上各点之间的电位，会发现地线上各点的电位可能相差很大。正是这些电位差才造成了电路工作的异常。地线是一个等电位体的定义，仅是人们对地线电位的期望，更加符合实际地线的定义为：信号流回源的低阻抗路径。这个定义中突出了地线中电流的流动，按照这个定义，很容易理解地线中电位差产生的原因。因为地线的阻抗总不会是零，当一个电流通过有限阻抗的回路时，就会产生电压降，因此，地线上的电位是在不断变化的。

地线的阻抗引起的地线上各点之间的电位差能够造成电路不能正常工作，在对地线产生电位差的原因分析时，首先要区分开导线的电阻与阻抗两个不同的概念。电阻指的是在直流状态下导线对电流呈现的阻抗，而阻抗指的是交流状态下导线对电流呈现的阻抗，这个阻抗主要是由导线的电感引起的。任何导线都有电感，当频率较高时，导线的阻抗远大于直流电阻，导线的阻抗随频率变化参数见表 5-1。

在实际电路中，造成电磁干扰的信号往往是脉冲信号，脉冲信号包含丰富的高频成分，因此会在地线上产生较高的电压。对于数字电路而言，电路的工作频率是很高的，因此地线阻抗对数字电路的影响是十分可观的。

表 5-1　导线的阻抗随频率变化参数

频率/Hz	直径 $D = 0.65\,mm$ 的地线长度		直径 $D = 0.27\,mm$ 的地线长度		直径 $D = 0.065\,mm$ 的地线长度		直径 $D = 0.04\,mm$ 的地线长度	
	10cm	1m	10cm	1m	10cm	1m	10cm	1m
10	51.4mΩ	517mΩ	3.27mΩ	328mΩ	5.29mΩ	52.9mΩ	13.3mΩ	133mΩ
1k	429mΩ	7.14mΩ	632mΩ	8.91mΩ	5.34mΩ	53.9mΩ	14mΩ	144mΩ
100k	42.6mΩ	712mΩ	54mΩ	828mΩ	71.6mΩ	1.0Ω	90.3mΩ	1.07Ω
1M	426mΩ	7.12Ω	540mΩ	8.28Ω	714mΩ	10Ω	783mΩ	10.6Ω
5M	2.13Ω	35.5Ω	2.7Ω	41.3Ω	3.57Ω	50Ω	3.86Ω	53Ω
10M	4.26Ω	71.2Ω	5.4Ω	82.8Ω	7.14Ω	100Ω	7.7Ω	106Ω
50M	21.3Ω	356Ω	27Ω	414Ω	35.7Ω	500Ω	38.6Ω	530Ω
100M	42.6Ω		54Ω		71.4Ω		77Ω	
150M	63.9Ω		81Ω		107Ω		115Ω	

如果将10Hz时的阻抗近似认为是直流电阻，可以看出当频率达到10MHz时，对于1m长的导线，它的阻抗是直流电阻的1000倍至10万倍。因此对于射频电流，当电流流过地线时，电压降是很大的。从表5-1中可以看出，增加导线的直径对于减小直流电阻是十分有效的，但对于减小交流阻抗的作用很有限。但在电磁兼容设计中，人们最关心的是交流阻抗。为了减小交流阻抗，一个有效的办法是多根导线并联。当两根导线并联时，其总电感 L 为

$$L = (L_1 + M)/2 \tag{5-1}$$

式中，L_1 是单根导线的电感；M 是两根导线之间的互感。

从式（5-1）中可以看出，当两根导线相距较远时，它们之间的互感很小，总电感相当于单根导线电感的一半。因此可以通过多根接地线来减小接地阻抗。但要注意的是，多根接地线之间的距离不能过近。

2. 接地设计

在 PCB 接地设计时应建立分布参数的概念，高于一定频率时，任何金属导线都要看成是由电阻、电感构成的元器件。所以，接地线具有一定的阻抗并且构成电气回路，不管是单点接地还是多点接地，都必须构成低阻抗回路进入真正的地或外壳。25mm 长的典型印制线的电感通常为 $15 \sim 20\,nH$，加上分布电容的存在，就会在接地板和外壳之间构成谐振电路。

接地电流流经接地线时，会产生传输线效应和天线效应。当印制线长度为 1/4 波长时，可以表现出很高的阻抗，接地线实际上是开路的，接地线反而成为向外辐射的天线。接地线上充满高频电流和干扰场形成的涡流，因此，在接地点之间构成许多回路，这些回路的直径（或接地点间距）应小于最高频率波长的 1/20。

（1）PCB 接地设计要点

1）在低频电路中，信号的工作频率小于1MHz，它的布线和元器件间的电感

影响较小，而接地电路形成的环流对干扰影响较大，因而应采用一点接地。当信号工作频率大于10MHz时，地线阻抗变得很大，此时应尽量降低地线阻抗，应采用就近多点接地。当工作频率在1~10MHz时，如果采用一点接地，其地线长度不应超过波长的1/20，否则应采用多点接地。

2）接地线越粗越好，若接地线很细，接地电位则随电流的变化而变化，致使电路的信号电平不稳，抗噪声性能变坏，因此要确保每一个大电流的接地端采用尽量短而宽的印制线，根据承载电流的大小，尽量加粗电源线和地线的宽度，以减小回路电阻，同时使电源线和地线在各功能电路中的走向和信号的传输方向一致，这样有助于提高抗干扰能力。最好是地线比电源线宽，它们的关系是：地线＞电源线＞信号线，如有可能，接地线的宽度应大于3mm，也可用大面积铜栅格作地线用，在PCB上把没被用上的地方都与地相连接作为地线用。

3）将地线构成闭环回路可缩小地线上的电位差，提高抗干扰能力。设计只有数字电路组成的PCB的地线时，将接地线做成闭环回路可以明显地提高抗噪声能力。其原因在于：PCB上有很多集成电路元器件，尤其遇有耗电多的元器件时，因受接地线粗细的限制，会在地线上产生较大的电位差，引起抗噪声能力下降，若将接地线构成回路，则会缩小电位差值，提高电路的抗噪声能力。

4）PCB接地设计的原则是对于不同信号采取不同接地方式，不能把所有接地采取同一接地点。现在有许多PCB不再是单一功能电路（数字或模拟电路），而是由数字电路和模拟电路混合构成的。因此在布线时就需要考虑它们之间互相干扰的问题，特别是地线上的噪声干扰。

数字电路的频率高，模拟电路的敏感度强，对信号线来说，高频的信号线尽可能远离敏感的模拟电路元器件，对地线来说，整个PCB对外界只有一个节点，所以必须在PCB内部处理数、模共地的问题，而在PCB内部数字地和模拟地是分开的，它们之间互不相连，只是在PCB与外界连接的接口处（如插头等），数字地与模拟地有一点连接。

功率回路和控制回路的地要分开，采用单点接地方式。若小信号电路与大电流电路在一块PCB上，在布线时必须将GND明显地区分开来。布线方法为将小信号GND与大电流的GND进行分离，通常使用两根引线的GND，再将汇总的小信号GND与功率放大级的GND相连接。

PCB上既有高速逻辑电路，又有线性电路，应使它们尽量分开，而两者的地线不要相混，分别与电源端地线相连。低频电路的地应尽量采用单点并联接地，实际布线有困难时可部分串联后再并联接地。高频电路宜采用多点串联接地，地线应短而粗。高频元器件周围尽量用栅格状大面积地箔，要尽量加大线性电路的接地面积。

5）在多层PCB上布线时，若有在信号层没有布完的线，但剩下已经不多，再多加层数就会造成浪费，也会给生产增加一定的工作量，成本也相应增加了，为解决这个矛盾，可以考虑在电源（地）层上进行布线。首先应考虑用电源层，其次才是地层，因要保留地层的完整性。

6）在大面积的接地（电）中，常用元器件的脚与其连接，对连接脚的处理需要进行综合的考虑，就电气性能而言，元器件脚的焊盘与铜面满接为好，但对元器件的焊接装配就存在一些不良隐患。如焊接需要大功率加热器，容易造成虚焊点。所以兼顾电气性能与工艺需要，做成十字花焊盘，称之为热隔离，俗称热焊盘，这样，可使在焊接时因截面过分散热而产生虚焊点的可能性大大减少，多层板的接地（电）层脚的处理相同。

7）通常滤波电容公共端应是其他接地点耦合到大电流交流地的唯一连接点，同一级电路的接地点应尽量靠近，并且本级电路的电源滤波电容也应接在该级接地点上，主要是考虑电路各部分回流到地的电流是变化的，因实际流过线路的阻抗会导致电路各部分地电位的变化而引入干扰。

8）在开关电源 PCB 设计时，若布线和元器件间的电感影响较小，而接地电路形成的环流对干扰影响较大，可采用一点接地，即将开关电源的开关电流回路中的几个元器件的地线都连到接地脚上，输出整流器电流回路的几个元器件的地线也同样接到相应的滤波电容的接地脚上，若做不到单点时，可在共地处接两个二极管或一小电阻，接在比较集中的一块铜箔处。

开关电源的整流输出端通过一个近似直流的电流对输入电容充电，滤波电容主要起到一个宽带储能作用；类似地，输出滤波电容也用来储存来自输出整流器的高频能量，同时输出负载回路的直流能量。所以，输入和输出滤波电容的接线端十分重要，输入及输出电流回路应分别只从滤波电容的接线端连接到电源；如果在输入、输出回路和电源开关、整流回路之间的连接无法与电容的接线端直接相连，交流能量将由输入或输出滤波电容并辐射到环境中去。

9）印制线的公共地线应尽量布置在 PCB 的边缘部分，在 PCB 上应尽可能多地保留铜箔做地线，这样可得到的屏蔽效果，比一长条地线要好，传输线特性和屏蔽作用将得到改善，另外也可起到减小分布电容的作用。多层 PCB 可选取其中若干层作屏蔽层，电源层、地线层均可视为屏蔽层，一般地线层和电源层设计在多层 PCB 的内层，信号线设计在内层和外层。

10）在多层板布线设计时，可将其中一层作为"全地平面"，这样可以减少接地阻抗，同时又起到屏蔽作用。尽可能在 PCB 上使用完整的地线面（采用多层板），地线面有助于减小回路面积，同时也降低了接收天线的效率。地线面作为一个重要的电荷源，可抵消静电放电源上的电荷，这有利于减小静电场带来的问题。PCB 地线面也可作为其对上层或下层信号线的屏蔽体（当然，地线面的开口越大，其屏蔽效能就越低）。另外，如果发生放电，由于 PCB 的地线面很大，电荷很容易注入到地线面中，而不是进入到信号线中。这样将有利于对元器件进行保护，因为在引起元器件损坏前，电荷可以泄放掉。

（2）内部接地设计要点

地作为开关电源内四个电流回路的共同电位参考点，在电路中起着很重要的作用，因而在 PCB 布线时，地的布置十分重要，否则会引起开关电源工作不稳定。另外，开关电源的控制地是非常敏感的，因而要在其他的交流电流回路都布置好后再布放控制地。

控制地与其他地要通过一些特定的点连接，这个连接点是控制 IC、检测元器件的公共连接点。它包括电流检测电阻的公共接点和输出端电阻分压器的下端。其目的是减小检测部分误差及防止在电流放大器输入端引入噪声。如果控制地接到其他位置，主电路回路产生的噪声会加到控制信号上，影响控制 IC 正常工作。作为一般的规则，除控制地外，输入滤波电容的公共端应作为其他交流电流地的唯一接点，主要变换拓扑的地线布置如图 5-1 所示。

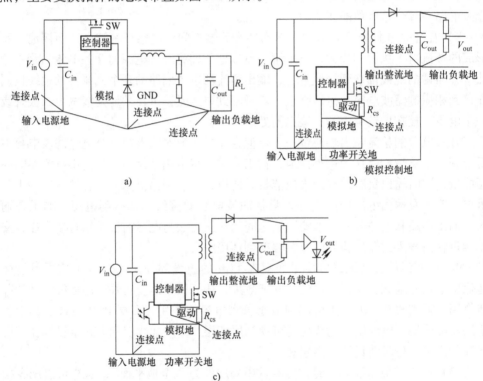

图 5-1   主要变换拓扑的地线布置

在开关电源 PCB 布线时，为了减小开关电源噪声对敏感的模拟和数字电路的影响，通常需要分隔不同电路的接地层。如果选用多层 PCB，不同电路的接地层可由不同 PCB 层来分隔。如果只有一层接地层，则必须采用图 5-2 所示的方法在单层中进行分隔。无论是在多层 PCB 上进行地层分隔还是在单层 PCB 上进行地层分隔，不同电路的地层都应该通过单点与开关电源的接地层相连接。

不同电路需要不同接地层，不同电路的接地层通过单点与电源接地层相连接。电感的寄生并联电容应尽量小，电感引脚焊盘之间的距离越远越好。在地层面上走线造成的接地层破坏示意图如图 5-3 所示，所以在设计中应该尽量避免在地层上布放功率或信号走线。一旦地层上的布线破坏了整个高频回路，该电路会产生很强的电磁波辐射而影响周边电子元器件的正常工作。

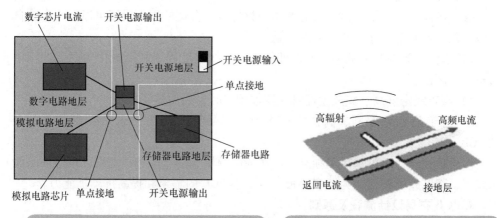

图 5-2　电路接地层与电源接地层的单点连接　　　图 5-3　地层面上走线造成接地层的破坏

5.2 开关电源 PCB 布局布线设计

5.2.1　开关电源 PCB 布局设计

1. PCB 设计信息

在设计 PCB 时，需要了解 PCB 的设计信息，其包括的信息如下：

1）元器件数量、元器件大小、元器件封装。

2）整体布局的要求、元器件布局位置、有无大功率元器件、芯片元器件散热的特殊要求。

3）数字芯片的速率，PCB 是否分为低速、中速、高速区，哪些是接口输入、输出区。

4）信号线的种类、速率、传送方向、阻抗控制要求，总线速率走向及驱动情况，关键信号及保护措施。

5）电源种类、地的种类、对电源和地的噪声容限要求、电源和地平面的设置及分割。

6）时钟线的种类和速率、时钟线的来源和去向、时钟延时要求、最长走线要求。

2. PCB 尺寸选取

PCB 尺寸的选取是开关电源 PCB 设计时首先要考虑到的一个因素，PCB 尺寸要适中，尺寸过大会因元器件之间的连线过长，导致线路的阻抗值增大，抗干扰能力下降，成本也会随之增加。而尺寸过小会导致元器件布置密集，不利于散热，而且连线过细过密，容易引起串扰。PCB 的最佳形状为矩形，长宽比为 3∶2 或 4∶3。

PCB 分为单面板、双面板和多层板。PCB 层数的选取取决于电路要实现的功能、噪声指标、功率线、信号线的种类和数量等。合理的层数设置可以减小电路自身的电磁兼容问题，通常选取的原则是：

1）当信号频率为中低频，元器件较少，布线密度属于较低或中等时，选用单面板或双面板。

2）当布线密度高、集成度高且元器件较多时，采用多层板。

3）对于信号频率高、高速集成电路、元器件密集的，选 4 层或层数更多的 PCB。

多层板在设计时可选用单独某一层作为电源层、信号层和接地层，信号回路面积减小，降低差模辐射，为此多层板可以减小 PCB 的辐射和提高抗干扰能力。

3. PCB 布局设计流程及原则

在开关电源 PCB 设计中，布局是一个重要的环节，好的布局设计可以解决许多开关电源设计中的问题。设计不够周到的布局会产生各式各样的问题，经常出现的问题有：在高电流工作时或当输入、输出电压之间出现较大差异时，开关电源将出现输出电压不稳、输出电压波形出现过多噪声、电磁干扰等现象。

开关电源 PCB 布局设计的结果将直接影响布线的效果，因此可以这样认为，合理的布局是 PCB 设计成功的第一步。开关电源 PCB 的布局方式分为两种，一种是交互式布局，另一种是自动布局。一般是在自动布局的基础上用交互式布局进行调整，在布局时还可根据走线的情况对元器件进行再分配，将两个元器件进行交换，使其成为便于布线的最佳布局。

（1）PCB 布局设计流程

开关电源的 PCB 布线设计是否能够顺利完成，主要取决于布局，而且，布线的密度越高，布局就越重要。如在布线仅剩下几条时却发现无论如何都布不通了，不得不删除大量或全部的已布线，再重新调整布局。合理的布局是保证顺利布线的前提。一个布局是否合理没有绝对的判断标准，可以采用一些相对简单的标准来判断布局的优劣。

在开关电源 PCB 布局设计前，首先需要对所选用元器件及各种插座的规格、尺寸、面积等有完全的了解；对各元器件及各种插座的位置安排进行合理、仔细的考虑，主要是从电磁场兼容性、抗干扰的角度，走线短、交叉少、电源和地的路径及去耦等方面考虑。在确定 PCB 尺寸后，应先确定特殊元器件的位置，最后根据电路的功能单元,分块对电路的全部元器件进行布局。开关电源 PCB 布局设计的最好方法与其电气设计相似,其最佳设计流程如下:

1) 放置变压器或电感。

2) 设计电源开关电流回路,布置功率开关管电流回路。

3) 设计输出整流器电流回路,布置输出整流器电流回路。

4) 连接到交流电源电路的控制电路,把控制电路与交流功率电路连接。

5) 设计输入电源回路和输入滤波器,布置输入回路和输入滤波器。

6) 设计输出负载回路和输出滤波器,布置输出负载回路和输出滤波器。

(2) PCB 布局设计原则

在开关电源 PCB 布局设计时,应根据电路功能单元进行布局,同时考虑到电磁兼容、散热和接口等因素。布局的首要原则是保证布线的布通率,移动元器件时注意飞线的连接,把有连线关系的元器件放在一起。根据上述设计流程进行开关电源 PCB 整体布局时应遵循以下原则:

1) 为了使信号更加流通,要考虑电路的流程,每个功能电路单元要放置在合理的区域内,这样也能使信号最大限度在统一的方向上。各功能电路应按照之间的信号流向确定相应的位置,按照电路的流程安排各个功能电路单元的位置,使布局便于信号流通,并使信号尽可能保持一致的方向。从焊接面看,元器件的排列方位尽可能保持与原理图一致。

2) 在进行布局时,要紧紧围绕各个功能电路的核心元器件这一核心。每个功能电路应先确定核心元器件的位置,以每个功能电路单元核心元器件为中心,别的元器件围绕它进行布局。即围绕核心元器件放置其他元器件,尽量缩短元器件之间的连线。元器件在排列时应均匀、整齐、紧凑地排列在 PCB 上,尽量减少和缩短各元器件之间的连接线,退耦电容尽量靠近元器件的 VCC 端。

3) 尽可能缩短高频元器件之间的连线,设法减小它们的分布参数。高频脉冲电流流过的区域要远离输入、输出端子,使噪声源远离输入、输出端,有利于提高电磁兼容性。若太近,电磁辐射能量将直接作用于输入、输出端。

4) 数字电路单元、模拟电路单元和电源电路单元应分开,高频电路单元和低频电路单元也应分开。应把相互有关的元器件尽量放得靠近些,这样可以获得较好的抗噪声效果。易受干扰的元器件相互间不能太近,输入、输出元器件应尽量远离。

5) 要防止电源线、高频信号线和一般走线之间相互耦合,在 PCB 的接口处加 RC 低通滤波器或电磁干扰抑制元器件 (如磁珠、信号滤波器等),以消除连接线的干扰,但是要注意不要影响有用信号的传输。

6) 当尺寸相差较大的片状元器件相邻排列,且间距很小时,较小的元器件在波峰焊时应排列在前面,先进入焊料池,避免尺寸较大的元器件遮蔽其后尺寸较小的元器件,造成漏焊,PCB 上不同元器件相邻焊盘图形之间的最小间距应在 1mm

以上。

7）布局发热元器件（如变压器、开关管、整流二极管等）时要考虑散热，以使整个开关电源散热均匀，对温度敏感的关键元器件（如 IC）应远离发热元器件，发热较大的元器件应与电解电容等影响整机寿命的元器件有一定的距离。

8）在 PCB 的 X、Y 方向均要留出传送边，PCB 上的所有元器件均放置在距离 PCB 边缘 3mm 以内或至少大于板厚，这是由于在插件生产的流水线和进行波峰焊时，要提供给导轨槽使用，以保证元器件的两端焊点同时接触波峰焊料。同时也为了防止由于外形加工引起边缘部分的缺损，如果 PCB 上元器件过多，不得已要超出 3mm 范围时，可以在板的边缘加上 3mm 的辅边，辅边开 V 形槽。

9）易产生噪声的元器件、小电流电路、大电流电路等应尽量远离逻辑电路，光电耦合元器件和电流采样电路容易被干扰，应远离强电场、强磁场元器件，如大电流走线、变压器、高电位脉动元器件等。

10）放置元器件时要考虑以后的焊接，不要太密集。开关管和整流器应尽量靠近变压器放置，以减小对外的辐射，调压元器件和滤波电容器应靠近整流二极管放置。PCB 上的元器件放置的顺序是：

① 放置与结构有紧密配合的固定位置的元器件，如电源插座、指示灯、开关、连接件之类，这些元器件放置好后用软件的 LOCK 功能将其锁定，使之以后不会被误移动。

② 放置线路上的特殊元器件和大的元器件，如发热元器件、变压器、IC 等。

③ 元器件在 PCB 上的排列及方向，原则上随元器件类型的改变而变化，即同类元器件尽可能按相同的方向排列，以便于元器件的贴装、焊接和检测。

11）电路在高负荷状态下运行时，需考虑实际分布状况，最大限度地使元器件平行分布于电路之中，尽可能使元器件平行排列，这样不但美观，而且装焊容易，易于批量生产。

12）放置元器件时要考虑以后的焊接和维修，两个高度高的元器件之间尽量避免放置矮小的元器件，这样不利于生产和维护，元器件之间最好也不要太密集，但是随着电子技术的发展，现在的开关电源越来越趋于小型化和紧凑化，所以就需要平衡好两者之间的关系，既要方便焊装与维护，又要兼顾紧凑。还要考虑实际的贴片加工能力，按照 IPC - A - 610E 的标准考虑元器件侧面偏移的精度，不然容易造成元器件之间连锡，甚至由于元器件偏移造成元器件距离不够。

13）在开关电源 PCB 上布局元器件时，要优先考虑高频脉冲电流和大电流的回路面积，尽可能地减小回路面积，以抑制开关电源的辐射干扰。要注意元器件的抗静电能力，相应的元器件之间一定要确保有足够的安全间距。电阻、二极管、管状电容器等元器件有"立式""卧式"两种安装方式。

①立式是指元器件体垂直于 PCB 安装和焊接，其优点是节省空间，当电路元器件数较多，而且 PCB 尺寸不大的情况下，一般是采用立式，立式安装时两个焊

盘的间距一般取 $0.1 \sim 0.2\text{in}^{\ominus}$。

② 卧式是指元器件体平行并紧贴于 PCB 安装和焊接,其优点是元器件安装的机械强度较好。当电路元器件数量不多,而且 PCB 尺寸较大的情况下,一般是采用卧式较好。对于 1/4W 以下的电阻采用卧式时,两个焊盘间的距离一般取 0.4in;1/2W 的电阻采用卧式时,两焊盘的间距一般取 0.5in;二极管采用卧式时,1N400X 系列整流管,一般取 0.3in;1N540X 系列整流管,一般取 $0.4 \sim 0.5\text{in}$。

4. 电位器和 IC 座的放置原则

1) 电位器。对于电位器(可调电感线圈、可变电容器、微动开关等可调元器件)的布局应考虑整机的结构要求,若是机内调节,应放在 PCB 上方便调节的地方;若是机外调节,其位置要与调节旋钮在机箱面板上的位置相适应,应留出 PCB 定位孔及固定支架所占用的位置。

2) IC 座。在 PCB 设计时,IC 元器件尽量直接焊在 PCB 上,少用 IC 座。在使用 IC 座的场合下,一定要特别注意 IC 座上定位槽放置的方位是否正确,并注意各个 IC 脚位是否正确,例如第 1 脚只能位于 IC 座的右下角线或者左上角,而且紧靠定位槽(从焊接面看)。

5. 进出接线端布置

1) 相关联的两引线端不要距离太大,一般为 $0.2 \sim 0.3\text{in}$ 较合适。

2) 进出线端应尽可能集中在 $1 \sim 2$ 个侧面,不要太过于离散。

5.2.2 开关电源 PCB 布线设计

1. PCB 布线

在开关电源 PCB 布线设计中,差分走线耦合较小,只占 10% ~20% 的耦合度,更多的还是对地的耦合。当地平面发生不连续时,无参考平面区域,差分走线耦合会提供回流通路。

在开关电源 PCB 布线设计时,印制线尽量少拐弯,一般采用具有 45° 外斜切面拐角线。圆弧上印制线的宽度不要突变,印制线拐角应 ≥90°,力求线条简单明了。应避免出现直角布线,直角布线对信号有负面影响,PCB 中直角布线和非直角布线的差异有:

1) 拐角线能等效为传输线上的容性负载,减少上升的时间。

2) 拐角线能抵御因不持续而造成的信号反射。

3) 电磁干扰会因直角尖端产生。

4) 不同的拐角线,角度上具有明显的差异性。

通过模拟对反射传输特性和反射特性这二者进行对比,在 45° 外斜切面拐角线反射性与传输性能上,优于其他两种拐角线,但比圆弧的拐角线要差,但是弧度的

$\ominus$　$1\text{in} = 0.0254\text{m}$。

刻划成本比较高。这是因为圆弧的刻划要求精湛的制版技术。精湛的技术必然会引起成本的增加，因此通常在选择布线时，会将目光停留在45°外斜切面拐角线上。

当在PCB两面布线时，两面的导线宜相互垂直、斜交或弯曲走线，避免相互平行，以减小寄生耦合。作为电路的输入及输出用的印制线应尽量避免相邻平行，以免发生回馈，在这些印制线之间最好加接地线。

开关电源的交流回路和整流器的交流回路包含高幅梯形电流，这些电流中谐波成分很高，其频率远大于开关基频。这两个回路最容易产生电磁干扰，因此必须首先布好这两个回路的印制线，每个回路的主要的元器件：滤波电容、开关管或整流器、电感或变压器应彼此相邻布置，调整元器件的位置使它们之间的电流路径尽可能短。

高频元器件（如变压器、电感）底下第一层不要走线，高频元器件正对的底面也最好不要放置元器件，如果无法避免，可以采用屏蔽方式，例如高频元器件在顶层，控制电路正对在底层，并要在高频元器件所在的第一层敷铜进行屏蔽，这样可以避免高频噪声辐射干扰到底面的控制电路。

2. 印制线长度

天线要具有较高的效率，其长度必须是波长很大的一部分。这就是说，较长的导线将有利于接收静电放电脉冲产生的更多的频率成分；而较短的导线只能接收较少的频率成分。因此，短导线从静电放电产生的电磁场中接收并馈入电路的能量较少。

在开关电源PCB布线时，布线的长度应严格控制，因印制线的长度与其表现出的电感量和阻抗成正比，而宽度则与印制线的电感量和阻抗成反比。长度反映出印制线响应的波长，长度越长，印制线能发送和接收电磁波的频率越低，它能辐射出更多的射频能量。

在开关电源PCB布线时，使印制线尽可能短是一个比回路面积尽量小更容易实现的措施，因为它不像信号回路那样不容易识别，回路面积的尽可能小不可能立即看到，而印制线的长短则是很显然的。有关印制线尽可能短的设计步骤如下：

1）使所有元器件紧靠在一起，在PCB设计中不应将元器件过于分散而占用更多的面积。

2）具有互连线的元器件应彼此靠近。

3）应从PCB的中心馈送电源或信号，而不要从PCB边缘馈送，中间馈送信号使大多数元器件的连线最短。当PCB为正方形时，这样做的效果最明显，当PCB狭长时，效果则不很明显。

3. 印制线的宽度

开关电源中包含高频信号，PCB上的印制线可以起到天线的作用，印制线的长度和宽度会影响其阻抗和感抗，从而影响频率响应。即使是通过直流信号的印制线也会从邻近的印制线耦合到射频信号，因此应将所有通过交流电流的印制线设计得尽可能短而宽，这意味着必须将需要连接的元器件放置得很近。

根据印制线电流的大小，尽量加粗印制线的宽度，以减少回路电阻。印制线的宽窄和印制线的间距要适中，印制线的宽度应以能满足电气性能要求而又便于生产为宜，它的最小值以承受的电流大小而定，但最小不宜小于 0.2mm，在高密度、高精度的印制线路中，印制线的宽度和间距一般可取 0.3mm。在设计印制线宽度时要考虑其温升，单面板实验表明，当铜箔厚度为 50μm、导线宽度为 1~1.5mm、通过电流 2A 时，温升很小，因此，一般选用 1~1.5mm 宽度的印制线就可能满足设计要求而不致引起温升。

印制线的最小宽度主要由印制线与绝缘基板的粘附强度和流过它的电流值决定，当铜箔厚度为 0.5mm、宽度为 1~15mm 时，通过 2A 的电流，温升不会高于 3℃。因此，导线宽度为 1.5mm 可满足要求。对于集成电路，尤其是数字电路，通常选 0.02~0.3mm 宽的印制线。当然，只要允许，还是尽可能选用宽印制线，尤其是电源线和地线。

PCB 上的公共地线应尽可能地粗，可能的话，使用大于 2~3mm 宽的印制线，当公共地线印制线过细时，由于流过的电流变化，地电位变动，会使噪声容限劣化。铜箔最小线宽：单面板 0.3mm，双面板 0.2mm，边缘铜箔最小线宽为 1.0mm。

4. 印制线间距

间距必须能满足电气安全要求，而且为了便于操作和生产，间距也应尽量宽些，增大走线的间距以减少电容耦合的串扰。最小间距至少要满足耐受电压的要求，这个电压一般包括工作电压、附加波动电压以及其他原因引起的峰值电压。铜箔最小间隙：单面板：0.3mm；双面板：0.2mm。铜箔与板边最小距离为 0.5mm，元器件与板边最小距离为 5.0mm，焊盘与板边最小距离为 4.0mm。

在布线密度较低时，信号线的间距可适当加大，对高、低电平悬殊的信号线应尽可能地短且加大间距。一般情况下将走线间距设为 8mil[⊖]，焊盘内孔边缘到印制板边的距离要大于 1mm，这样可以避免加工时导致焊盘缺损。当与焊盘连接的走线较细时，要将焊盘与走线之间的连接设计成水滴状，这样的好处是焊盘不容易起皮，而且走线与焊盘不易断开。标准元器件两引脚之间的距离为 0.1in（2.54mm），所以网格系统的基础一般为 0.1in（2.54mm）或小于 0.1in 的整倍数，如 0.05in、0.025in、0.02in 等。

印制线的最小间距主要由最坏情况下的线间绝缘电阻和击穿电压决定。对于集成电路，尤其是数字电路，只要工艺允许，可使间距小于 0.1~0.2mm。在 DIP 封装的 IC 脚间走线，可应用 10-10 与 12-12 原则，即当两脚间通过 2 根线时，焊盘直径可设为 50mil、线宽与线距都为 10mil；当两脚间只通过 1 根线时，焊盘直径可设为 64mil、线宽与线距都为 12mil。电容器两焊盘的间距应尽可能与电容引线脚的间距相符。

⊖ $1mil = 25.4 \times 10^{-6}m$。

5. 保持回路面积最小

无论是输入或输出、功率回路或信号回路都应尽可能小，功率回路发射的电磁场将导致较差的电磁干扰特性或较大的输出噪声；同时，若被控制环接收，很可能引起异常。另一方面，若功率回路面积较大，其等效寄生电感也会增大，可能增加漏极噪声尖峰。

有变化的磁通量穿过任意一个电路回路时，将会在回路内感应出电流。电流的大小与磁通量成正比，较小的回路中通过的磁通量也较少，因此感应出的电流也较小，这就说明回路面积必须最小。应用这一经验关键问题是如何找到回路。简单的PCB回路如图5-4所示，但要正确识别图5-5中所示的回路则比较困难。在开关电源PCB设计时，可采取下列步骤来减小回路面积：

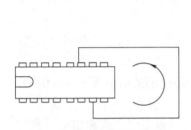

图 5-4　简单的 PCB 回路

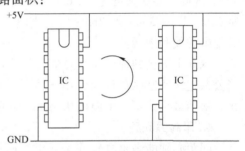

图 5-5　电源线与地线构成的 PCB 回路

1）电源线与地线应紧靠在一起布线，可以减小电源和地间的回路面积，电源线与地线同集成电路连接的几种不同方法如图5-6所示。

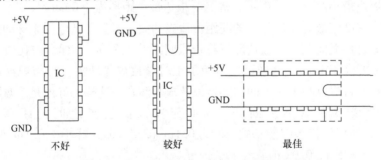

不好　　　　较好　　　　最佳

图 5-6　电源线与地线形成的环路面积的减小

2）多条电源及地线应连接成网格状，网格构成的回路面积越小，感应电流越低。典型的PCB地线结构如图5-7所示，在图5-7中，PCB的一面布垂直线，而另一面则布水平线（此图中仅画出地线），可以在双面板上添加一些连接线以减小回路面积。缩短平行路径可减小回路面积，如图5-8所示。

3）并联的印制线必须紧紧放在一起，最好仅使用一条粗印制线。地平面不应有大的开口，因为这些开口如同平行导线一般，其作用等同于回路天线。

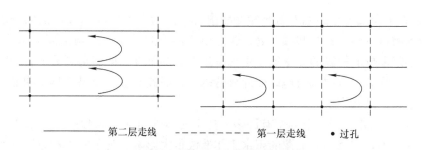

———— 第二层走线　　- - - - - - - - - 第一层走线　　• 过孔

图 5-7　典型的 PCB 地线结构

4）信号线与地线应紧挨布放在一起，如图 5-9 所示，在每根信号线的旁边安排一条地线，但会产生很多平行地线。为了避免这个问题，可采用地平面或地线网格，而不采用单条地线。假设由于某种原因信号线不能移动，可在与信号线相对的一面上布置地线面，如图 5-10 所示。实际上，将空余 PCB 部分填以地线面是个好办法。

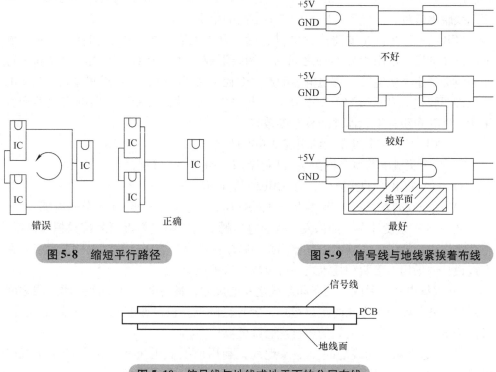

错误　　　　　　　正确

图 5-8　缩短平行路径

不好

较好

地平面

最好

图 5-9　信号线与地线紧挨着布线

信号线

PCB

地线面

图 5-10　信号线与地线或地平面的分层布线

5）特别敏感的元器件之间的较长的电源线或信号线应每隔一定间隔与地线的位置对调一下，对调的含义是将一根导线从上移到下面，或从左边移到右边，另一根导线则做相反的调整。对调有关导线后，可使回路面积最小。

6）在电源线与地线间布置高频旁路电容，因为在静电放电较低的频率段，旁路电容的阻抗较低，在这些频率处，旁路电容能有效减小电源与地间的回路面积。然而，在静电放电较高的频率段，由于寄生电感的影响，即使是高频电容，其作用也很有限。当然，电源线与地线彼此靠得越近，滤波电容的效果就越不明显，因为回路面积已经足够小了。

7）高频回路。开关电源中有许多由功率元器件组成的高频回路，如果对这些回路处理得不好，就会对电源的正常工作造成很大影响。为了减小高频回路所产生的电磁波噪声，该回路的面积应该控制得非常小。高频电流回路面积很大，就会在回路的内部和外部产生很强的电磁干扰。同样的高频电流，当回路面积设计得非常小时，回路内部和外部电磁场互相抵消，整个电路会变得非常稳定。

6. PCB 布线产生的寄生元器件

在 PCB 上布两条靠近的印制线，大多数寄生电容都是靠近放置两条平行印制线引起的。由于这种寄生电容的存在，在一条印制线上的快速电压变化会在另一条印制线上产生电流信号。在混合信号电路中，如果敏感的高阻抗模拟印制线与数字印制线距离较近，这种寄生电容会影响电路的稳定工作。

PCB 布线产生的主要寄生元器件包括：寄生电阻、寄生电容和寄生电感。例如：PCB 的寄生电阻由元器件之间的印制线形成；PCB 上的印制线、焊盘和平行印制线会产生寄生电容；寄生电感的产生途径包括回路电感、互感和过孔。当将电路原理图转化为实际的 PCB 时，所有这些寄生元器件都可能对电路的有效性产生干扰。PCB 布线寄生元器件的分布参数有：

1）PCB 上的一个过孔大约引起 0.6pF 的电容。

2）一个集成电路本身的封装材料引起 2~10pF 的分布电容。

3）一个 PCB 上的接插件，有 520μH 的分布电感。

4）一个双列直插的 24 引脚集成电路插座，会引入 4~18μH 的分布电感。

在 PCB 布线设计中，如果发生快速电压瞬变的印制线靠近高阻抗模拟印制线，将严重影响模拟电路的精度，其原因是模拟电路的噪声容限比数字电路低得多。在布线设计中采用以下两种技术之一可以减少这种现象：

1）根据电容方程改变两条印制线之间的尺寸，最有效尺寸是两条印制线之间的距离。两条印制线之间的距离增加，容抗会降低。也可改变两条印制线的长度，长度降低，两条印制线之间的容抗也会降低。

2）在这两条印制线之间布一条地线，利用地线低阻抗特性削弱产生干扰的电场。

PCB 中寄生电感产生的原理与寄生电容形成的原理类似，也是两条印制线布在不同的两层，将一条印制线放置在另一条印制线的上方；或者在同一层，将一条印制线放置在另一条印制线的旁边。若一条印制线上电流随时间变化（di/dt），由于这条印制线的感抗，会在同一条印制线上产生电压；由于互感的存在，会在另一条印制线上产生成比例的电流。如果在第一条印制线上的电压变化足够大，干扰可能会降低数字电路的电压容限而产生误差。

在开关电源 PCB 布线时应避免出现过孔，因过孔的感应系数较大。可以在顶层、元器件层为开关电源的快速电流建立局部平面来解决这一问题。SMT 元器件可直接连接在这些平面上，回路必须宽而且短，以降低电感。过孔用于连接地平面和电源以外的系统平面，其杂散电感有助于将快速电流限制在顶层。可以在电感周围加入过孔，降低其阻抗效应。

7. DC/DC 变换器布板实例

电磁干扰规范描述的频域分为两个频率范围。在 150kHz ~ 30MHz 低频段，测量线路的交流传导电流。在 30MHz ~ 1GHz 高频段，测量辐射电磁场。电路节点电压产生电场，而磁场由电流产生，存在问题最大的是阶跃波（例如方波），它产生的谐波能够达到很高频率。

降压变换器原理图如图 5-11 所示，在开关电源工作时，开关管 VF_1 和 VF_2 工作在开关状态，开关管的电流和电压均类似于方波，如图 5-12 所示。在图 5-12 中，开关管电流 I_1 和 I_2，以及开关节点电压 U_{LX} 接近方波，具有高频分量。电感电流 I_3 是三角波，也是噪声源。这些波形虽然能够实现较高的效率，但却存在电磁干扰问题。一个理想的变换器不会产生外部电磁场，只在输入端吸收直流电流，在开关电源的电路设计和 PCB 设计中应保证达到这一目标。

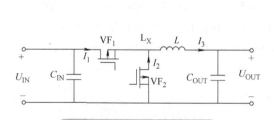

图 5-11　降压变换器原理图

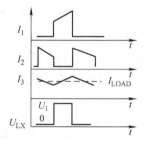

图 5-12　降压变换器的电流和电压波形

对于图 5-11 所示电路中 L_X 节点产生的电场辐射，缩小节点面积，并在邻近设置地平面，可以直接限制该电场（电场会被该平面吸收）。但是也不能太近，否则会增加杂散电容，降低效率，导致 L_X 电压振铃。节点太小易产生串联阻抗，因此也应避免这种情况。

（1）功率元器件布局布线

功率元器件在 PCB 上正确的放置和走线将决定整个开关电源工作是否正常，在开关电源 PCB 布局时，首先放置开关管 VF_1 和 VF_2、电感 L 和输入、输出电容 C_{IN} 和 C_{OUT}。这些元器件尽可能地靠近放置，特别是 VF_2、C_{IN} 和 C_{OUT} 的地连接，以及 C_{IN} 和 VF_1 的连接。然后，为电源地、输入、输出和 L_X 节点设置顶层连接，采用短而宽的走线连接至顶层。在电容 C_{IN} 和 C_{OUT} 无法为开关电流 I_1 和 I_3 提供低阻时，将产生传导电磁干扰问题。

（2）低电平信号元器件布局布线

开关电源控制电路 PCB 布局布线设计也是非常重要的，不合理的布局布线设计会造成开关电源输出电压漂移和振荡。控制器 IC、偏置和反馈、补偿元器件等是低电平信号源，为避免串扰，这些元器件应与功率元器件分开放置，用控制器 IC 隔断它们。控制器 IC 应靠近开关管放置，一种方法是将功率元器件放置在控制器的一侧，低电平信号元器件放置在另一侧，并减小 IC 和开关管之间的距离。

应尽量减小大阻抗节点，远离 L_X 节点放置。在适当的层上设置模拟地，在一点连接至电源地。控制线路应放置在功率电路的边上，绝对不能放在高频交流回路的中间。旁路电容要尽量靠近芯片的 VCC 和接地脚（GND）。反馈分压电阻最好也放置在芯片附近，芯片驱动至开关管的回路也要尽量减短。

反馈和补偿引脚等大阻抗节点应尽量小，与功率元器件保持较远的距离，特别是在开关节点 L_X 上。DC/DC 控制器 IC 一般具有两个地引脚 GND 和 PGND，应将低电平信号地与电源地分离。当然，还要为低电平信号设置另一模拟地平面，不用设在顶层，可以使用过孔。模拟地和电源地应只在一点连接，一般是在 PGND 引脚连接。在极端情况（大电流）下，可以采用一个纯单点地，在输出电容处连接局部地、电源地和系统地平面。

MAX1954 是低成本电流模式 PWM 控制器 IC，图 5-13 所示为基于 MAX1954 设计的 DC/DC 变换器原理图，图 5-14 所示为其 PCB 布板图。在图 5-13 所示电路中的功率元器件有：双开关管 N1、电感 L1、输入电容 C3 和输出电容 C5。C3 的位置非常关键；应尽可能近地直接与上面 MOSFET 漏极和下面 MOSFET 源极并联。这

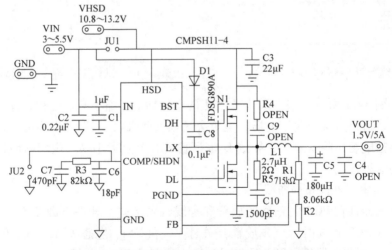

图 5-13　大电流降压变换器 MAX1954 应用电路

样做的目的是消除上面 MOSFET 打开时，由于对下面 MOSFET 体二极管恢复充电产生的快速开关峰值电流。这些元器件放置在图 5-14 布板图中的右侧，所有连接都在顶层完成。右上角的 L_X 节点直接放置在系统地平面的顶层，由顶层 VHSD 和 PGND 节点进一步将其与下面的区域隔离。

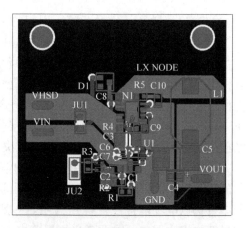

图 5-14　图 5-13 所示电路 PCB 布板图

　　低电平信号相关元器件放置在布板左侧，由 MAX1954 控制器将低电平信号和开关电源功率回路分开。R1 和 R2 的中间点是反馈节点，C7、C6 和 R3 为补偿节点。图 5-14 中没有画出模拟地，它位于中间层，通过过孔与元器件连接。电源地和低电平模拟地平面在布板中分开，但还是在原理图中以不同的符号表示。顶层电源地、模拟地平面和系统电源地平面在右下角连接在一起。PCB 由四层组成：顶层、底层、系统地平面（中间层）、模拟地平面（中间层）。

　　由于杂散电感和电容，开关节点将产生能够导致电磁干扰的高频（40 ~ 100MHz）振铃。可以在每个 MOSFET 上并联一个简单的 RC 电路，以阻尼高频振铃。为了阻尼 U_{LX} 上升沿振铃，在下面的 MOSFET 两端并联一个 RC 电路。同样的，为阻尼 U_{LX} 下降沿振铃，在上面的 MOSFET 两端并联一个 RC 电路。选择合适的 RC 电路不会对效率造成太大的影响，这是因为杂散能量也会在电路中释放掉，只是时间长一些。

5.3 开关电源 PCB 电磁兼容设计要点

5.3.1　PCB 中带状线、电线、电缆间的串音和电磁耦合

1. PCB 中串音的产生及消除

　　PCB 中带状线、电线、电缆间的串音是 PCB 线路中存在的最难克服的问题之一，这里所说的串音是较广意义上的串音，不管其源是有用信号还是噪声，串音用导线的互容和互感来表示。当在电磁兼容预测和解决电磁干扰问题时，首先应确定发射源的耦合途径是传导的、辐射的还是串音。例如，当 PCB 上的某带状线上载入控制和逻辑电平时，与其靠近的第二条带状线上载有低电平信号，当平行布线长度超过 10cm 时，将产生串音干扰。当较长电缆载入几组串行或并行高速数据和遥控信号时，串音干扰也成为主要问题。靠近的电线和电缆之间的串音是由电场

（通过互容）、磁场（通过互感）引起的。

当考虑在 PCB 带状线、电线、电缆中导体或靠近的电线和电缆的串音问题时，最主要的是确定电场耦合（互容）、磁场耦合（互感）哪个是主要的。确定哪种耦合模型主要取决于线路阻抗、频率和其他因素。对线路阻抗，一个粗略的原则是：当源和接收器阻抗乘积小于 300^2 时，耦合主要是磁场；当源和接收器阻抗乘积大于 1000^2 时，耦合主要是电场；当源和接收器阻抗乘积在 $300^2 \sim 1000^2$ 之间时，则磁场或电场都可能成为主要耦合，这时取决于线路间的配置和频率。

然而，上述标准并不适用于所有的情况，例如在地（底）板上 PCB 带状线之间的串音，这时，PCB 带状线的特性阻抗可能较低，而负载和源阻抗可能较高，但串音仍以电场耦合（互容）为主。一般来说，在高频时电容耦合是主要的，但如果源或接收器之一或两者采用屏蔽电缆并在屏蔽层两端接地，则磁场耦合将是主要的。另外，低频一般有较低的电路阻抗，电感耦合是主要的。

串音预测计算程序是计算机辅助 PCB 设计软件中的重要内容，通过串音预测，可以保证 PCB 上数字和模拟信号印制线适当的间距。由 QUANTIC 实验室编制的GREENFIELF2TM 程序和 EESOF 编制的 UWAVESPICKE 程序可预测串音、延时和振荡，该程序可确定几层 PCB 布置的电压和脉冲上升时间表格。

（1）串音的产生

当信号沿着 PCB 印制线传播时，其电磁波也沿着印制线传播，从集成电路芯片一端传到印制线的另一端。在传播过程中，由于电磁感应，电磁波引起了瞬变的电压和电流。电磁波包括随时间变化的电场和磁场。在 PCB 中，电磁场并不限制在各种布线内，有相当一部分的电磁场能量存在于布线之外。所以，如果附近有其他线路，当信号沿一根导线传播时，其电场和磁场将会影响到其他线路。根据麦克斯韦尔方程，时变电场及磁场会使邻近导体产生电压和电流，因此，在信号传播过程中伴随的电磁场将会使邻近线路产生信号，这样，就导致了串音。

在 PCB 中，引起串音的线路通常称为"侵入者"。受串音干扰的线路通常称为"受害者"。在任何"受害者"中的串音信号都可被分为前向串音信号和后向串音信号，这两种信号分别由电容耦合和电感耦合引起。

（2）前向串音的电容特性

前向串音表现为两种相互关联的特性：容性和感性。"侵入"信号前进时，在"受害者"中产生与之同相的电压信号，这个信号的速度与"侵入"信号相同，但又始终位于"侵入"信号之前。这意味着串音信号不会提前传播，而是和"侵入"信号同速并耦合入更多的能量。

由于"侵入"信号的变化引起串音信号，所以前向串音脉冲不是单极性的，而是具有正负两个极性，脉冲持续时间等于"侵入"信号的切换时间。

导线间的耦合电容决定了前向串音脉冲的幅值，而耦合电容是由许多因素决定的，例如 PCB 的材料、几何尺寸、线路交叉位置等。串音脉冲的幅值和平行线路间的距离成比例，距离越长，串音脉冲就越大。然而，串音脉冲幅值有一个上限，因为"侵入"信号渐渐地失去了能量，而"受害者"又反过来耦合回"侵入者"。

当"侵入"信号传播时，它的时变磁场同样会产生串音，即具有电感特性的前向串音，但是感性串音和容性串音明显不同：前向感性串音的极性和前向容性串音的极性相反。这是因为在前进方向，串音的容性部分和感性部分在竞争，在相互抵消。实际上，当前向容性和感性串音相等时，就不存在前向串音。

（3）后向串音的反射

在许多设备中，前向串音相当小，而后向串音成了主要问题，尤其对于长条形PCB，因为电容耦合增强了。但是，在没有仿真的前提下，实际无法知道感性和容性串音抵消到何种程度。如果测到前向串音，就可以根据其极性判别走线是容性耦合还是感性耦合。如果串音极性和"侵入"信号相同，则容性耦合占主要地位，反之，感性耦合占主要地位。在 PCB 中，通常是感性耦合更强些。

后向串音发生的物理过程和前向串音相同，"侵入"信号的时变电场和磁场引起"受害者"中的感性和容性信号。但是这两者之间也有所不同，最大的不同是后向串音信号的持续时间。因为前向串音和"侵入"信号的传播方向及速度相同，所以前向串音的持续时间和"侵入"信号等长。但是，后向串音和"侵入"信号反方向传播，它滞后于"侵入"信号，并引起一长串脉冲。

与前向串音不同，后向串音脉冲的幅值与线路长度无关，其脉冲持续期是"侵入"信号延迟时间的两倍。假设从信号出发点观察后向串音，当"侵入"信号远离出发点时，它仍在产生后向脉冲，直到另一个延迟信号出现。这样，后向串音脉冲的整个持续时间就是"侵入"信号延迟时间的两倍。

驱动芯片一般是低阻输出，它反射的串音信号多于吸收的串音信号。当后向串音信号到达"受害者"（驱动芯片）时，它会反射到接收芯片。因为驱动芯片的输出电阻一般低于导线本身，常常引起串音信号的反射。与前向串音信号具有感性和容性两种特性不同，后向串音信号只有一个极性，所以后向串音信号不能自我抵消。后向串音信号及其反射之后的串音信号的极性和"侵入"信号相同，其幅值是两部分之和。

当在"受害者"的接收端测到后向串音脉冲时，这个串音信号已经经过了"受害者"（驱动芯片）反射，可以观察到后向串音信号的极性和"侵入"信号相反。

在数字电路设计时，常常关心一些量化指标，例如：不管串音是如何产生，何时产生，前向还是后向的，它的最大噪声容限为 150mV。但不存在简单的能够精确衡量噪声的方法，其原因是电磁场效应太复杂了，涉及一系列方程、PCB 的拓扑结构、芯片的模拟特性等，所以线路的最大噪声只能通过试验的方法获得。

（4）串音消除

目前有不少文献对 PCB 的辐射问题进行讨论，提出 PCB 辐射的简化计算方法和测试手段。然而，由于结构参数与激励参数的差异，PCB 的辐射问题不可能像其他电路那样，用一种模型就可以分析解决。比如：电偶极子和磁偶极子的辐射模型只有在电路线路长度小于波长和满足测试点距离的情况下才能适用。

对一块 PCB 来说，众多的线路和回路是潜在的辐射源。所以 PCB 的整体辐射效果应是各辐射单元辐射效果的叠加，总体辐射作用的大小主要与频率、辐射源长度或面积、激励强度、方位等因素有关；此外，布线结构的合理设计对降低 PCB 辐射也具有关键的作用。

随着切换速度的加快，现代数字系统遇到了一系列难题，例如：信号反射、延迟衰落、串音和电磁兼容失效等。当集成电路的切换时间下降到 5ns 或 4ns 或更低时，PCB 本身的固有特性开始显现出来。这些特性将影响电路工作的稳定性和可靠性，在设计过程中应该尽量设法避开。在高频电路中，串音可能是最难理解和预测的，但是，它可以被控制甚至被消除掉。从实践的观点出发，最重要的问题是如何去除串音。当串音影响电路特性时，可以采取以下两种策略：

1）改变一个或多个影响耦合的几何参量，例如：线路长度、线路之间的距离、PCB 的分层位置。

2）利用终端，将单线改成多路耦合线，采用多线终端能够消除大部分串音。

布线和芯片的位置关系对串音也有影响，因为后向串音到达接收芯片后反射到芯片，所以芯片的位置和性能是非常重要的。因为拓扑结构的复杂性、反射及其他因素，所以很难解释串音主要受谁影响。如果有多种拓扑结构供选择，最好通过仿真来确定哪种结构对串音影响最小。

一个可能减少串音的非设计因素是芯片本身的技术指标，一般原则是，选择切换时间长的芯片可以减少串音干扰。即使串音和切换时间没有严格的正比关系，但降低切换时间仍然会获得较好的效果。许多 PCB 设计对芯片技术是无法选择的，只能改变设计参量来达到目的。

一根独立、无耦合传输线的终端连接是不会产生反射的，若为 3 根互相有串音的传输线，或一对耦合传输线，如果利用电路分析软件，可以导出一对矩阵，分别表示传输线本身和相互间的电容和电感。例如，3 根传输线可能有电容 C 和电感 L 矩阵，在这些矩阵中，对角线元素是传输线自身值，非对角线元素是传输线相互间的值（注意它们是用每单位长度的 pF 和 nH 来表示的），可以用电磁场测试仪来确定这些值。可以看出，每一组传输线也有一个特征阻抗 Z_0 矩阵。在这个特征阻抗 Z_0 矩阵中，对角线元素表示传输线对地线的阻抗值，非对角线元素是传输线耦合值。

对于一组传输线与单根传输线类似，如果终端是与特征阻抗 Z_0 匹配的阻抗阵，它的矩阵几乎是相同的。所需的阻抗不必是特征阻抗 Z_0 中的值，只要组成的阻抗网络与特征阻抗 Z_0 匹配就行。阻抗阵中不仅包括传输线对地的阻抗，而且包括传输线之间的阻抗。这样的一个阻抗阵具有良好的性质，首先它可以阻止非耦合线中的串音反射。更重要的是，它可以消除已经形成的串音。因为一些传输线之间的耦合阻抗太小了，会导致大电流流入芯片，传输线和地之间的阻抗也不能太大，以致不能驱动芯片。

（5）线路长度

虽然电路设计软件都提供了最大并行线路的长度控制功能，但仅改变几何数值，是很难降低串音的。因为前向串音受耦合长度影响，所以当缩短没有耦合关系的线路长度时，串音几乎没有减少。再者，如果耦合长度超过芯片下降或上升时沿，耦合长度和前向串音的线性关系会到达一个饱和值，这时，缩短已经很长的耦合线路对减少串音影响甚小。

一个合理的方法是扩大耦合线路间的距离，几乎在所有情况下，分离耦合线路能够大大降低串音干扰。实践证明，后向串音幅值大致和耦合线路间距离的二次方成反比，即：如果将这个距离增加一倍，串音降低 3/4。当后向串音占主要地位时，这个效果更加明显。

要增大耦合线路间的距离并不是很容易的，如果布线非常密，要降低布线密度是非常困难的，但可以采取增加一或两个隔离层的方法来减少串音干扰。线路宽度和厚度同样影响串音干扰，但其影响远小于线路间的距离，所以，一般很少调整这两个参量。

因为 PCB 的绝缘材料存在介电常数，也会产生线路间的耦合电容，所以降低介电常数也可减少串音干扰，这个效果并不很明显。使布线层靠近电源层（VCC 或地），能够降低串音干扰，改善效果的精确数值需要通过仿真来确定。

（6）分层因素

在开关电源 PCB 设计中，分层设计不但影响传输线的性能，如阻抗、延迟和耦合等，而且也影响电路的工作性能。如果分层设计合理，布线层位于两个电源层之间，这样就很好地平衡了容性耦合和感性耦合，具有较低幅值的后向串音便成为主要因素。

在 PCB 分层设计时，首先要确定在可以接受的成本范围内实现功能所需的布线层数和电源层数，PCB 的层数是由详细的功能要求、抗扰度、信号种类、元器件密度、布线等因素确定的。目前 PCB 已由单层、双层、四层板逐步向更多层 PCB 方向发展，多层 PCB 设计是达到电磁兼容标准的主要措施，要求有：

1）分配单独的电源层和地层，可以很好地抑制固有共模干扰，并减小电源阻抗。

2）电源平面和接地平面尽量相互邻近，一般地平面在电源平面之上。

3）最好在不同层内对数字电路和模拟电路进行布局。

4）布线层最好与整块金属平面相邻。

5）时钟电路和高频电路是主要的干扰源，应单独处理。

2. PCB 电磁辐射

电磁辐射干扰是由于空间电磁波辐射而引入的干扰，PCB 电磁辐射分两种基本类型：差模辐射与共模辐射。差模辐射的特点取决于闭合回路中电流特性，共模辐射由对地的干扰（噪声）电压引起。多数情况下，开关电源产生的传导干扰以共模干扰为主，而且共模干扰的辐射作用远大于差模干扰，因此减少共模干扰在开关电源的电磁兼容设计中显得特别重要。

目前的文献中对共模辐射讨论较少，但实际 PCB 或电路并非都是由单根线路或回路组成，即使是并行电路的电流也并非都相等，所以在分析辐射问题时，只考虑差模电流的作用远远不够，必须考虑电路中所有电流的作用，同时因为差模电流的辐射是相减的，而共模电流的辐射则是相加的。所以共模电流即使比差模电流小很多，也会产生相当程度的辐射电场。

电磁辐射主要表现在对周围的电子系统构成窄带与宽带干扰，另一方面造成潜在的信息泄漏问题。影响 PCB 电磁辐射的因素主要是 PCB 的结构和激励因素，PCB 的结构不同，其辐射效果也不同，传输线的长度、回路面积、地线走向、整体布局等都会影响到辐射效果。

激励因素包括流经 PCB 印制线信号的幅值、周期、脉冲宽度、上升与下降时间、频率等，也都是影响辐射效果及频率特性的重要因素。PCB 的布局设计将直接关系到开关电源电磁辐射的强弱。在确定的激励状态下，开关电源辐射水平的抑制和降低，必须从 PCB 的辐射分析及布局的优化设计着手。

在很多情况下，数字信号产生的辐射问题要比模拟信号更为严重。由于数字电路的驱动电流较大，致使辐射的强度也较大，而高速数字信号又使得辐射带加宽。数字化的信息信号一般都是非周期信号，其辐射频谱将是窄带与宽带两种辐射的叠加，频率可从几兆到数百兆赫兹，如此宽的辐射频率范围，不可避免地会引起一系列电磁干扰问题。

消除辐射干扰最有效的方法是采取屏蔽，屏蔽噪声源或屏蔽敏感电路。除屏蔽方法外，还可以通过改变电路设计来提高系统的抗干扰能力。为了抑制 PCB 电磁辐射，国际组织先后颁布了有关数字电子设备电磁辐射的约束规范。目前辐射标准覆盖的频率从 30MHz ~ 1GHz，在不久的将来会扩展到 5 ~ 40GHz。

5.3.2　开关电源 PCB 电流回路及电压节点设计要点

1. 主要电流回路设计要点

三种主要开关电源拓扑的回路如图 5-15 所示，在输入电源和负载电流回路上，主要是在直流电流上叠加了一些小的交流电流分量，通常采用专门的滤波器来阻止交流噪声进入周围的电路。输入和输出电流回路的端口是相应的输入、输出电容的接线端，输入回路通过近似直流的电流对输入电容充电，但它无法提供开关电源所需的脉冲电流。输入电容主要是起到高频能量存储器的作用。

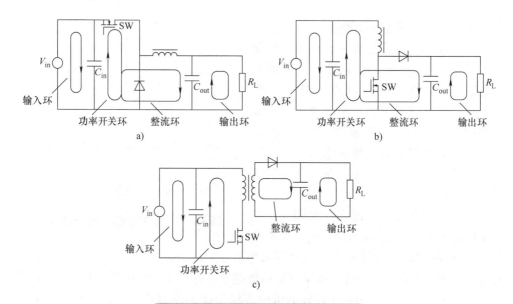

图 5-15　三种主要开关电源拓扑的回路

　　输出滤波电容存储来自输出整流器的高频能量，使输出负载以直流方式汲取能量。因此，输入和输出滤波电容接线端口布局很重要。如果输入或输出端口与功率开关或整流回路的连接没有直接接到电容的两端，交流能量就会从输入或输出滤波电容上流进流出，并通过输入和输出电流回路通过感应、耦合到外面环境中。

　　Buck（或降压）变换器功率部分布局如图 5-16 所示，每个回路的三种主要的元器件：滤波电容、电源开关或整流器、电感或变压器应彼此相邻地进行放置，调整元器件位置使它们之间的电流路径尽可能短。若开关电源的负载远离电源的输出端口，为了避免输出走线受电源自身或周边电子元器件所产生的电磁干扰，输出电源布线必须像图 5-17b 那样靠得很近，以使输出电流回路的面积尽可能减小。

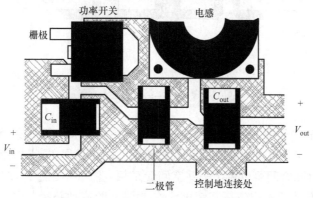

图 5-16　Buck（或降压）变换器功率部分布局

2. 交流电压节点设计要点

每个开关电源中都有一个交流电压最大的节点，这个节点就是功率开关漏极（或集电极）。在无隔离 DC/DC 变换器中，这个节点与电感和续流二极管相连。在变压器隔离拓扑中，变压器有多少个绕组，就有多少个交流节点。但从电气上看，它们代表同一个节点，只是经变压器映射成这么多节点。

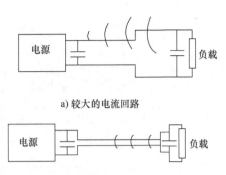

a) 较大的电流回路

b) 较小的电流回路

图 5-17 电源输出直流电流回路

交流电压在辐射电磁干扰的同时，还可将电磁干扰耦合到邻近的布线上。若这部分引线要作为功率开关管和整流器的散热部分，特别是在采用表面贴装元器件的开关电源中，从电气上考虑，要求这些引线越窄越好，但从散热方面考虑，要越宽越好。在表面贴片设计中，比较好的折中方法是让 PCB 顶层和底层一样，将它们通过一些过孔（或通孔）连接，如图 5-18 所示。这种方法可以使散热体积和表面面积增大两倍多，并大大减小与其他引线之间的容性耦合。使用过孔时，其他的信号和地要与这些高压引线和它的散热部分隔开。

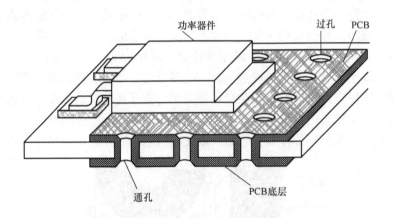

图 5-18 PCB 过孔连接示意图

在多层 PCB 上若要放置多个过孔时，应避免在高频电流返回路径上放置过多过孔，否则，地层上高频电流走线会遭到破坏。如果必须在高频电流路径上放置一些过孔的话，过孔之间可以留出一些空间让高频电流顺利通过，过孔放置方式如图 5-19 所示。过孔放置不应破坏高频电流在地层上的流动路径，并应注意不同焊盘的形状会产生不同的串联电感，几种焊盘寄生串联电感如图 5-20 所示。

图 5-19　过孔放置方式

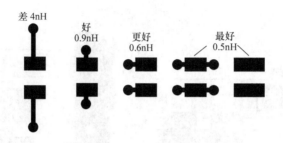

图 5-20　焊盘寄生串联电感

5.3.3　开关电源 PCB 滤波电路布局及退耦电容配置要点

1. 滤波电路布局要点

电解电容器一般有很大的电容量和很大的等效串联电感，由于它的谐振频率很低，所以只能使用在低频滤波上。钽电容器一般有较大电容量和较小等效串联电感，因而它的谐振频率会高于电解电容器，并能使用在中高频滤波上。瓷片电容器的电容量和等效串联电感一般都很小，因而它的谐振频率远高于电解电容器和钽电容器，所以能使用在高频滤波和旁路电路上。

由于小电容量瓷片电容器的谐振频率会比大电容量瓷片电容器的谐振频率要高，因此，在选择旁路电容时不能光选用电容值过高的瓷片电容器。为了改善电容器的高频特性，多个不同特性的电容器可以并联起来使用，因多个电容器并联可改善阻抗特性，如图 5-21 所示。

用于旁路的瓷片电容器的电容量不能太大，寄生串联电感值应尽量小。为了减小滤波电容器的等效串联电阻（ESR），经常用多个电容器并联。同时，这样也可以把纹波电流分

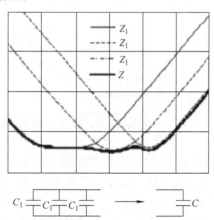

图 5-21　多个电容器并联可改善阻抗特性

摊到每个电容器上，使每个电容器工作在额定的纹波电流下。要把纹波电流平均分布，就要使每个电容器与纹波电流源的引线阻抗一样，这就意味着整流器或功率开关管与每个电容器端的连线长度和宽度都要一样。

把滤波电容器排成一行，依次把它们连接起来的方法，如图5-22a所示。但是，这样排列使靠近功率开关管或整流器的电容器分到的纹波电流远多于相距较远的电容器，会缩短距离较近的电容器的寿命，并联电容器比较合理的连接方法如图5-22b所示。

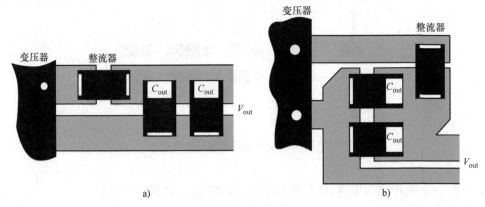

图 5-22　电容器布局

在设计中要尽量在回路的两边，让电容器从纹波电流源开始呈"放射性对称布置"。在 PCB 布线时，输入电源（U_{in}）至负载（R_L）的不同走线方式如图5-23所示。为了降低滤波电容器（C）的 ESL，其引线长度应尽量减短；而 U_{in} 正极至 R_L 和 U_{in} 负极至 R_L 的走线应尽量靠近。

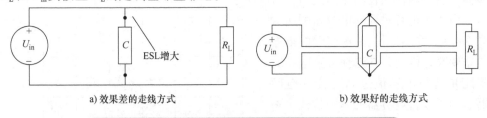

a) 效果差的走线方式　　　　　　　　　　　b) 效果好的走线方式

图 5-23　输入电源（U_{in}）至负载（R_L）的不同走线方式

旁路电容器的布置要考虑到它的串联电感值，旁路电容器必须是低阻抗和低 ESL 的瓷片电容器。如果一个高品质瓷片电容器在 PCB 上放置的方式不对，它的高频滤波功能也就消失了。图5-24显示了旁路电容器正确和错误的放置方式。

在开关电源中电感的等效并联电容值 C_P 应越小越好，同时必须注意到，同一电感量的电感由于不同线圈结构造成不同等效并联电容 C_P 值，如图5-25所示。

在图5-25a中，电感的5匝绕组是按顺序绕制，这种线圈结构的等效并联电容

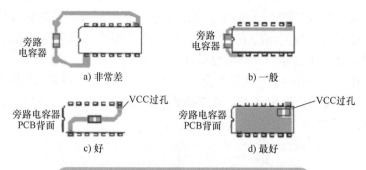

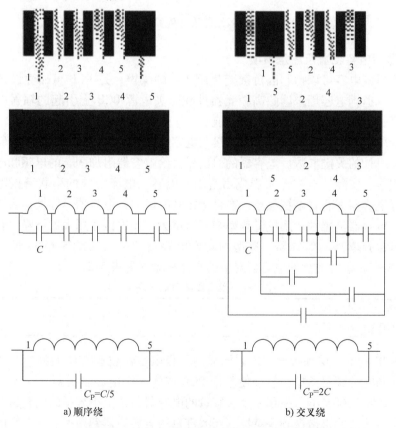

图 5-24　旁路电容器正确和错误的放置方式

C_P 值是 1 匝线圈等效并联电容值（C）的 1/5。

在图 5-25b 中，电感的 5 匝绕组是按交叉顺序绕制。其中绕组 4 和 5 放置在绕组 1、2、3 之间，而绕组 1 和 5 非常靠近。这种线圈结构所产生的等效并联电容 C_P 值是 1 匝线圈 C 值的两倍。

图 5-25　不同线圈结构造成不同等效并联电容值

从图 5-25 中可以看到，相同电感量的电感由于不同线圈结构其等效并联电容 C_P 值相差可达数倍。在高频滤波上如果一个电感的等效并联电容 C_P 值太大，高频噪声就会很容易地通过等效并联电容 C_P 直接耦合到负载上，电感也就失去了高频滤波功能。在一个 PCB 上 U_{in} 通过 L 至负载（R_L）的不同走线方式如图 5-26 所示，为了降低电感的等效并联电容 C_P，电感的两个引脚应尽量远离。而 U_{in} 正极至 R_L 和 U_{in} 负极至 R_L 的走线应尽量靠近。

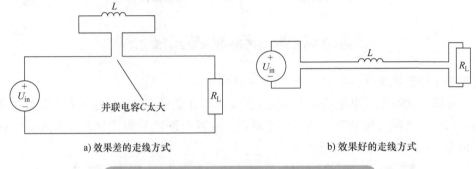

a) 效果差的走线方式   b) 效果好的走线方式

图 5-26 U_{in} 通过 L 至负载（R_L）的不同走线方式

2. 退耦电容配置及注意事项

配置退耦电容可以抑制因负载变化而产生的噪声，是 PCB 可靠性设计的一种常规做法。退耦电容用来滤除高频元器件在开关电源 PCB 上引起的辐射电流，还能降低开关电源电路中的电流冲击峰值。

设计中最重要的是确定电容量和接入电容器的地点，电容器的自谐振频率是决定电容器设计的关键参数。电容器的引出线会给电容器附加固有的电感和电阻，考虑这些因素，实际的电容器可看成由电阻、电感、电容组成的串联谐振电路。因此，实际电容器都有自谐振频率，在自谐振频率以下，电容器呈容性；高于自谐振频率时，电容器呈感性，阻抗随频率增高而增大，使退耦作用大大下降。在设计中应选择谐振频率高的电容器。典型的陶瓷电容器的引线大约有 6mm 长，会引入 15nH 的电感，这种类型的电容器对应的自谐振频率见表 5-2。

表 5-2   电容器的自谐振频率

电容器的电容值/μF	1	0.1	0.01	0.001
电容器的自谐振频率/MHz	2.5	5	15	50

在 PCB 的电源层和接地层之间构成的平板电容器也有自谐振频率，这一谐振频率如果与时钟频率谐振，就会使整个 PCB 成为一个电磁辐射器。这一谐振频率可以达到 200~400MHz。采用一个大容量的电容器与一个小容量的电容器并联的方法可以有效地改善自谐振频率特性，当大容量的电容器达到谐振点时，它的阻抗开始随频率增加而变大；小容量的电容器尚未达到谐振点，仍然随频率增加而变小，并将对旁路电流起主导作用。

电容器材料对温度很敏感，要选温度系数好的。还要选择等效串联电感和等效串联电阻值小的电容器，一般要求等效串联电感值小于10nH，等效串联电阻值小于0.5Ω。好的高频退耦电容可以去除高到1GHz的高频成分，陶瓷片电容或多层陶瓷电容的高频特性较好。在设计 PCB 时，可在每个集成电路的电源、地之间设置一个退耦电容。退耦电容有两个作用：一方面是集成电路的蓄能电容，提供和吸收该集成电路开门、关门瞬间的充、放电能；另一方面旁路掉该元器件的高频噪声。

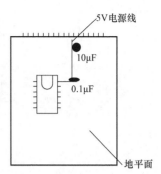

图 5-27　退耦电容配置的位置

在布线时，模拟元器件和数字元器件都需要退耦电容，都需要靠近其电源引脚连接一个电容，此电容值通常为0.1μF。系统供电电源侧需要电容值大约为10μF，退耦电容配置的位置如图5-27所示。在 PCB 中配置退耦电容应注意以下事项：

1）退耦电容的引线不能太长，尤其是高频旁路电容器不能带引线。

2）退耦电容的选用并不严格，可按 $C = 1/F$，即 10MHz 取 0.1μF，100MHz 取 0.01μF。电源输入端跨接一个 10 ~ 100μF 的电解电容器，如果 PCB 的位置允许，采用100μF 以上的电解电容器的抗干扰效果会更好。

3）0.1μF 的退耦电容有 5nH 的分布电感，它的并行共振频率在 7MHz 左右，也就是说，对于 10MHz 以下的噪声有较好的去耦效果，对 40MHz 以上的噪声几乎不起作用。1μF、10μF 的电容，并行共振频率在 20MHz 以上，去除高频噪声的效果要好一些。

4）一般在原理图中仅画出若干退耦电容，但未指出它们各自应接于何处。这些电容是为开关元器件或其他需要退耦的元器件而设置的，布置这些电容就应尽量靠近这些元器件，离得太远就没有作用了。贴片元器件的退耦电容最好布在 PCB 另一面元器件下面的位置，电源线和地线要先经过电容再进芯片。

5）在焊接时退耦电容的引脚要尽量短，长的引脚会使退耦电容本身发生自共振。例如1000pF 的瓷片电容引脚长度为 6.3mm 时自共振的频率约为 35MHz，引脚长 12.6mm 时为 32MHz。

第6章

开关电源可靠性测试

开关电源电磁兼容性测试

6.1.1　电磁兼容测试技术

1. 电磁兼容设计与电磁兼容测试

电磁兼容设计与电磁兼容测试是相辅相成的，电磁兼容设计的好坏是要通过电磁兼容测试来衡量的。只有在产品的电磁兼容设计和研制的全过程中，进行电磁兼容的相容性预测和评估，才能及早发现可能存在的电磁干扰，并采取必要的抑制和防护措施，从而确保系统的电磁兼容性。否则，当产品定型或系统建成后再发现不兼容的问题，则需在人力、物力上花很大的代价去修改设计或采用补救的措施。往往难以彻底解决问题，而给系统的使用带来许多隐患。

电磁兼容测试包括测试方法、测量仪器和测试场所，测试方法以各类标准为依据，测量仪器以频域为基础，测试场地是进行电磁兼容测试的先决条件，也是衡量电磁兼容工作水平的重要因素。电磁兼容检测受场地的影响很大，尤其以电磁辐射发射、辐射接收与辐射敏感度的测试对场地的要求最为严格。目前，国内外常用的测试场地有：开阔场、半电波暗室、屏蔽室和横电磁波小室等。

作为电磁兼容测试的测试室大体有两种类型：一种是经过电磁兼容权威机构审定和质量体系认证而且具有法定测试资格的综合性设计与测试的测试室，或称检测中心。检测中心包括进行传导干扰、传导敏感度及静电放电敏感度测试的屏蔽室，进行辐射敏感度测试的消声屏蔽室，用来进行辐射发射测试的开阔场地和配备齐全的测试与控制仪器设备。

另一种类型就是根据本单位的实际需要和经费情况而建立的具有一定测试功能的电磁兼容测试室，比起检测中心，这类测试室规模小，造价低，主要适用于预相容测试和电磁兼容评估，是为了使产品在最后进行电磁兼容认证之前，具有自测试和评估的手段。

在测试仪器方面，以频谱分析仪为核心的自动检测系统，可以快捷、准确地提供电磁兼容有关参数。新型的电磁兼容扫描仪与频谱仪相结合，实现了电磁辐射的可视化。可对系统的单个元器件、PCB、整机与电缆等进行全方位的三维测试，显示真实的电磁辐射状况。

电磁兼容测试必须依据电磁兼容标准和规范给出的测试方法进行，并以标准规定的极限值作为判据。对于预相容测试，尽管不可能保证产品通过所有项目的标准测试，但至少可以消除绝大部分的电磁干扰，从而提高产品的可信度，而且能够指出如何改进设计、抑制电磁干扰发射。

2. 开关电源的无线电干扰特性测试

作为商品化的开关电源是国内首批被指定为需要进行电磁兼容认证的产品之一，其考核重点是开关电源在工作时对外的干扰发射（包括传导和辐射两方面），以及对电网供电质量所产生的影响。开关电源的干扰测试采用 GB 4824—2019《工业、科学和医疗设备 射频骚扰特性　限值和测量方法》（参照 CISPR11 而等效转化）所提供的方法。

根据 GB 4824—2019 标准对干扰源的分类，划分为两组设备：1 组设备是指为发挥其自身功能需要而包含专门产生或使用传导耦合射频能量的所有工、科、医设备；2 组设备是指为材料处理、电火花腐蚀等功能需要而包含专门产生或使用电磁辐射能量的所有工、科、医设备。从上述定义看，开关电源属于 1 组设备。

GB 4824—2019 根据设备所使用供电网络的不同，又划分成两类：A 类设备是非家用、不直接连到住宅低压电网的所有设施的工、科、医设备；B 类设备是在家用设施内和直接连到住宅低压电网的设施的工、科、医设备。从上述分类看，开关电源均有可能分属于这两大类设备。

表 6-1 是测试场内 1 组 A 类和 B 类设备的电源端传导干扰电压限值，表 6-2 则是测试场内 1 组 A 类和 B 类设备的辐射干扰限值。

表 6-1　电源端传导干扰电压限值

频段/MHz	1 组 A 类设备		1 组 B 类设备	
	准峰值 dB（μV）	平均值 dB（μV）	准峰值 dB（μV）	平均值 dB（μV）
0.15 ~ 0.5	79	66	66 ~ 5656 ~ 46（按频率对数线性减小）	
0.5 ~ 5	73	60	56	46
5 ~ 30	73	60	60	50

表 6-2　辐射干扰限值

频段/MHz	1 组 A 类设备	1 组 B 类设备
	测量距离 30m	
0.15 ~ 30	考虑中	考虑中
30 ~ 230	30dB（μV/m）	30dB（μV/m）
230 ~ 1000	37dB（μV/m）	37dB（μV/m）

（1）测量仪器

1）仪器仪表。采用带有准峰值和平均值检波器的干扰接收机，其性能应符合 CISPR16 – 1 或对应国标 GB/T 6113.101—2016《无线电骚扰和抗扰度测量设备和测量方法规范 第 1 – 1 部分：无线电骚扰和抗扰度测量设备 测量设备》的要求。在标准涉及的频率范围内一般要用两台不同频段的干扰接收机，其频率范围分别是 9kHz～30MHz、30～1000MHz。

2）人工电源网络。在做电源端传导干扰电压测试时，应采用阻抗为 50Ω/50μH 的人工电源网络（V 形网络），其特性应符合 CISPR16 – 1 和 GB/T 6113.101—2016 的要求。人工电源网络的主要作用是使试品与电源之间有效间隔，同时又为试品提供稳定的高频阻抗。

3）天线。在 9kHz～30MHz 频段内采用具有屏蔽的环形天线，在 30～1000MHz 频段内采用平衡偶极子天线。

（2）测试场地

1）9kHz～1000MHz 频段的辐射测试场地。辐射测试场地应该是一个空旷、平坦的场地，在其边界范围内无架空线，附近无反射结构物（如钢筋水泥建筑和高大树木等），而且具有足够大的尺寸，使天线、试品和反射结构物之间能充分分开的场地。满足标准的辐射测试场地应该是一个由长轴等于两倍焦距（F）、短轴等于 $\sqrt{3}$ 倍焦距（F）的椭圆所包围的场地，如图 6-1 所示。测试时，试品和测量天线将分别处在两个焦点上。

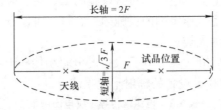

图 6-1　满足标准的辐射测试场地由椭圆决定的场地周界内地面上不用有反射体

为了获得稳定的电波传输特性，必须有一个固定的、相当大的反射地面（或称接地平板）。反射面用金属材料制成，如钢板（包括镀锌钢板）和金属丝网等。板与板之间要用电焊连接，无大的漏缝或孔洞。金属网孔径的最大尺寸必须小于波长的 1/10（对 1000MHz，孔径应小于 3cm）。另外，场地表面必须平整，同时要考虑排水设施，金属接地的最小尺寸如图 6-2 所示。

2）传导干扰电压测试场地。传导干扰电压的测试可以在辐射测试场地内进行，也可以在屏蔽室内进行。

（3）测试方法

1）环境电平。试品接入测量线路，但在未通电运行时，要用测量环境噪声电

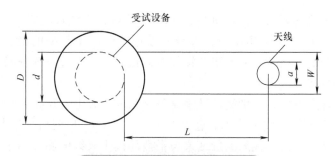

图 6-2 金属接地的最小尺寸 D

注：$D = (d + 2)m$，d 是试品最大尺寸；$W = (a + 2)$，a 是天线最大尺寸；$L = 10m$。

平的方法来决定测试环境的适用性，环境电平应至少比规定的限值低 6dB。如果环境电平和试品的辐射叠加后，仍不超过规定限值时，试品即被认为已满足规定限值。

在测量电源端传导干扰电压时，可在人工电源网络和供电电网之间接入一个射频滤波器，以降低环境电平。但接入射频滤波器后，在测量频率上，人工电源网络的阻抗仍应满足规定要求。

在测量辐射干扰时，如果环境电平无法满足要求，则可将测量天线向试品移近后再进行测量，但限值不变，这实际上是对试品的要求更加严格了。

2）对试品布置的一般要求。试品的干扰电平是指试品在各种典型使用情况下，所取不同配置和测试布置时干扰值的最大值。在测试报告中应详细说明测试时试品配置和测试布置。当试品是由几个互连设备组成时，互连电缆的型号和长度应与试品技术要求中规定的相一致。如果电缆长度是可以改变的，则取在辐射测试中能产生最大辐射的长度。

3）9kHz ~ 1MHz 的辐射测试。当试品放在测试转台上时，应使设备的辐射中心尽可能地接近转台的转动中心，试品和测量天线的距离是指转台转动轴线和测量天线之间的水平距离。

测试的转台如果是高出接地平板的转台，一般不应高出该平面 0.5m；如果是与接地平板处在同一平面的转台，则转台平面应是金属平面，且和接地平板有良好的电气连接。不管哪一种转台，非落地式试品放在转台上，离接地平板的高度应为 0.8m。当试品不放在转台上时，试品和测量天线之间的距离是指试品边界和测量天线之间最近的水平距离。

对于试品放在转台上的情况，测量天线处在水平和垂直两种极化状态，转台应在所有角度上旋转，并应在每个测量频率上记录其辐射干扰的最高电平。

当试品不放在转台上时，测量天线在水平和垂直两种极化状态下都应在地平面的各方位上选取不同测量位置。测量应在其最大辐射方向上进行，并在每个测量频率上记录其辐射干扰的最高电平。

测量中对天线的要求是：在 30 ~ 80MHz 频段内，天线长度应等于 80MHz 的谐振长度；在 80 ~ 1000MHz 频段内，天线长度应等于测量频率的谐振长度。另外，应该用一个适当的变换装置使天线与馈线相匹配。还要配置一个平衡/不平衡变换器，实现与测量接收机的连接。

天线应能任意取向，分别测量其垂直极化和水平极化波分量。天线中心高度应能在 1 ~ 4m 内调节，天线离地的最近点不应小于 0.2m，以测出其最大值。

如果使用其他形式天线的测量结果与平衡偶极子天线的测量结果差值在 ± 2dB 以内，则也可用其他形式天线。实用中常用的宽带天线是双锥天线（30 ~ 300MHz）和对数周期天线（300 ~ 1000MHz），辐射干扰测量的典型布置如图 6-3 所示。

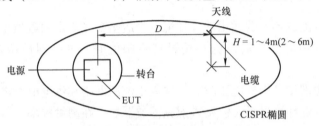

图 6-3　辐射干扰测量的典型布置

注：D 表示转台几何中心与天线几何中心投影距离，试品的几何中心要与转台轴心重合。

（4）电源端传导干扰电压的测量

1）在辐射测试场上测量时，试品应处于和辐射测量相同的状态下，且试品应处在比其边界至少扩展 0.5m 或最小尺寸为 2m × 2m 的金属接地平板上。

2）在屏蔽室内测量时，可用地面屏蔽层或任意一壁的屏蔽层作为接地平板。测试时，对于非落地试品应放在离地平板 0.4m 高的绝缘支架或台子上。落地试品则放在接地平板上，其接触处应相互绝缘或与正常使用时一致，所有试品离其他金属物体的距离应大于 0.8m。

人工电源网络的外表面和试品边界之间的最近距离应小于 0.8m，网络的参考接地端应该用尽量粗短的导线接到接地平板上。电源电缆和信号电缆走线与接地平板间的相关情况应与实际使用情况等效，并应十分小心地布置电缆，以免造成假响应效应。

当试品有特殊的接地端子时，应该用尽量短的导线接地。不装有特殊接地端子的试品，应在其正常连接方式下进行测试，即从供电电网上取得接地。

由制造厂提供软性电源线的设备，其电源线的长度应为 1m。如果实际长度超过 1m，则超过部分应来回折叠成 0.3 ~ 0.4m 的线束。

如果受试品由几个单元组成，而且每个单元都具有电源线，在与人工电源网络连接时，取决于下列规定：

1）接在标准电源插头的每根电源电缆都应分别测量。

2）制造厂未规定须从系统中另一单元取得供电电源的电源线或端子都应分别测量。

3）由制造厂规定须从系统中某一单元取得电源的电源线或端子应接至该单元，并将该单元的电缆或端子接至人工电源网络进行测量。

4）当试品为了安全目的需要接地时，接地线应接在人工电源网络的参考接地点上。除了由制造厂提供接地线或对接地另有规定外，在无其他特殊要求时，接地线长度应为 1m，并与试品电源线平行敷设，其间距不大于 0.1m。

若有为电磁兼容目的，由制造厂规定或提供的，接在用作安全接地同一端子上的接地线，也应接到人工电源网络的参考线上，图 6-4 为传导干扰电压测量的典型布置示意。

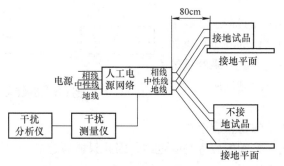

图 6-4　传导干扰电压测量的典型布置

3. 替代测试及方法

（1）替代测试

上述测试室的终测配置价格不菲，如果还要涉及测试场地，则更不是一般生产企业所能接受的了。而替代测试方案，在确保有一定可比性的前提下，尽量降低配置成本，能被尽可能多的企业接受。

1）测量仪器。考虑到开关电源的特点，其内部均由电子线路构成，电源稳态工作时不产生火花、电弧和气体放电，也不产生家电产品特有的喀呖声干扰，只产生周期性的电压、电流及其谐波，因此推荐采用频谱分析仪。在标准规定的测试频率范围内，只要选用一台 9kHz ~ 1000MHz 以上的频谱分析仪即可。

2）人工电源网络。保留不变。

3）天线。由于采用吉赫芝横电磁波室（GTEM 小室），其上下底板与内部隔板所起的功能类似于接收天线，所以在终测配置中用到的接收天线予以取消。

4）测试场地。由于开关电源的外形尺寸并不大，可望容纳在最近发展起来的吉赫芝横电磁波室（GTEM 室）中，而 GTEM 小室的工作频率范围也足以满足一般测试的需求。

尽管这种测试场地在 CISPR11 和 GB 4824—2019 标准中尚未表示认可，但在测试汽车用电子、电气零部件无线电干扰特性的 CISPR25 标准中已经把 TEM 小室法作为测试零部件、模块辐射发射特性的标准测试方法。GTEM 小室则是 TEM 小室的发展，有较大的测试空间，且与使用的频率范围没有矛盾，因而得到了越来越多的应用。表 6-3 是 GTEM 小室的主要性能与可以容纳的试品尺寸。

表 6-3　GTEM 小室的主要性能与可以容纳的试品尺寸

GTEM 小室长度/m	4	6	8	10
适用的频率范围	DC ~ 18000MHz			
一般测试的试品尺寸：高×宽×长/m	0.5×0.56×0.56	0.8×1.0×1.0	1.2×1.4×1.4	1.5×1.6×1.6
精密测试的试品尺寸：高×宽×长/m	0.25×0.5×0.5	0.4×0.8×0.8	0.6×1.2×1.2	0.75×1.5×1.5

（2）测试方法

9kHz ~ 1000MHz 的辐射测试采用 GTEM 小室和频谱仪的测试配置如图 6-5 所示，为保证测试结果的重复性和可比性，试品每次测试所放置的位置应予固定。

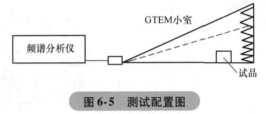

图 6-5　测试配置图

关于极化的测试问题，由于小室内部隔板与上下底板之间的位置是固定的，因此只能通过试品的转动，让试品的几个面依次朝向隔板来实现。

（3）其他可能的替代测试方法

国际上有人建议对小型电子设备采用类似 CISPR14 – 1（对应的我国国家标准是 GB 4343.1—2018《家用电器、电动工具和类似器具的电磁兼容要求 第 1 部分：发射》）中所提供的吸收钳方法来测试试品对外的辐射功率。采用此法的前提是试品尺寸较小，其辐射到空间的能量主要是通过试品的电源线等逸出的。因此，对这部分能量的测量可以用一个环绕电源线的吸收装置来实现，这个吸收装置便被称为吸收钳（或铁氧体钳）。这个方法的优点是简便易行，对环境要求不高，在屏蔽室里便可进行，而且测试结果有很好的重复性和可比性，吸收钳测试配置如图 6-6 所示。

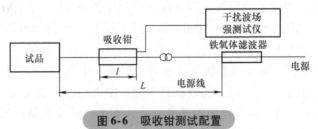

图 6-6　吸收钳测试配置

吸收钳法在技术上有一定可行性，且方法简单、重复可比，配置价格较低。只是吸收钳法与辐射干扰的直接测量法之间还存在一个数据比对问题，但就方法而言，仍不失为一般企业的一种很好的测试方法。

4. 新型测试室

近十年，人们逐渐推广使用混响室进行电磁兼容测试，混响室是一个由金属墙壁构成的测试室，一般在测试室的顶棚上装设一个大浆形状的搅拌器。将待测设备（EUT）放在室内，当搅拌器旋转时，使待测设备暴露于电磁场中，待测设备在场中的平均响应可通过对搅拌器旋转一周的时间周期进行积分来求得。混响室的金属墙壁容许在室内建成一个强场，待测设备暴露于由数个不同的极化组成的强场电平中。

在传统的电磁敏感度测试中，测试应在完全给定而不能任意选择的环境下进行，如在横电磁波小室或电波暗室中进行。在这种限定的环境下，场的极化与分布不随时间改变，因为这些方法的工作原理是建立在一个单一优势模基础上的。

混响室则没有给出一个限定性的场，但却提供了一个空间均匀的电磁环境，即室内各处能量密度均匀，各向同性，各方向能流相同而极化是任意的，即所有波间的相位与极化是任意的。只要室内有大量本征模（在某一固定频率以上会出现这种情况）就可达到上述要求。此外，简并情况（即在某频率下有多少模重合）与波形间隔是重要参量。混响室的主要优点是在该室内用一个适当的功率源就有可能建立一个强场，因此需要很高的品质因数 Q。

最近，国外又在推广 5m 法电波暗室，其与 10m 法电波暗室相比，这种暗室占用的空间要小得多，因而成本会大大下降。人们正在研究如何将 5m 法测试结果等效成 10m 法的结果，这一研究工作在国内外受到广泛关注，进展较快，预计在近期将会取得满意的成果。

此外，人们还提出另一种屏蔽小室（WTEM 小室），其结构是半个 TEM 小室，但采用线阵结构而非板块结构，它与 TEM 小室相比并没有实质性的改变，但这种结构在改善电磁场的均匀性、降低本身的耦合与提高单模带宽方面比 TEM 小室更容易实现。

6.1.2 开关电源电磁兼容测试电路及波形

1. 开关电源传导干扰测试

虽然欧洲标准是 EN 标准，但也是以 CISPR 为基准制定的。在 IEC 的噪声规制 CISPR（Comite International Special Des Perturbations Radioelectriques）中规定了从电子仪器的电源线中流出的传导噪声的测量方法以及上限值，该标准规定的测量方法如图 6-7a 所示。

将被测试开关电源放置于木制的桌子上，在距离被测试设备 80cm 处的人工电源网络 LISN（测量噪声用的设备，如图 6-7b 所示）与电源线连接。LISN 放置于较大的导体面上，电磁干扰测量接收机检测并显示 LISN 的输出噪声。在 CISPR16-1-2 中对人工电源网络作出了定义，人工电源网络主要有三个作用：

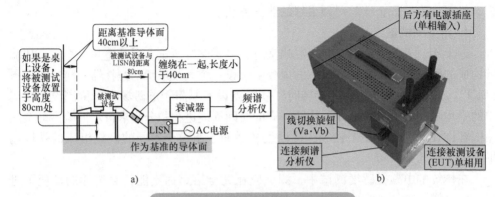

a)　　　　　　　　　　　b)

图 6-7　传导噪声的测量方法及设备

1）规定了从受试设备端看进去的阻抗。

2）将受试设备端的电源干扰耦合到测试设备。

3）减少来自外部电源端的噪声电压的影响。

将人工电源网络 LISN 接至衰减器上，衰减器接到频谱仪的 RF 端，将频谱的解析度（RBW）开至 9K，将刻度从 dBm 改成 dBμV，将测量范围设定在 150kHz ~ 30MHz，设定 Limit Line 值（依照各法规限制的大小来设定）。

利用人工电源网络测量被测试品沿电源线向电网发射的干扰电压，测量直接通过人工电源网络上的监示测量端进行，此端口通过电容耦合的形式，将电源线上被测设备产生的干扰电压引出，由频谱分析仪接收，得到不同频率上干扰电压的幅度。人工电源网络 LISN 有两点测试，两点皆须测试（为相线与中心线）。

在使用频谱分析仪时，首先应注意的是，由于频谱分析仪是在较宽的频率范围内进行扫频，因此对于作用时间很短的瞬时干扰不敏感，如静电放电和雷电干扰，这时应采用测量接收机进行测量。其次，频谱分析仪的精度和扫描范围有关，扫描范围越窄，测量精度越高。这时，如果输入信号过大，容易发生过载现象，使测量结果失真或损坏仪器。另外，频谱分析仪的灵敏度还和中频带宽有关，减小中频带宽能够提高灵敏度，但是会增加扫描时间。

2. 静电放电抗扰度测试

静电放电抗扰度测试是将人体或者仪器所带的静电施加于开关电源的外壳和端子时，确认未发生误动作或破损的测试，测试条件见表 6-4，静电放电测试等级见表 6-5。

表 6-4　测试条件

输入电压（AC）/V	100、230	测试回数	10 回
输出电压	额定	放点间隔	>1s
输出电流	100%	环境	常温，常湿
极性	+/ −		

表 6-5　静电放电测试等级

等级	接触放电测试电压/kV	空气放电测试电压/kV
1	2	2
2	4	4
3	6	8
4	8	15

　　静电放电抗扰度测试施加波形如图 6-8a 所示，静电放电抗扰度测试方法如图 6-8b 所示，使用放电枪向被测试的开关电源放电，在每个点施加放电的次数至少十次单次放电（以最敏感的极性），连续单次放电的时间间隔至少 1s，静电放电抗扰度测试结果见表 6-6。

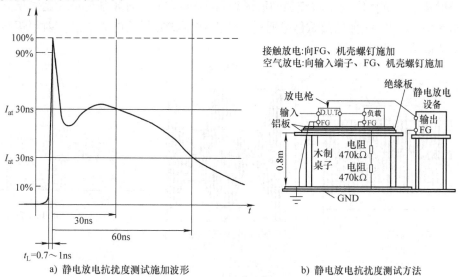

a) 静电放电抗扰度测试施加波形　　　　　　b) 静电放电抗扰度测试方法

图 6-8　静电放电抗扰度测试施加波形及方法

表 6-6　静电放电抗扰度测试结果

接触放电/kV	样本型号名称	
	HWS150 – 5	HWS150 – 24
2	通过	通过
4	通过	通过
6	通过	通过
空中放电/kV		
2	通过	通过
4	通过	通过
6	通过	通过

3. 射频辐射抗扰度测试

射频辐射抗扰度测试是将被测试的开关电源放置于射频辐射内，确认未发生误动作或破损的测试（射频辐射：无线电发射器、电视信号发射器、电焊机、荧光灯等产生的辐射电磁场），测试条件见表6-7。

表6-7　测试条件

输入电压（AC）/V	100、230	环境	常温，常湿
输出电压	额定	距离	3.0m
输出电流	100%	偏波	水平，垂直
调幅	80%，1kHz	扫描条件	1.0%步进，保持2.8s
电磁场频率	80～1000MHz	测试方向	上下，左右，前后

射频辐射抗扰度测试时施加的波形如图6-9a所示，射频辐射抗扰度测试方法如图6-9b所示，施加的测试信号通过天线向被测试的开关电源辐射，射频辐射抗扰度测试结果见表6-8。

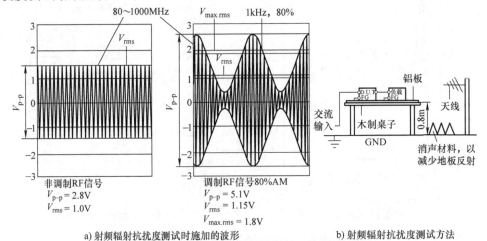

a) 射频辐射抗扰度测试时施加的波形　　　　b) 射频辐射抗扰度测试方法

图6-9　射频辐射抗扰度测试时施加的波形及方法

表6-8　测试结果

辐射场强（V、m）	样本型号名称	
	HWS150－5	HWS150－24
1	通过	通过
3	通过	通过
10	通过	通过

4. 电快速瞬变脉冲群抗扰度测试

通过输入线对开关电源施加切换、瞬变时（电感性负载中断、继电器触点反弹等），确认未发生误动作或破损的测试，测试条件见表6-9。

表 6-9　测试条件

输入电压（AC）/V	100、230	极性	+／-
输出电压	额定	环境	常温，常湿
输出电流	100%	测试回数	3 回
测试时间	1min		

　　电快速瞬变脉冲群抗扰度测试时施加的波形如图 6-10a 所示，电快速瞬变脉冲群抗扰度测试方法如图 6-10b 所示，测试信号施加于开关电源的（N、L、FG）、（N、L）、（N）、（L）、（FG）端。在实践中，因电快速瞬变脉冲群造成开关电源故障的概率较小，但使开关电源产生误动作的情况经常可见，除非有合适的对策，否则较难通过。电快速瞬变脉冲群抗扰度测试的测试结果见表 6-10。

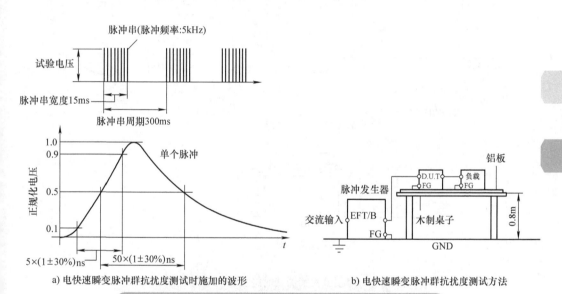

a) 电快速瞬变脉冲群抗扰度测试时施加的波形　　　　b) 电快速瞬变脉冲群抗扰度测试方法

图 6-10　电快速瞬变脉冲群抗扰度测试时施加的波形及方法

表 6-10　测试结果

测试电压/kV	脉冲频率/kHz	样本型号名称	
		HWS150 - 5	HWS150 - 24
0.5	5	通过	通过
1	5	通过	通过
2	5	通过	通过

5. 浪涌抗扰测试

　　通过输入线对开关电源施加雷电瞬变现象（感应雷）产生过电压（浪涌电压），确认未发生误动作或破损的测试。测试条件见表 6-11。

表 6-11　测试条件

输入电压（AC）/V	100、230	极性	+／-
输出电压	额定	测试回数	3 回
输出电流	100%	模式	共模，正常
环境温度	25°C	相位	0，90°

　　浪涌抗扰测试时施加的波形如图 6-11a 所示，浪涌抗扰测试方法如图 6-11b 所示，测试信号施加于开关电源的（N-FG）、（L-FG）、（N-L）端，测试步骤如下：

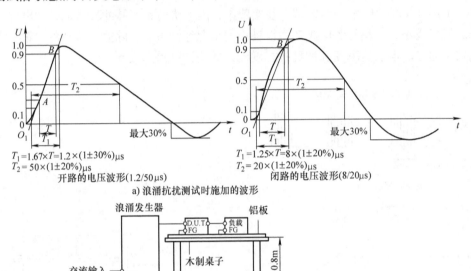

$T_1 = 1.67 \times T = 1.2 \times (1 \pm 30\%) \mu s$
$T_2 = 50 \times (1 \pm 20\%) \mu s$
开路的电压波形(1.2/50μs)

$T_1 = 1.25 \times 8 \times (1 \pm 2\%) \mu s$
$T_2 = 20 \times (1 \pm 20\%) \mu s$
闭路的电压波形(8/20μs)

a) 浪涌抗扰测试时施加的波形

b) 浪涌抗扰测试方法

图 6-11　浪涌抗扰测试时施加的波形及方法

　　1）浪涌发生器先通电、开机预热。
　　2）把开关电源与设备连接好。
　　3）开关电源通电，使其达到稳定状态。
　　4）根据测试需求，设置浪涌发生器，开始测试，观察并记录开关电源在测试过程中出现的现象，根据现象判断开关电源通过的等级。
　　5）测试完成后，开关电源断电，关闭浪涌发生器。
　　浪涌抗扰测试结果见表 6-12。

6. 传导干扰抗扰度测试

　　传导干扰抗扰度测试是在开关电源的输入线上感应产生不必要的电磁场，确认未发生误动作或破损的测试。测试条件见表 6-13。
　　传导干扰抗扰度测试时施加的波形（开放回路 DUT 端口波形）如图 6-12a 所示，

传导干扰抗扰度测试方法如图 6-12b 所示，传导干扰抗扰度测试结果见表 6-14。

表 6-12 测试结果

测试电压/kV	样本型号名称	
	HWS150-5	HWS150-24
共模		
0.5	通过	通过
1	通过	通过
2	通过	通过
4	通过	通过
正常模式		
0.5	通过	通过
1	通过	通过
2	通过	通过

表 6-13 测试条件

输入电压（AC）/V	100、230	电磁场频率	150kHz~80MHz
输出电压	额定	环境	常温，常湿
输出电流	100%	扫描条件	1.0%步进，保持2.8 s
调幅	80%，1kHz		

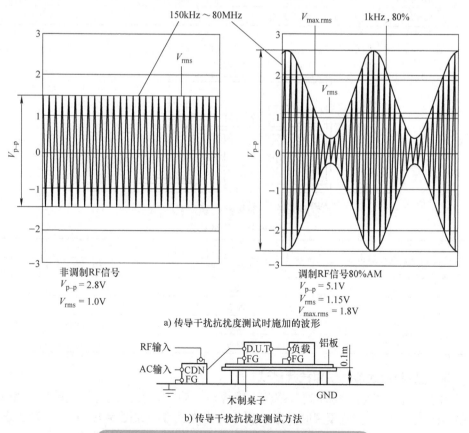

a) 传导干扰抗扰度测试时施加的波形

b) 传导干扰抗扰度测试方法

图 6-12 传导干扰抗扰度测试时施加的波形及方法

表 6-14   测试结果

电压水平/V	样本型号名称	
	HWS150 – 5	HWS150 – 24
1	通过	通过
3	通过	通过
10	通过	通过

7. 工频磁场抗扰性测试

工频磁场抗扰性测试是将开关电源暴露在频率为（50Hz、60Hz）的电磁场中，确认未发生误动作或破损的测试。测试条件见表 6-15。

工频磁场抗扰性测试是通过 AC 源使霍尔线圈流过工频（50Hz/60Hz）电流，产生磁场，如图 6-13 所示。测试结果见表 6-16。

表 6-15   测试条件

输入电压（AC）/V	100、230	施加电磁场频率/Hz	50、60
输出电压	额定	施加方向	X、Y、Z
输出电流	100%	测试时间	10s 以上（各方向）
环境	常温，常湿		

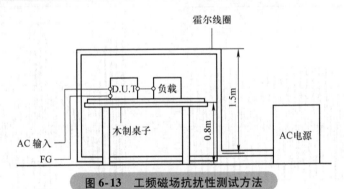

图 6-13   工频磁场抗扰性测试方法

表 6-16   测试结果

电磁场强度/(A/m)	样本型号名称	
	HWS150 – 5	HWS150 – 24
1	通过	通过
3	通过	通过
10	通过	通过
30	通过	通过

8. 电压瞬时跌落、瞬停抗扰测试

在开关电源的输入电压瞬时跌落、瞬停时，确认未发生误动作或破损的测试。测试条件见表 6-17。电压瞬时跌落、瞬停抗扰测试方法如图 6-14 所示，测试结果见表 6-18，Dip 率和试验时间已确定的测试波形实例如图 6-15 所示。

表 6-17　测试条件

输入电压（AC）/V	100、230	环境	常温、常湿
输出电压	额定	测试间隔	10s 以上
输出电流	100%	测试回数	3 回

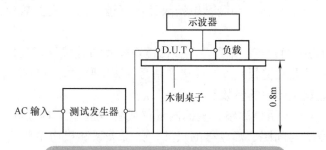

图 6-14　电压瞬时跌落、瞬停抗扰测试方法

表 6-18　测试结果

测试水平（%）	Dip 率（%）	测试时间/ms	样本型号名称	
			HWS150 – 5	HWS150 – 24
70	30	500	通过	通过
40	60	200	通过	通过
0	100	20	通过	通过
0	100	5000	通过	通过

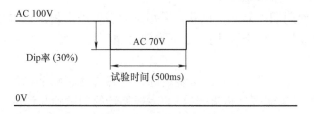

图 6-15　Dip 率和试验时间已确定的测试波形实例

6.2 PCB 质量评价及可靠性试验

6.2.1　PCB 质量评价

　　PCB 检验和测试是指 PCB 在生产过程中质量控制、最终产品性能和使用期（寿命）可靠性等的检验和测试。通过这些检验和测试把不良或有缺陷的 PCB 产品清除出去，确保 PCB 产品在使用期的可靠性。对 PCB 产品质量和可靠性评价，一般采用整机所使用的 PCB 或测试样板进行下列项目检验与测试，然后加以评价。

1. PCB 检验

1）外观检查。采用目视或放大镜检查产品（原辅材料与 PCB 等）表面有无外观异常，如伤痕、颜色、污染物、残留物、明显的开路与短路等的缺陷。随着高密度化和精细化发展，必须采用 AOI（自动光学检查机）来检查产品外观，甚至采用扫描电镜（SEM）来检查与测量铜箔表面微腐蚀、内层表面氧化处理、钻孔孔壁粗糙度等。

2）显微剖切断面检查。采用金相显微镜观察镀通孔或导通孔内部和外层图形等有无异常，如钻孔孔壁粗糙度、孔壁去钻污、镀层厚度分布与缺陷、层间对位与结构以及各种老化试验后的参数等。

3）尺寸检查。采用显微镜、坐标测量仪或各种测量工具等进行外形、孔径、孔位置、导线宽度与间距、焊盘等的尺寸、位置关系和板面平整度（翘曲度、变形）的测量与评价。

4）电气性能测试。采用电性能测试设备，用于回路（线路）的"通""断"（或"开路""短路"）测试、导体电阻（导体/导通孔/内层连接）测量、绝缘电阻（回路与回路、层与层之间等）测试、耐电流（导线、导通孔或镀通孔）测试和耐电压（表面层、层与层之间）的测试。

5）机械性能测试。采用试验装置和工夹具进行铜箔的剥离强度、镀铜层剥离强度（附着性）、镀通孔的拉脱强度、延展性、耐折性、耐弯曲性、阻焊剂与标记符号的附着性和硬度等的测试。

6）老化（使用期可靠性）试验。采用试验装置进行耐高低温度循环性、耐热冲击性（气相/液相，如浮焊试验）、耐温湿度循环性、互连应力试验（IST）等的测试与评价。

7）其他的试验。采用各种试验装置进行耐燃烧性、耐溶剂性、清洁度、可焊性、焊接耐热性（回流焊、再流焊等）、耐迁移性等的试验与评价。

近几年来，由于电子产品迅速走向信号高速传输和数字化以及多功能化，使基材、PCB 产品使用大环境和安装技术等发生了显著变化、进步和多样化。因此，测试和评价的条件与方法也必须作相应的调整与变化。如精细图形（或精细线宽/间距）和微小电极（连接盘）的粘接强度与绝缘特性的测试，薄型多层板的特性阻抗控制与测量，耐迁移性试验、高频特性（基板的高频特性或高 GHz 带、铜箔处理层的绝缘电阻等）的试验与评价，使用无铅化焊料的耐热性（粘结强度）的试验条件与评价等。但应注意的是：由于 PCB 产品生产周期明显缩短，因此在进行可靠性评价时，缩短试验和评价时间和降低试验与评价成本已显得越来越重要，为此开发新的试验方法或加速试验的方法与评价已成为当务之急。

以上这些试验与评价的条件与方法将在 PCB 的生产过程、最终产品和产品老化（使用寿命）的试验与评价中，选择相关的项目进行试验与评价。

2. PCB 产品的电气测试

这里所指的电气测试是 PCB 产品中"通""断"或"开路""短路"的测试，以检验 PCB 产品中的网络状态是否符合 PCB 设计要求。由于 PCB 产品的高密度化，针床接触式测试已走到了极限，今后必然要走向非接触测试方法上来。各类 PCB "通""断"测试方法如下。

（1）有夹具测试

1）通用针床测试。采用网格矩阵针床结构的测试，每个网格节点设有镀金弹簧针和弹簧针座，弹簧针座的一端呈圆形凹槽，以便于测试夹具中的硬针顶入接触。另一端与开关电路卡连接。要求针尖与板面测试点的接触压力大于 259g，方能保证接触良好。网格节点尺寸有 2.54mm、1.27mm、0.635mm、0.50mm，甚至小到 0.30mm，存在着高密度化带来的测试极限和损伤测试点问题。

2）专用针床测试。采用按 PCB 所需测试点与开关电路卡连接，从而省去了网格排列的测试针床，但必须制作专用的测试夹具，同样地存在着高密度化带来的测试极限和损伤测试点问题。

（2）无夹具测试

1）移动探针（飞针）测试。它通过两面移动探针（多对）分别测试每个网格的"通""断"情况。由于是"串联"测试，比起针床的"并联"测试的速度慢，但能对高密度 PCB 进行测试。如 BGA 和 μ-BGA，甚至节距小到 0.30mm 也能胜任，但也存在着碰伤测试点问题。

2）万能无夹具测试。测试头交错地以阵列排布，形成双密度测试基底。如此高密度便能保证 PCB 无论按任何方向放置在测试平台上，测试点都能被 2 个以上测试头测试到。这种测试头密度可达每平方英寸 11600 个测试头，目前这种方法没有得到推广应用。

（3）非接触式测试（电子束测试）

电子束测试通过采集二次发射电子来区别充电与非充电的测试点，从而来判断"开路""短路"，其测试步骤如下：

1）对 N 网络中的某一节点测试盘充电（即 N 网络上有充电到一定的电压值）。

2）用电子束探测此网络的其他节点，如果此节点测试不到二次发射电子，则此网络存在开路。

3）同时对 N+1 网络的节点进行测试，如果测试到二次发射电子，则表明 N+1 网络与 N 网络形成短路。

总之，PCB 产品质量是生产出来的，更确切地说是在生产过程中进行质量控制而生产出来的。PCB 产品是经过很多工序过程才生产出来的，所以 PCB 产品质量是各个生产工序生产质量综合的结果，如最终产品合格率是各个生产工序半成品合格率之积的结果。也就是说，PCB 产品质量好坏主要是由最差的生产工序、设备和操作人员等来决定的，这充分说明 PCB 产品在生产过程中的重要性。

随着微型化程度不断提高，组件和布线技术也取得巨大发展，电子组件的布线设计方式，对以后制作流程中的测试能否很好进行，影响越来越大。通过遵守可测试的设计规程，可以大大减少生产测试的准备和实施费用。这些规程已经过多年发展，当然，若采用新的生产技术和组件技术，它们也要相应的扩展和适应。随着电子产品结构尺寸越来越小，目前出现了两个特别引人注目的问题：

1）可接触的电路节点越来越少。

2）在线测试方法的应用受到限制。

为了解决这些问题，可以在电路布局上采取相应的措施，采用新的测试方法和采用创新性适配器解决方案。第二个问题的解决还涉及使原来作为独立工序使用的测试系统承担附加任务，这些任务包括通过测试系统对存储器组件进行编程或者实行集成化的元器件自测试。将这些步骤转移到测试系统中去，总起来看，为了顺利地实施这些措施，在产品科研开发阶段，就必须有相应的考虑。

6.2.2　PCB 可靠性试验

1. 微切片试验

目的：检验 PCB 在制程中是否出现异常。

试验方法及步骤如下：

1）204#砂纸研磨开孔 1/3。

2）1000 ~ 1200#砂纸磨至将近孔的 1/2。

3）2500#砂纸打磨去除粗糙表面。

4）抛光 1 ~ 2min。

5）先选用 5X 物镜拍摄异常点整体，再换用 20 ~ 50X 物镜详细拍摄异常点读数。

判别步骤：依设计要求进行判定，若无，则依厂内标准判定。PCB 成品：

1）孔铜厚：Min. 0.8mil；Max. 2.0mil。

2）总面铜厚：0.5OZ：Min. 1.3mil；1OZ：Min. 2.0mil；2OZ：Min. 3.2mil。

3）喷锡厚：Min. 0.2mil。

4）绿油厚：Min. 0.4mil。

检验规范及允许标准：铜厚：薄铜区需满足最下限的要求，偏厚亦需满足孔径及板厚的规格要求。无断角、分层、孔壁分离、焊环浮起、内环铜箔断裂、吹孔、环状孔破等现象。

试验频率：半成品：1 次/首件料号/班；成品：1 次/周期/料号。

试验设备：冲片机；抛光研磨机；显微镜。

2. 离子污染试验

目的：检验 PCB 的氯离子含量。

试验方法及步骤如下：

1）测试溶液浓度（75±3）%。

2）溶液温度（38±3.8）℃。

3）测试时间 25min。

判别步骤：依设计要求进行判定，若无，则依厂内标准判定：≤6.4μgNaCl/sq. in.。

试验频率：1 次/周期/料号。

试验设备：离子污染机。

3. 表面绝缘电阻试验

目的：测试 PCB 在加速老化的环境下对介质层绝缘电阻值的影响。

试验方法及步骤如下：

1）将待试验 PCB 置于（50±5）℃烤箱置放 3h，在室温环境下测量绝缘电阻初始值，待测量读数稳定后记录测量读数。

2）将待试验 PCB 放置于温度为（50±5）℃、湿度为 85%~93% RH 的测试箱内，并给各测试点接上电压为（100±10）V 的直流电，静置 7 天。

3）在移出测试箱 30min 内测其绝缘电阻值。

判别步骤：测试前绝缘阻抗应有 500MΩ 以上，恒温恒湿试验后至少要有 500MΩ。

试验频率：1 次/月。

试验设备：恒温恒湿机；高阻计。

4. 耐电压试验

目的：测试 PCB 在一定电压下使用的完全性及其绝缘性或间距是否合适。

试验方法及步骤如下：

1）用酒精擦拭待测线路端点 30s。

2）将高压测试仪的引线端探头与测试点相接触，耐受的电压应加在每个导体图形的公共部位和每个相邻导体图形的公共部位之间，耐受的电压应加在每层导体图形之间和每一相邻层的绝缘图形之间。

3）尽可能均匀地将电压从 0 升到规定的值，除非另有规定，其速率约每秒 100V（有效值或直流），将规定的试验电压保持 60s，观察是否有异常。

4）导体间距等于或大于 80μm（3mil），试验电压 DC（500+15/−0）V；导体间距小于 80μm（3mil），试验电压 DC（250+15/−0）V。

判别步骤：试验结果不可有火花、闪光或烧焦，无以上异常则判定"Pass"，否则判定"Fail"。

试验频率：1 次/月。

试验设备：绝缘耐电压测试仪。

5. 热应力试验

目的：检验 PCB 在热冲击下是否有白斑、起泡及板面或孔内有分层现象。

试验方法及步骤如下：

1）待试验 PCB 测试前烘烤条件：135～149℃，4h。

2）将待试验 PCB 置于温度（288±5）℃的锡炉内浸锡 10～11s，共循环三次。

判别步骤如下：

1）外观检查 PCB 与铜箔无分层、无裂开、无气泡。

2）显微镜观察无孔裂、断角、镀层分离。

试验频率：1 次/周期/料号。

试验设备：锡炉；烤箱；切片冲床；研磨机；显微镜。

6. 表面镀层厚度检验

目的：检验 PCB 表面镀层（锡铅、金镍、化银等）的厚度。

试验方法及步骤如下：

1）测试前先温机 30min。

2）根据 PCB 的表面处理方式选择相应的测试程序。

3）选择测试点并设置自动测试程序。

4）单击"自动"键进行自动测量。

判别步骤：根据设计要求进行判定，若设计无要求，则依厂内规定：喷锡：Min. 0.2mil。

试验频率如下：

1）进料检验：IQC 抽样频率。

2）制程：1 次/首件/料号/班。

3）成品：1 次/周期/料号。

试验设备：X-Ray。

7. 附着力试验

目的：检验防焊阻剂、文字及各镀层与底材的结合力。

试验方法及步骤如下：

1）将待测试 PCB 先进行热应力试验或焊锡性试验。

2）待试验 PCB 自然冷却至室温，清洗干净，将水擦干。

3）取一段长 50mm 胶带（型号 3M 牌 600 号压敏胶带）贴于防焊（或文字）区域上，用指压使之完全密合，并保持胶带面平整无气泡，待 30s 后，以垂直板面 90°方向瞬间用力将胶带撕离测试区域。

判别步骤：目视检查测试胶带与防焊（或文字）测试区，胶带上不可看到掉油及文字脱落现象；化金（或镀金）镀层测试区，胶带上不可看到金属微粒，测试区不可有镀层金属剥离现象。

试验频率：1 次/周期/料号（镀金、文字、防焊、化金）。

试验设备：3Mpeelingtape（宽：0.5in，长：2in）；橡皮擦；异丙醇。

8. 抗剥离强度试验

目的：检验铜箔与基材的结合力。

试验方法及步骤如下：

1）选取距测试 PCB 边至少 25.4mm 处的测试线。

2）用小刀挑起一段不超过 12.7mm 的线路。

3）用拉力计夹子夹住被挑起测试线末端。

4）测量 3 次求均值。

判别步骤如下：

1）H/H 铜箔≥6LB/in。

2）1/1 铜箔≥8LB/in。

3）2/2 铜箔≥10LB/in。

试验频率：1 次/周期/料号。

试验设备：拉力机；小刀。

9. 焊锡性试验

目的：通过检验 PCB 表面润锡后的吃锡能力，来测试焊锡金属本身对底金属的保护能力，以及对后续制程提供可焊接性的能力。

试验方法及步骤如下：

1）待试验 PCB 在试验前做清洗处理，一般焊锡实验温度（245 ±5）℃，无铅焊锡温度（255 ±5）℃。

2）将待试验 PCB 做漂锡试验，接触锡炉漂锡 1 ~ 2s 后，浸入锡中并维持 3 ~ 4s。待完毕后自冷至室温，用清水除去助焊剂。

判别步骤如下：

1）孔内吸锡性需满足 75% 或以上，吸锡性为 100%，占总导通孔数的 80% 以上，孔内吸锡性缺陷面积在基板焊锡面积的 5% 以下，且不能集中在一处。

2）各 PAD 的上锡面积均在有效面积的 80% 以上。

3）在全部的 PAD 中，上锡面积为有效面积的 95% 以上的 PAD 占总 PAD 数的 95% 以上。

试验频率：1 次/周期/料号。

试验设备：锡炉；烤箱；5 倍目镜。

10. 热油试验

目的：检验 PCB 在热冲击下是否有白斑、起泡及板面或孔内有分层现象。

试验方法及步骤如下：

1）将待试验 PCB 置于（135 ±15）℃的烤箱内烘烤 1h。

2）将炉温调至（260 + 6/ -3）℃的温度，待温度达到，浸入热油炉中（20 + 1/ -0）s。

判别步骤如下：

1）外观检验：无爆板、白斑、绿油空泡及掉油等异常现象。

2）切片检验：无镀层分离、孔壁分离、内层孔环分离、断角、裂纹及孔环浮离等异常现象。

试验频率：1 次/周期/料号。

试验设备：助焊剂；热油炉；烤箱；5 倍目镜。

11. 冷热冲击试验

目的：检验 PCB 长时间在高温、低温相互冲击的情况下是否有掉油、板面和孔内分层、阻值变大等现象。

试验方法及步骤如下：

1）选取要测试的导通线路，用微阻计测出它的电阻并用标签标示，同一样本至少要选择三条线路进行测试评价。

2）125℃（0.5H）→←−50℃（0.5H），100 次循环。

3）试验结束，移出试验 PCB 冷却至室温后，用微阻计分别测出测试前标示标签的电阻并记录。

判别步骤：依设计要求进行判定，若无，则依厂内要求进行判定：电阻的变动率≤10%；孔内无分层、分离、裂开、断角等异常现象。

试验频率：1 次/月。

试验设备：冷热冲击机；低阻计。

12. 全盘尺寸检验

目的：检验成品 PCB 的外观及表面处理是否符合设计要求。

试验方法及步骤：检验基材型号、文字颜色、ULMARK、周期，量测板厚、线宽、线距、孔环最小环宽、表面镀层厚（Cu、Sn/Pb、Au/Ni、Ag）、防焊绿油厚、V−Cut 残厚、斜边深度、板弯板翘、电测抽检率等。

判别步骤：依 OP 要求判定。

试验频率：1 次/周期/料号。

试验设备：三次元量针；放大镜；千分尺；深度计；游标卡尺；X−Ray。

13. 板弯翘曲度试验

目的：检验 PCB 外观变形程度。

试验方法及步骤如下：

1）将待试验 PCB 置于平台上。

2）板弯测量：将待试验 PCB 放在平台上，凸面朝上，压住待试验 PCB 的四个角，使四角均接触台面，用塞规（或针规）量取垂直方向的最大位移。

3）重复上述步骤，直到待试验 PCB 的四个边全部测完，选择最大偏移的读数进行板弯计算，计算公式：

$$板弯 = （最大弯曲量/最大弯曲边的长度）\times 100\%$$

4）板翘测量：将待试验 PCB 放在平台上，让三个任意角与平面接触，用足够的力压待试验 PCB，以保证三个角接触台面，用塞规（或针规）测量翘起的角到平台的距离。依次测量其他三个角，取最大翘起量进行板翘计算，计算公式：

$$板翘 = 最大翘起量/对角线 \times 100\%$$

判别步骤：用于表面粘装的 PCB，板弯板翘≤0.75%。其他类型 PCB，板弯板翘≤1.5%（如设计有特殊要求则依设计要求判定）。

试验频率：1 次/周期/料号。

试验设备：厚薄规（或 PINGAUGES）；大理石平台。

14. 油墨硬度试验

目的：检验油墨的硬度。

试验方法及步骤如下：

1）准备 4B、3B、2B、B、HB、F、H、2H、3H、4H、5H、6H 铅笔各一支。

2）将待试验 PCB 置于水平桌面，先用一支最硬的划表面，铅笔与防焊面紧密接触，用均匀力呈 45°角划一 6.4mm（1/4in）的划痕。

3）换下一级硬度铅笔划防焊涂层，直到不能划进防焊面，也没有划槽。

4）记录不可划进防焊涂层也没有划槽的铅笔硬度级别，作为此试验板的油墨硬度等级。

判别步骤：依设计要求，若无，则按厂内规定：防焊油墨硬度等级≥6H。

试验频率：1 次/周期/料号。

试验设备：各等级铅笔。

6.3 开关电源技术安规及可靠性测试方法

6.3.1　开关电源安规测试方法

1. 抗电强度测试

指标定义：抗电强度测试是为了符合安全要求，在开关电源输入与输出端、输入与大地端、输出与大地端之间施加所要求的电压进行绝缘性能测试。开关电源在规定的耐压和时间条件下，是否产生电弧，其泄漏电流是否满足标准要求，是否会对开关电源造成损伤。

使用仪器设备：耐压测试仪。

测试条件：环境温度：25℃；RH：室内湿度。

依据标准要求的：耐压值、操作时间和漏电流值；开关电源不工作，如有防雷电路应去掉，开关电源输入、输出端应全部短接。

测试框图：抗电强度测试框图如图 6-16 所示。

测试方法：按图 6-16 所示的抗电强度测试框图把开关电源各被测极（输入或输出或大地）分别短接，开启耐压测试仪（输出处于关闭），依据标准要求设定好

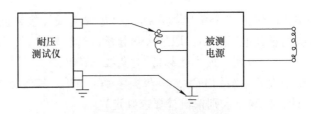

图 6-16　抗电强度测试框图

耐压值、操作时间、泄漏电流值。把耐压测试仪两极的夹子分别可靠地夹在开关电源被测端（注意夹子夹稳，勿触碰任何导电物体，特别是人体）。启动测试钮，慢慢提升测试电压，如无异常情况或超漏，一直提升到所要求的测试电压，然后保持1min，观察是否产生电弧及泄漏电流是否过大。并记录漏电流值，即可复位耐压测试仪，使其输出回复到0。

耐压测试主要为防止由输入串入的高电压影响使用者安全，测试时电压必须由0V开始升压，并在1min内调至最高点。放电时必须注意测试仪的时间设定，并在OFF前将电压调回0V。在进行耐压测试时应注意以下事项：

1）操作者脚下垫绝缘橡皮垫，戴绝缘手套，以防高压电击造成生命危险。

2）耐压测试仪必须可靠接地。

3）在连接被测体时，必须保证高压输出"0"及在"复位"状态。

4）测试时，耐压测试仪接地端与被测体要可靠相接，严禁开路。

5）切勿将输出地线与交流电源线短路，以免外壳带有高压，造成危险。

6）尽可能避免高压输出端与地线短路，以防发生意外。

7）电压表、泄漏电流表、计时器应完好，一旦损坏，必须立即更换，以防造成误判。

8）排除故障时，必须切断电源。

9）耐压测试仪空载调整高压时，泄漏电流指示表头有起始电流，均属正常，不影响测试精度。

10）耐压测试仪避免阳光正面直射，不要在高温潮湿多尘的环境中使用或存放。

2. 泄漏电流测试

指标定义：泄漏电流是指在没有故障施加电压的情况下，开关电源中带电相互绝缘的金属部件之间，或带电部件与接地部件之间，通过其周围介质或绝缘表面所形成的电流称为泄漏电流。即输入、机壳间流通的电流（机壳必须为接大地时）。

泄漏电流包括两部分，一部分是通过绝缘电阻的传导电流 I_1；另一部分是通过分布电容的位移电流 I_2，后者容抗为 $X_C = 1/2\pi f \times C$，与电源频率成反比，分布电容电流随频率升高而增加，所以泄漏电流随电源频率升高而增加。

使用仪器设备：泄漏电流测试仪。

测试条件：I/P：$U_{inmax} \times 1.06$（TUV）/50Hz；U_{inmax}（UL1012）/50Hz；O/P：空载/满载；T_a：25℃。

测试框图：泄漏电流测试框图如图 6-17 所示。

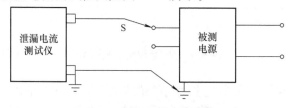

图 6-17　泄漏电流测试框图

测试方法：将被测开关电源需要测量端接入泄漏电流测试仪输出端，启动泄漏电流测试仪，将测试电压升至被测开关电源额定工作电压的 1.06 倍（或 1.1 倍），切换相位转换开关，分别读取两次读数，选取数值大的读数值。

当转换开关 S 与零线接通时，泄漏电流测试仪所采样的是中性线与外壳间的泄漏电流；当 S 与相线接通时，测试的是相线与外壳间的泄漏电流。必须注意的是：S 与零线接通或 S 与相线接通测得的泄漏电流不一定相同。这是因为绝缘弱点的位置是随机的。因此，泄漏电流测试应通过 S 转换极性，取其中的较大值作为被测开关电源的泄漏电流值。在进行泄漏电流测试时应注意以下事项：

1）在工作温度下测量泄漏电流时，如果被测开关电源不是通过隔离变压器供电，被测开关电源应采用绝缘性能可靠的绝缘垫与地绝缘。否则将有部分泄漏电流直接流经地面而不经过泄漏电流测试仪，影响测试数据的准确性。

2）泄漏电流测量是带电进行测量的，被测开关电源外壳是带电的。因此，测试人员必须注意安全，应制订安全操作规程，在没有切断电流前，不得触摸被测开关电源。

3）应尽量减少环境对测试数据的影响，测试环境的温度、湿度和绝缘表面的污染情况，对于泄漏电流有很大影响，温度高、湿度大、绝缘表面严重污染，测定的泄漏电流值就会较大。

3. 绝缘阻抗测试

指标定义：绝缘阻抗是指通过在被测两极（输入、输出或大地）之间施加电压（DC 500V 或 DC 1000V）计算出来的电阻值；测试目的是测量待测开关电源带电部件与输出电路之间和带电部件与外壳之间的绝缘阻抗值。

使用仪器设备：绝缘电阻测试仪。

测试条件：环境温度：25℃；开关电源不工作，施加标准要求直流电压、测试的时间，测试的绝缘阻抗值要高于标准要求值。

测试框图：绝缘阻抗测试框图如图 6-18 所示。

测试方法：按图 6-18 所示的测试框图连接好测试电路，用绝缘电阻测试仪测

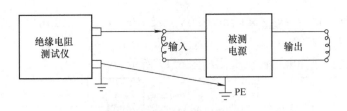

图6-18 绝缘阻抗测试框图

试开关电源输入、输出及大地三者之间的绝缘电阻值。确认好电气性能后，在绝缘阻抗测试仪中设定好施加的电压和测试的时间，将待测开关电源输入端和输出端分别短路连接，然后分别连接测试仪对应端进行测试，再将待测开关电源输入端和外壳之间分别与测试仪对应端连接进行测试，确认待测开关电源的测试绝缘阻抗值是否高于标准要求值。使用绝缘电阻测试仪测量绝缘电阻时应注意以下事项：

1) 应按被测开关电源的电压等级选择绝缘电阻测试仪，若用额定电压过高的绝缘电阻测试仪去测量低压绝缘，可能把绝缘击穿。

2) 绝缘电阻测试仪引线应采用多股软线，而且应有良好的绝缘，两条引线应为单根线（最好是两色），应避免引线与地面接触，以免因引线绝缘不良而引起误差；接线柱与被测试开关电源之间的两根导线不能缠绞在一起，应分开单独连接，以防止绞线绝缘不良而影响读数。

3) 测量开关电源的绝缘电阻时，必须先切断电源，对具有较大输入电容的开关电源必须先进行放电。

4) 绝缘电阻测试仪应放在水平位置，在未接线之前，应首先检查绝缘电阻测试仪是否正常，检查方法是：先摇动绝缘电阻测试仪，其指针应上升到"∞"处，然后再将两个接线端钮短路，慢慢摇动绝缘电阻测试仪，其指针应指到"0"处，符合上述情况说明绝缘电阻测试仪是正常的，否则不能使用，对于半导体型绝缘电阻测试仪不宜用短路校检。

5) 用绝缘电阻测试仪测量绝缘电阻时应由两人进行；在测量时，一手按着绝缘电阻测试仪外壳（以防绝缘电阻测试仪振动），一手摇动手柄。当表针指示为0时，应立即停止摇动，以免损坏绝缘电阻测试仪。

6) 在被测回路的感应电压超过12V时，或当雷雨发生时禁止进行绝缘电阻测量。

7) 在摇测绝缘时，应使绝缘电阻测试仪保持额定转速，一般为120r/min。当被测量开关电源的电容量较大时，为了避免指针摆动，可适当提高转速（如150r/min）；测量时转动手柄应由慢渐快并保持150r/min转速，待调速器发生滑动后，即为稳定的读数，一般应取1min后的稳定值。如发现指针指零时不允许连续摇动，以防线圈损坏。

8) 被测开关电源表面应擦拭清洁，不得有污物，以免漏电影响测量的准确度。

9）在绝缘电阻测试仪未停止转动或被测开关电源未进行放电之前，不要用手触及被测部分和仪表的接线柱或拆除连线，以免触电。

10）禁止在雷电或潮湿天气和在邻近有带高压电设备的情况下，用绝缘电阻测试仪测量开关电源绝缘。只有在设备不带电，而又不可能受到其他感应电而带电时，才能进行测量。

11）绝缘电阻测试仪在不使用时应放在固定的地方，环境温度不宜太热和太冷，切勿放在潮湿、污秽的地面上。并避免置于含有腐蚀性气体、长期剧烈振动的环境中，长期剧烈振动将使表头轴尖、宝石受损而影响刻度指示。

4. 接地电阻测试

指标定义：接地电阻是在开关电源接地端子与接地母线之间，通过施加一规定大小的电流测量得到的电阻值。开关电源接地端和接地母线之间的电阻值必须小于标准要求值。

使用仪器设备：携带式直流单双臂电桥。

测试条件：环境温度：25℃。

测试框图：接地电阻测试框图如图6-19所示。

测试方法：按图6-19所示的测试框图连接好测试电路，在携带式直流单双臂电桥的电池盒内放入需要的电池，或者接上外接电源，二者不可同时有。若使用的是 QJ31 型携带式直流单双臂电桥单电桥，开关置于"单"处，此时电源电压为6V，电路串接限流电阻10Ω。使用双电桥时，开关置于"双"处，电源电压为1.5V，电路串接限流电阻0.5Ω。需外接电源时，开关置于"关"处，内附电源即切断。

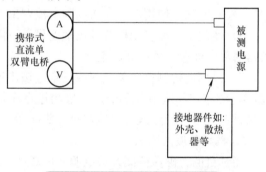

图6-19　接地电阻测试框图

使用内接检流计时，先将"G"端钮上的连接片放在"外接"位置。调节检流计上方指零旋钮，使指针指零，每次测量之后，应检查指针是否偏离。为提高在高阻值测量中的精度，需外接高灵敏度检流计（如 AC15 型直流复射式检流计）时，应将连接片放在"内接"位置，外接检流计接在"外接"两端钮上。

将携带式直流单双臂电桥的状态选择开关旋至需要的位置上，此时检流计电源也接通，等稳定后（约5min），调节检流计指针指在零线上，在测量过程中，发现检流计指针偏离零位，可以随时调节指针零位，再进行测量。

双臂电桥采用四端连接法，其 C_1、C_2 为电流端，P_1、P_2 为电位端。单臂电桥采用两线法，被测电阻接到 P_1、P_2 端。

估计被测电阻大小，选择适当量程倍率，测量电阻的步骤如下：先按下"B"按钮，再按下"G"按钮，调节平滑读数盘，使指零仪指零。采用双臂电桥时，B不可长时间按下。被测量电阻值按下式计算：

$$被测量电阻值（R_X）=量程倍率×比较臂读数示值（Ω）\tag{6-1}$$

使用携带式直流单双臂电桥测量接地线电阻时应注意如下事项：

1）接地线要与开关电源接地端断开，接地线要与接地母线连接可靠，以保证测量结果的准确性。

2）当测量低值电阻时，工作电流较大（达3A左右），可接入20A·h以上的动力电池或直流稳压电源。

3）使用双臂电桥时，"B"按钮应间歇使用，以避免浪费电源，接线柱到被测电阻间连接导线的电阻不得大于0.05Ω。

4）电桥放置时间较长而重新使用时，应将各旋钮开关转动数次，以使接触良好。同时进行电桥绝缘电阻的测试（电桥所有端钮与外壳间的绝缘电阻不应小于50MΩ）。

5）电桥应存放在10~40℃、相对湿度不大于80%且不含腐蚀气体的环境中，使用时应轻拿轻放，搬动时应锁闭内附检流计（检流计连接片放在"内接"位置）。较长时间不使用时，应将内附电池取出。

6）使用中，如发现检流计灵敏度显著下降，可能因电池寿命完毕引起，打开仪器底部电池盒，更换新的电池。

7）采用电桥测量开关电源内任意应该接地的点至总接地之间的电阻不应大于0.1Ω，测量点不应少于3个，如果测量点涂覆防腐漆，需将防腐漆刮去，露出非绝缘材料后再进行测试，接地端应有明显标志。

5. 噪声免疫力测试

测试目的：确保待测开关电源的可靠性，确认开关电源输入端对加入脉冲的耐受程度。

使用仪器设备：交流电源；脉冲发生器；电子负载；数字示波器。

测试条件：周围温度：常温、常湿；输入电压：额定；输出电压：额定；负载电流：100%。

脉冲规格：规格书所列值乘以110%（50Ω终端），如规格为±2.2kV，则脉冲以±2.2kV×110%施加，脉波宽为：100ns、500ns、1000ns，时间5min。

测试框图：开关电源噪声免疫力测试框图如图6-20所示。

测试方法：按图6-20所示的测试框图接线，依据测试条件施加脉冲于输入—输入间，输入—接地端间，应无动作异常（含突入电流限制回路、异常振荡等）、保护回路误动作及元器件损坏发生，测试时，输出电压稳定度应在允许变化的范围内。

将开关电源设置在额定负载状态下稳定运行，在背景噪声不大于40dB的条件下，距开关电源前、后、左、右水平位置 1m 处，距地面高度 1~1.5m 处测量噪声，测得的噪声最大值不应大于 65dB。

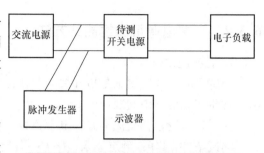

6. 静电破坏测试

测试目的：确保待测开关电源的可靠性，确认开关电源对静电的耐受程度。

图 6-20　开关电源噪声免疫力测试框图

使用仪器设备：交流电源；脉冲发生器；电子负载；数字示波器；数字万用表。

测试条件：周围环境：常温、常湿；输入电压：额定；输出电压：额定；负载：额定 100%；施加电压：规格书的数值乘 110%（充电电容：500pF，串联电阻 100Ω），时间≥10s。

测试框图：开关电源静电破坏测试框图如图 6-21 所示。

测试方法：按图 6-21 所示的测试框图接线，在待测开关电源接地部位，依据测试条件，施加脉冲电压对开关电源外壳进行接触和不接触放电，开关电源不能有保护回路误动作、元器件破损异常发生。

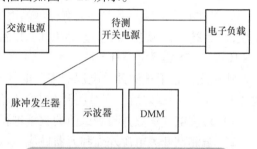

图 6-21　开关电源静电破坏测试框图

7. 雷击测试

测试目的：确认开关电源输入端加入雷击浪涌的耐受能力。

使用仪器设备：交流电源；电子负载。

测试条件：输入电压：额定；输出电压：额定；负载：额定；周围环境：常温、常湿；施加波形：按 JEC212 规定，波头长 1.2μs，波尾长 50μs 的电压，波形 3kV×110%（限流电阻 100Ω）。

测试框图：开关电源雷击测试框图如图 6-22 所示。

测试方法：按图 6-22 所示的测试框图接线，依据规定的测试条件，施加浪涌电压于输入、输入，输入、接地端，各 3 次，确认开关电源无破损、无绝缘破坏、电弧及保护回路误动作情况发生。

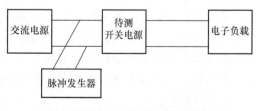

图 6-22　开关电源雷击测试框图

6.3.2　开关电源可靠性测试方法

1. 温度测试

测试目的：温度测试是指开关电源在正常工作下，其元器件或外壳温度不得超出其材质或规格书中的规定值。

使用仪器设备：交流电源；电子负载；热电偶；点温度计。

测试条件：I/P：额定输入；O/P：满载；T_a：25℃。

测试方法：将热电偶（TYPEK）稳固地固定于待测量开关电源的测试点上（速干、胶带或焊接方式），为避免测量时热电偶冷端的（环境）温度变化影响测量的准确性，在冷端采取一定措施补偿由于冷端温度变化造成的影响。与测量仪表连接用专用补偿导线，也可用点温度计测量开关电源元器件的温度。

测试元器件：热源及易受热源影响部分，例如：输入端子、熔断器、输入电容、输入电感、滤波电容、整流桥、热敏元器件、突波吸收器、输出电容、输出电感、变压器、铁心、绕线、散热片、大功率半导体、热源元器件下的 PCB。

元器件温度限制：元器件上有标示温度者，以标示的温度为基准。其他未标示温度的元器件，温度不超过 PCB 的耐温。安规电感的温升限制 65℃ 最大（UL1012）、75℃ 最大（TUV）。

测试之前记下被测开关电源的重要电气参数，最少在高电压及低电压检查输出电压和纹波，测试之后，当被测开关电源恢复环境温度后，再作以下项目测试：

1）检查电气参数并与测试前的数据进行比较，数据应该没有明显差别。

2）被测试开关电源外壳和元器件应该没有损坏，PCB 不能因过热而变黑，元器件没有因过热而变色，一旦有不正常的现象应记录下来。

测试注意事项：测试过程中或测试完成阶段，待测开关电源都能正常工作，且不应有任何性能降低情况发生。

2. 温度系数测试

测试目的：确保待测开关电源的可靠性，确认开关电源在温度规格范围内使用及有无异常温度上升。

使用仪器设备：交流电源；电子负载；温度控制箱；数字电压表。

测试条件：环境温度：25℃；开关电源在标称输入电压和额定负载下，其输出电压随环境温度的变化率称之为温度系数。一般来说，温度升高输出电压下降。

测试方法：把开关电源放在温度控制箱内，在标称输入电压和额定负载下，进行以下项目测量：

1）25℃环境温度下的输出电压 U_{no}。

2）升到最高工作温度并稳定 15～30min 后，测量输出电压 U_{hto}。

3）降到最低工作温度并稳定 15～30min 后，测量输出电压 U_{lto}。

开关电源的温度系数计算公式如下：

$$高温下的温度系数 = \frac{|U_{\text{lto}} - U_{\text{no}}|}{U_{\text{no}}(25 - T_1)}$$

$$低温下的温度系数 = \frac{|U_{\text{hto}} - U_{\text{no}}|}{U_{\text{no}}(T_h - 25)} \tag{6-2}$$

按式（6-2）分别计算出高温下的温度系数和低温下的温度系数，取两者中较大的数值作为温度系数。

3. 温度分布测试

测试目的：确保待测开关电源的可靠性；确认各元器件均在温度规格范围内使用及有无元器件异常温度上升。

使用仪器设备：交流电源；电子负载；热电偶；温度记录仪。

测试条件：输入电压：规格范围的最小、最大值（AC 115V/230V→AC 90V/265V）；负载：100%（最小 0%、最大 100%）；输出电压：额定；周围温度：常温。

测试框图：温度分布测试框图如图 6-23 所示。

测试方法：按图 6-23 所示的测试框图接线，给开关电源输入额定电压，在待测开关电源稳定工作下，测量元器件表面及焊接点的温度分布。将测量的元器件温度值与元器件温度降额率比较，确认有无异常发热元器件。元器件参考温度降额率见表 6-19。

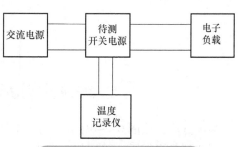

图 6-23　温度分布测试框图

表 6-19　元器件参考温度降额率

No	元器件名称	温度判定标准	备注
1	电阻	电阻最高耐温的 80%	
2	电容	电容最高耐温减 5℃	
3	半导体	肖特基二极管取 T_j 的 90% 其他半导体（晶体管 MOSFET 取 T_j 的 80%）	热失控高温短路测试 T_a：55℃；负载：100% T_a：65℃；负载：70% 输入电压：85V/265V 时 （$T_j \times 80\%$）+5℃为判定基础
4	基板	FR－4：115℃ CEM－3：110℃ CEM－1：100℃ XPC－FR：100℃ 判定：PCB 最大耐温减 10℃	与基板板厚无关
5	变压器 （含电感）	绝缘区分：A 种、E 种、B 种 标准温度：105℃、120℃、130℃ 热偶式：90℃、105℃、110℃ 异常：150℃、165℃、175℃	

4. 元器件温升测试

测试目的：测试开关电源在规格规定的工作环境、电压、频率和负载条件时，元器件的温升状况。确保待测开关电源的可靠性，确认各元器件均在温度规格内使用。

使用仪器设备：交流电源；电子负载；热电偶；混合记录仪（DR130）；温控室；数字功率表；数字电压表。

测试条件：依据 SPEC 规定：输入电压、频率、输出负载及环境温度。输入电压：规格范围的下限、额定、上限值。负载：规格范围的最大负载。输出电压：额定。

测试框图：元器件温升测试框图如图 6-24 所示。

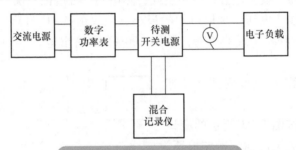

图 6-24　元器件温升测试框图

测试方法：按图 6-24 所示的测试框图接线，依据测试条件设定，当开关电源的温度达到热平衡后，采用热电偶测量元器件温度、基板上的元器件焊点的温度。依据线路情况先确定温升较高的元器件，后用温升线粘贴所确定的元器件，依据规格设定好测试条件再开启开关电源的电源，并记录输入功率和输出电压。用混合记录仪记录元器件的温升曲线，待元器件温升完全稳定后打印结果，并记录输入功率和输出电压。

参考元器件温度降额率计算出最大温升规格值 Δt，若元器件降额曲线在 100% 负载下最高至 50℃，则以表 6-20 中的降额率温度减去 50℃，得 100% 负载下的 Δt；60℃时，降额率为 70%，则减去 60℃得到 70% 的 Δt，实际负载在 100% 时依据减 50℃的 Δt 为规格值，元器件的实际温升不能超过计算得出的 Δt。

测试注意事项：温升线耦合点应尽量贴着元器件测试点，温升线走线应尽量避免影响开关电源元器件的散热，测试的样品应模拟其实际的或在系统中的摆放状态，针对无风扇（NOFAN）的产品，测试时应尽量避免外界风流动对它的影响。

5. 元器件余裕度测试

测试目的：确保待测开关电源可靠性，确认元器件实际使用时能在绝对最大额定下的降额率范围内。

使用仪器设备：交流电源；电子负载；数字示波器；数字电压、电流表。

测试条件：依据 SPEC 规定的输入电压、频率、输出负载及环境温度。

测试框图：元器件余裕度测试框图如图 6-25 所示。

表 6-20 元器件降额率

No	元器件名称	温度判定标准	备注
1	电阻	80% 电阻最高耐压的 90% 浪涌取耐压的 95%	
2	电容	电容最高耐压的 85%（AC 输入电容取耐压的 95%） 纹波电流取 100% 钽质电容取耐压的 80%	
3	二极管	U_{RM}；U_{RSM}；I_{SFM}；浪涌 SCR：　　80%；95%；90%；90% TRIAC：　80%；95%；90%；90% 二极管桥：80%；95%；90%；90% 普通二极管：80%；95%；90%；90% 快恢复二极管：90%；95%；90%；90% 齐纳二极管：90%；90%　—　— LED：　　80%；95%；90%；90%	
4	晶体管 MOSFET	U_{DSS}/U_{CE}：取规格的 95% U_{GSS}/U_{BE}：取规格的 95% I_D/I_C：取规格的 95% I_B：取规格的 95%	
5	熔断器	取额定电流的 70% 浪涌：65%	

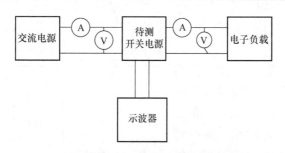

图 6-25 元器件余裕度测试框图

测试方法：按图 6-25 所示的测试框图接线，测量待测开关电源在下列条件下一次侧和二次侧主回路的电流和电压波形：额定输入和输出；低压启动；短路开机；开机后短路；满载关机（不做记录），将测得的各回路波形和元器件耐压与参考元器件降额率比较，确认有无异常发热元器件。

6. 热失控测试

测试目的：确认开关电源在过负载、短路状况下可靠性裕度。

使用仪器设备：交流电源；电子负载；温度记录仪；热电偶；恒温槽；数字电压、电流表。

测试条件：输入电压：规格书中的输入电压范围最小值、最大值（例如 85V/265V）。负载：100% 及 70%（例如 55℃ 为 100%，65℃ 为 70%）。周围温度：最高动作温度加 5℃，输出降额曲线 100% 下，温度上限加 5℃。输出电压：额定值。

测试框图：热失控测试框图如图 6-26 所示。

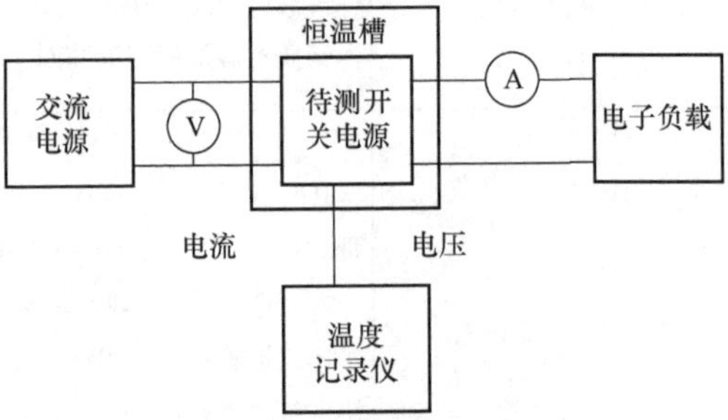

测试方法：按图 6-26 所示的热失控测试框图接线，依据测试条件，用热电偶测量待测开关电源的测试点，电源输入后，连续观测并绘出温度上升曲线，确认饱和点。若待测开关电源有 FAN 装置，需实际仿真安装于系统的情形进行测试。

图 6-26　热失控测试框图

7. 高温短路测试

测试目的：确认开关电源输出短路后，待测开关电源的可靠性（未加短路保护）。

使用仪器设备：交流电源；电子负载；数字示波器；数字电压、电流表。

测试条件：输入电压：规格书范围内的最大输入电压（实测取最大，例如 265V）。输出电压：额定值。周围温度：动作温度上限加 5℃（例如 65℃）。

测试框图：高温短路测试框图如图 6-27 所示。

测试方法：按图 6-27 所示的高温短路测试框图接线，待测开关电源设定在测试条件下，输出短路 2h 以上。记录温度上升曲线，参照温度降额率，不能超过规定温度。解除短路状态后确认开关电源输出仍正常，开关电源的元器件不能有

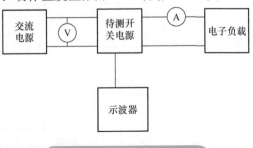

图 6-27　高温短路测试框图

损坏。

8. 高温输入电压 ON/OFF 测试

测试目的：在开关电源高温时，在开关电源的输入端重复施加（ON/OFF）输入电压，以确认开关电源的可靠性。

使用仪器设备：交流电源；电子负载；恒温槽；数字电压、电流表。

测试条件：环境温度：25℃；输入电压：规格书内的输入电压范围最大值（例如 265V）；负载：100% 额定负载；输出电压：额定。

测试框图：高温输入 ON/OFF 测试框图如图 6-28 所示。

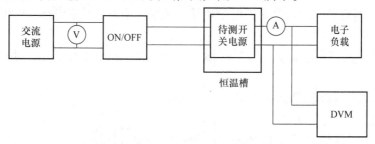

图 6-28　高温输入 ON/OFF 测试框图

测试方法：按图 6-28 所示的高温输入 ON/OFF 测试框图接线，待测开关电源置于恒温槽内，依据各测试件的温度设定，到达设定温度后放置 12h，在开关电源的输入端重复施加（ON/OFF，ON 5s，OFF 30s）输入电压至少 500 循环，结束后确认元器件无破损，开关电源输出电压与机能正常。

9. 高温工作测试

测试目的：测试高温环境对开关电源工作过程中的结构、元器件及整机电气性能的影响，用以考量开关电源结构设计及元器件选用的合理性。

使用仪器设备：交流电源；电子负载；数字功率表；数字电压、电流表；温控室。

测试条件：依据 SPEC 要求，输入条件（额定电压），输出负载（满载）和工作温度（通常为温度：40℃）；试验时间：4h。

测试框图：高温工作测试框图如图 6-29 所示。

图 6-29　高温工作测试框图

测试方法：按图 6-29 所示的高温工作测试框图接线，将待测开关电源置于温控室内，依据规格设定好的输入、输出测试条件，然后开机；依据规格设定好温控室的温度和湿度，然后启动温控室；定时记录待测开关电源的输入功率和输出电压，以及待测开关电源是否有异常；做完测试后回温到室温，再将待测开关电源从温控室中移出，在常温环境下至少恢复4h，待开关电源恢复到正常室温后，进行开关电源功能测试，确认开关电源功能；测试后开关电源须无任何损伤。

测试注意事项：开关电源试验期间与试验后，其性能不能出现降级与退化现象，试验后开关电源的介电强度与绝缘电阻测试需符合规格书要求。

10. 高温测试

测试目的：确认开关电源在高温环境置放后，维持正常功能的特性。

使用仪器设备：交流电源；电子负载；数字功率表；数字电压、电流表；温控烤箱。

测试条件：环境温度：25℃；输入电压：额定；输入频率：50Hz；负载：100%负载。

测试框图：高温测试框图如图6-30所示。

测试方法：按图6-30所示的高温测试框图接线，开关电源置于恒温槽内，按测试条件进行相关设定。温度在达到预定的高温T_{H}后，将被测开关电源放在没有风的恒温箱内，恒温箱的温度设为被测开关电源的最高工作温度，在最大输出电压，最大负载条件下，开机12h，然后转到最小输入

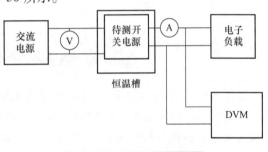

图6-30　高温测试框图

电压，最大负载开机12h。测试结束后，将开关电源放置在常温下，待开关电源恢复到正常室温后，进行开关电源功能测试，确认开关电源功能；测试后开关电源须无任何损伤。

11. 高温极限测试

测试目的：确认待测开关电源的耐受高温的极限。

使用仪器设备：交流电源；电子负载；数字示波器；数字电压、电流表。

测试条件：输入电压：额定（110V/220V）；负载：额定100%负载。温度：70℃（1h）→80℃（1h）→90℃（1h）→100℃（1h）→至开关电源失效。

测试框图：高温极限测试框图如图6-31所示。

测试方法：按图6-31所示的

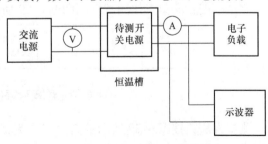

图6-31　高温极限测试框图

高温测试框图接线，将开关电源置于恒温槽内，依据测试条件设定。当温度到达设定值后，停留 1h，开始执行功能测试。若开关电源功能正常，将温度每次升高 10℃，进行测试，至开关电源失效为止，记录失效温度。开关电源失效时，不能发生冒烟、起火等状况。

12. 温、湿度循环测试

测试目的：确认开关电源对周围温、湿度的适应能力。

使用仪器设备：交流电源；电子负载；温、湿度循环测试箱；数字电压、电流表。

测试条件：负载：100%；输入电压：额定；频率：额定。

测试框图：温、湿度循环测试框图如图 6-32 所示。

测试方法：按图 6-32 所示的温、湿度循环测试框图接线，依据测试条件，按规格书要求执行温、湿度循环测试（设定温、湿度循环

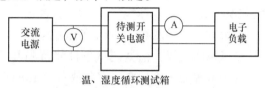

图 6-32　温、湿度循环测试框图

测试箱参数）。测试结束后，待测开关电源需功能正常，元器件无损坏情形。

13. 高温、高湿储存测试

测试目的：测试高温、高湿储存环境对开关电源的结构，元器件及整机电气的影响，用以考量开关电源结构设计及元器件选用的合理性。

使用仪器设备：交流电源；电子负载；数字功率表；数字电压、电流表；恒温恒湿箱。

测试条件：高温、高湿条件：通常为温度（70 ± 2）℃，湿度 90% ~ 95% RH，试验时间 24h（非工作条件）。

测试框图：高温高湿储存测试框图如图 6-33 所示。

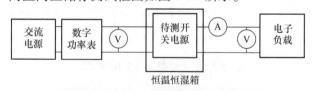

图 6-33　高温高湿储存测试框图

测试方法：按图 6-33 所示的高温高湿储存测试框图接线，试验前记录待测开关电源输入功率、输出电压及负载状况；将待测开关电源置入恒温恒湿箱内，依据规格设定其温度和湿度，然后启动温控室；试验 24h，试验结束后在空气中放置至少 4h，再确认待测开关电源外观、结构及电气性能是否有异常。

测试注意事项：试验期间与试验后，开关电源性能不能出现降级与退化现象，试验后开关电源的介电强度与绝缘电阻测试需符合规格书要求。

14. 低温动作确认测试

测试目的：为确保待测开关电源的可靠性，确认周围温度下限的动作裕度。

使用仪器设备：交流电源；电子负载；绝缘变压器；数字示波器；恒温槽。

测试条件：输入电压：规格范围的最小值、最大值（实测最小值）；输出电压：额定。负载：最小值、最大值（实测最大值）；周围温度：动作可能温度下限 $-10℃$。

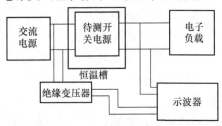

测试框图：低温动作确认测试框图如图 6-34 所示。

图 6-34　低温动作确认测试框图

测试方法：按图 6-34 所示的低温动作确认测试框图接线，依据测试条件将待测开关电源放入恒温槽，在测试温度条件下，开关电源为关机状态，充分放置一定的时间（至少 1h），放置时间到后，取出待测开关电源在空气中放置至少 4h，重新给开关电源施加电源，确定开关电源可正常激活。

15. 低温工作测试

测试目的：测试低温环境对开关电源工作过程中的结构、元器件及整机电气的影响，用以考量开关电源结构设计及元器件选用的合理性。

使用仪器设备：交流电源；电子负载；功率表；温控室；数字电压、电流表。

测试条件：依据 SPEC 要求：输入电压：额定；输出负载：满载；工作温度：通常温度为 0℃，试验时间：4h。

测试框图：低温工作测试框图如图 6-35 所示。

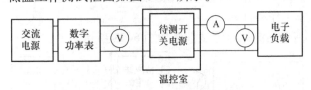

图 6-35　低温工作测试框图

测试方法：按图 6-35 所示的低温工作测试框图接线，将待测开关电源置于温控室内，依据规格设定好输入、输出测试条件，然后开机；依据规格设定好温控室的温度，然后启动温控室；定时记录待测开关电源输入功率和输出电压，以及待测开关电源是否有异常。做完测试后将待测开关电源从温控室中移出，在常温环境下恢复至少 4h，然后确认其外观和电气性能有无异常。

测试注意事项：试验期间与试验后，开关电源性能不能出现降级与退化现象，试验后开关电源的介电强度与绝缘电阻测试需符合规格书要求。

16. 低温放置测试

测试目的：确认开关电源在低温放置后，其维持正常功能的特性。

使用仪器设备：交流电源；电子负载；功率表；恒温槽；数字示波器；数字电压、电流表。

测试条件：负载：100%。输入电压：额定。频率：50Hz。T_L：规格所列的储存温度下限。

测试框图：低温放置测试框图如图 6-36 所示。

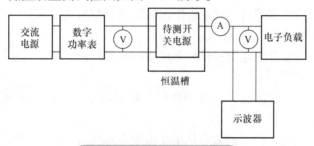

图 6-36 低温放置测试框图

测试方法：按图 6-36 所示的低温放置测试框图接线，将开关电源置于恒温槽内，依据规格要求的设定温度值。温度到达预置的低温前后 1h 前进行功能测试。

对于低温放置测试，被测开关电源必须不带负载，在测试时开机后应立即读数，然后尽快关机以便被测开关电源不会因工作过久而发热。这项测试需要在最高输入电压、最低输入电压、浪涌、最大负载、最小负载的各种组合条件下进行。确认开关电源能正常动作，且无任何损伤。

17. 低温储存测试

测试目的：测试低温储存环境对开关电源的结构、元器件及整机电气性能的影响，用以考量开关电源结构设计及元器件选用的合理性。

使用仪器设备：交流电源；电子负载；功率表；数字电压、电流表；恒温恒湿箱；耐压测试仪。

测试条件：储存低温条件：通常为 -30℃，试验时间：24h（非操作条件）。

测试框图：低温储存测试框图如图 6-37 所示。

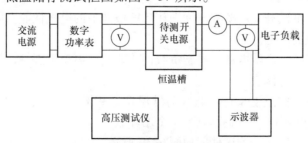

图 6-37 低温储存测试框图

测试方法：按图6-37所示的低温储存测试框图接线，试验前记录待测开关电源输入功率、输出电压和耐压测试状况，将待测开关电源置入恒温恒湿箱内，依据测试条件设定其温度，然后启动温控室。试验24h，试验结束后在常温环境中放置至少4h，再对待测开关电源做耐压测试，记录测试结果并与测试前的数据进行比较，应符合规格书的要求，之后再确认待测开关电源的外观、结构及电气性能是否有异常。

测试注意事项：试验期间与试验后，开关电源性能不能出现降级与退化现象，试验后开关电源的介电强度与绝缘电阻测试需符合规格书要求。

18. 低温启动测试

测试目的：测试开关电源在低温环境下的启动性能，用以考量开关电源中电气元器件选用的合理性。

使用仪器设备：交流电源；电子负载；数字功率表；恒温恒湿箱；数字电压、电流表。

测试条件：低温条件：通常为从工作温度下降到（−10±2）℃。

测试框图：低温启动测试框图如图6-38所示。

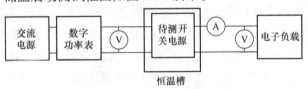

图 6-38　低温启动测试框图

测试方法：按图6-38所示的低温启动测试框图接线，试验前记录待测开关电源输入功率、输出电压及耐压测试状况，将待测开关电源置入恒温恒湿箱内，依据规格设定其温度，然后启动温控室。然后分别在 AC 115V/60Hz/AC 230V/50Hz 和输出最大负载条件下开关机各20次，确认待测开关电源电气性能是否正常。

测试注意事项：开关电源在性能测试期间或测试之后，其性能不能出现降级与退化现象。

19. 温度循环测试

测试目的：测试开关电源在温度循环环境条件下的电气性能，以暴露出在实际工作中可能出现的问题。

使用仪器设备：交流电源；电子负载；功率表；恒温恒湿箱；热电偶；温度记录仪；数字电压、电流表。

测试条件：工作温度条件：通常为低温度 −40℃、25℃、33℃和高温度66℃（湿度：50%～90%RH），试验至少24个循环。

测试框图：温度循环测试框图如图6-39所示。

测试方法：按图6-39所示的温度循环测试框图接线，试验前记录待测开关电

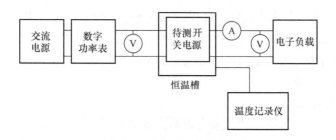

图 6-39　温度循环测试框图

源输入功率、输出电压及耐压测试状况,将待测开关电源置入恒温恒湿箱内(无包装,非工作状态下)。设定温度顺序为 (66±2)℃ 保持 1h, (33±2)℃ 和湿度 90%±2%RH 保持 1h, (-40±2)℃ 保持 1h, (25±2)℃ 和湿度 50%±2%RH 保持 30min,为一个循环。

启动恒温恒湿箱,然后记录其温度与时间的曲线,监视系统所记录的过程,试验完成后,温度回到室温再将待测开关电源从恒温恒湿箱中移出,将待测开关电源放置在空气中 4h 再确认外观、结构及电气性能是否有异常。

测试注意事项:开关电源经过温度循环试验后的性能与外观不能出现降级与退化现象,经过温度循环试验后开关电源的介电强度与绝缘电阻应符合规格书要求。

20. 冷热冲击测试

测试目的:测试高、低温度冲击对开关电源的影响,以暴露开关电源选用元器件的弱点。

使用仪器设备:交流电源;电子负载;功率表;温控室;耐压测试仪。

测试条件:依据 SPEC 要求:最高 (70℃),低温度 (-30℃),测试共 10 个循环,高低温转换时间为 <2min,非工作状态下。

测试框图:冷热冲击测试框图如图 6-40 所示。

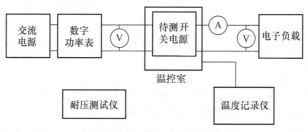

图 6-40　冷热冲击测试框图

测试方法:按图 6-40 所示的冷热冲击测试框图接线,在温控室内将待测开关电源由常温 25℃ 向低温过渡(通常为 -30℃),保持低温 1h,温控室由低温 -30℃ 向高温过渡(通常为 70℃),过渡时间为 2min,保持高温 1h,在高温 70℃ 和低温 -30℃ 之间循环 10 个周期后,温度回到常温将开关电源取出(至少恢复

4h），确认待测开关电源的标签、外壳、耐压和电气性能是否与测试前存在差异。

测试注意事项：开关电源经过冷热冲击试验后，其性能与外观不能出现降级与退化现象，经过冷热冲击试验后，开关电源的介电强度与绝缘电阻应符合规格书要求，产品为非操作条件。

21. 热冲击测试

测试目的：在短时间内使开关电源的温度由低温到高温反复变化，确认焊接点的可靠性。

使用仪器设备：交流电源；电子负载；功率表；试验槽；耐压测试仪；数字电压、电流表。

测试条件：测试温度：−30 ～ +85℃，测试时间如图 6-41a 所示，测试周期：100 次，非工作状态。

测试框图：热冲击测试框图如图 6-41b 所示。

测试方法：按图 6-41b 所示的热冲击测试框图接线，将开关电源放入热冲击试验槽内，按照上述周期进行测试。完成规定周期后，将开关电源在常温、常湿环境下放置 1h，确认开关电源输出是否异常。

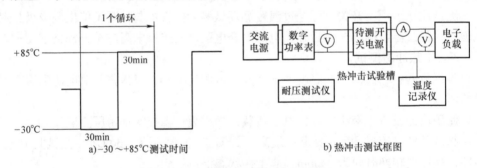

图 6-41　热冲击测试时间及框图

22. 风扇异常动作测试

测试目的：待测开关电源在自然冷却使用情形下，确认风扇停止运转，转数变慢时，保护功能正常。

使用仪器设备：交流电源；电子负载；恒温槽；热电偶；温度记录仪。

测试条件：输入电压：规格范围内的最小值、最大值。负载：最大 100% 。周围温度：感热元器件部分，依据动作温度范围上限 +5℃、25℃ 及下限 −5℃ 共 3 点实施测试。其他部分则以动作温度范围上限 +5℃、下限 −5℃ 实施测量。输出电压：额定。

测试框图：风扇异常动作测试框图如图 6-42 所示。

测试方法：按图 6-42 所示的风扇异常动作测试框图接线，主要开关管、变压器、CHOKE 等重要元器件采用热电偶测量并记录测量结果。在风扇异常动作发生

时，观测元器件温度上升，并应记
录其结果。开放架构的开关电源产
品与系统产品搭配测试。确定在测
试条件下，无保护回路误动作发生，
元器件上升温度不能超过规格值。

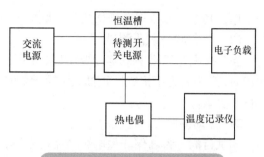

图 6-42　风扇异常动作测试框图

23. 跌落测试

测试目的：了解开关电源由一
定高度，不同面跌落后，其结构、
电气等特性的变化状况。

使用仪器设备：交流电源；电子负载；功率表；耐压测试仪；数字电压、电
流表。

测试条件：环境温度：25℃；依据 SPEC 要求：规定的跌落高度、跌落次数和
刚硬的水平面。

测试方法：所有待测开关电源需先经过电气上的测试及目视检查，以保证测试
前没任何可见的损坏存在。确定 6 个面（小→大）顺序依次进行跌落，使待测开
关电源由规定的高度及确定的测试点各进行一次跌落，每跌落一次均须对其电气及
绝缘等进行确认，记录正常或异常结果。

（1）非工作状态跌落测试

对于规格书中没有规定的开关电源，则每一个方向跌落一次，高度为 1m，跌
落在水泥地上，6 个面均须测试，此项测度至少须测试 2 台样机。非工作状态跌落
测试示意图如图 6-43a 所示。

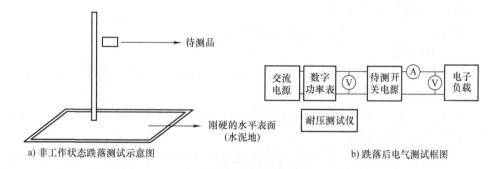

a) 非工作状态跌落测试示意图　　　　　　　　b) 跌落后电气测试框图

图 6-43　跌落测试图

对于装配在其他系统内的无外壳的或有外壳的开关电源，只有在规格书中有要
求才做跌落测试。测试之后，开关电源在机械上没有明显的损坏，在电气上，被测
开关电源必须根据其规格进行耐压测试，且测试结果须符合规格，被测开关电源须
根据其规格进行绝缘测试，且测试结果须符合其规格，测试之后被测开关电源能正

常工作，其电气参数都在规格之内，跌落后电气测试框图如图6-43b所示。

（2）工作状态跌落测试

当开关电源规格书中有此要求时，则进行该项测试。测试注意事项：1000mm +10mm 是为满足手捂式、拔插式、可携带式需求的设备测试，跌落条件可参考安规标准要求。

24. 振动测试

测试目的：为确保开关电源产品可靠性，对开关电源产品的振动耐受程度需加以确认。

使用仪器设备：交流电源；电子负载；功率表；耐压测试仪；数字电压、电流表，振动测试仪。

测试条件：环境温度：25℃；动作状态：非工作；振动频率：5~10Hz 全振幅 10mm，10~200Hz 加速度 21.6m/s^2（$2.2g$）；扫描时间：10min 依据对数变化。振动方向：X、Y、Z 轴各 1h。

振动测试方法：

（1）非工作状态振动测试

扫描：每分钟 10~50~10Hz 的正弦波。

方向：每个方向 2h，包括 X、Y、Z 轴三个方向。

振幅：1.5mm。

测试之后，开关电源机械上没有明显的损坏，被测开关电源必须根据其规格进行耐压测试，且测试结果须符合规格，被测开关电源须根据其规格进行绝缘测试，且测试结果必须符合规格，测试之后被测开关电源能正常工作，其电气参数都在规格之内。

（2）工作状态振动测试

当规格书中有此要求时，则进行该项测试。

25. 冲击测试

测试目的：为确保待测开关电源的可靠性，需对开关电源产品的冲击耐受程度予以确认。

使用仪器设备：交流电源；电子负载；功率表；耐压测试仪；数字电压、电流表，示波器；冲击测试仪。

测试条件：环境温度：25℃；冲击加速度：588m/s^2（$60g$）；冲击时间：（11 ±5）ms 半波正弦波。振动方向：X（X'）、Y（Y'）、Z（Z'）6个方向，各3次。

测试方法：依据测试条件对开关电源进行冲击测试，冲击测试示意图如图6-44所示，首先将待测开关电源固定在测试台上，依据测试条件将振动源施加到测试台，记录测试数据及结果。测试完成后，以目视检查（必要时用显微镜）待测开关电源的外壳、基板、零件、配线有无异常，确认无异常后通电，并确认输出电压及电气特性有无异常。

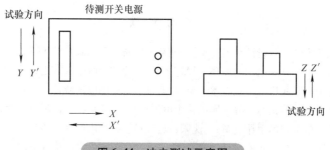

图6-44 冲击测试示意图

26. 异常波动确认测试

测试目的：检测待测开关电源在环境温度、输入电压、输出电流变化的条件下，其工作的可靠性。

使用仪器设备：交流电源；电子负载；功率表；耐压测试仪；数字电压、电流表，数字示波器；恒温槽。

测试条件：环境温度：25℃；负载：0% ~ 100% （连续）；温度范围：25 ~ -20 ~ 60℃ → -20 ~ 25 ~ 60℃；输入电压：规格范围下限值 ~ 上限值（连续）；输出电压：额定。

测试框图：异常波动确认测试框图如图6-45所示。

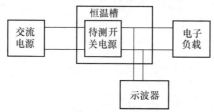

图6-45 异常波动确认测试框图

测试方法：按图6-45所示的测试框图接线，将待测开关电源放入恒温槽内，在待测开关电源稳定工作状态下，依据测试条件的温度范围改变恒温槽温度（一个温度循环为1h），并连续调节开关电源输入电压（下限值 ~ 上限值）及负载电流（0% ~ 100% 负载），观察开关电源有无异常发生，如振荡、间歇振荡、交流纹波导致的微小异常振荡。

参 考 文 献

[1] 陈穷. 电磁兼容性工程设计手册 [M]. 北京：国防工业出版社，1993.

[2] 张占松，蔡宣三. 开关电源的原理与设计 [M]. 北京：电子工业出版社，2004.

[3] 诸邦田. 电子电路实用抗干扰技术 [M]. 北京：人民邮电出版社，1994.

[4] 吴润宇，轩莳华，苗银梅，等. 实用稳定电源 [M]. 北京：人民邮电出版社，1997.

[5] 刘选忠. 实用电源技术手册 [M]. 沈阳：辽宁科学技术出版社，1994.

[6] 白同云，吕晓德. 电磁兼容设计 [M]. 北京：北京邮电大学出版社，2001.

[7] 黄俊，王兆安. 电力电子变流技术 [M]. 3 版. 北京：机械工业出版社，1993.

[8] 周志敏，周纪海，纪爱华. 高频开关电源设计与应用实例 [M]. 北京：人民邮电出版社，2008.

[9] 周志敏，周纪海. 开关电源实用技术设计与应用 [M]. 北京：人民邮电出版社，2003.

[10] 周志敏，周纪海，纪爱华. 模块化 DC/DC 实用电路 [M]. 北京：电子工业出版社，2004.

[11] 周志敏，周纪海，纪爱华. 开关电源功率因数校正电路设计与应用 [M]. 北京：人民邮电出版社，2004.

[12] 周志敏，周纪海，纪爱华. 现代开关电源控制电路设计与应用 [M]. 北京：人民邮电出版社，2005.

[13] 周志敏，周纪海，纪爱华. 单片开关电源：应用电路·电磁兼容·PCB 布线 [M]. 北京：电子工业出版社，2007.